三江源区

生态保护与可持续发展

秦大河　主编

科 学 出 版 社

北 京

内 容 简 介

本书介绍了三江源区气候变化对草地生态系统的影响及其脆弱性与适应性；三江源自然保护区生态保护和建设工程效果评价；三江源区草地生态系统可持续管理；三江源区生态移民的困境与可持续发展策略；三江源区生态补偿的标准、机制和实施方式；三江源区生态经济发展的支撑体系；提出了三江源区生态保护与可持续发展建议。

本书可供生态学、生态经济、草地管理、草地生态学相关研究领域的科研人员、高校教师和研究生阅读，也可作为草地可持续管理的政策制定、生态补偿机制建立、应对气候变化策略等领域相应部门的管理及技术人员的参考书，亦可作为青海三江源研究的专业书籍。

图书在版编目(CIP)数据

三江源区生态保护与可持续发展／秦大河主编．—北京：科学出版社，2014.1

ISBN 978-7-03-038718-9

Ⅰ.三… Ⅱ.秦… Ⅲ.①生态环境-环境保护-研究-青海省 ②生态环境-可持续发展-研究-青海省 Ⅳ.X321.244

中国版本图书馆CIP数据核字（2013）第230013号

责任编辑：李 敏 张 菊／责任校对：钟 洋

责任印制：徐晓晨／封面设计：王 浩

科学出版社出版

北京东黄城根北街16号

邮政编码：100717

http://www.sciencep.com

北京京华虎彩印刷有限公司印刷

科学出版社发行 各地新华书店经销

*

2014年1月第 一 版 开本：787×1092 1/16

2017年2月第二次印刷 印张：17 插页：2

字数：400 000

定价：180.00元

（如有印装质量问题，我社负责调换）

《三江源区生态保护与可持续发展》

编 写 成 员

主　　编：秦大河

编写人员：(按姓氏笔画排序)

丁永建　王根绪　孙发平　苏海红

李发祥　李晓南　张志强　欧阳志云

周华坤　郑　华　赵　亮　赵新全

徐世晓　郭映义　解　源

参编单位：中国气象局

中国科学院西北高原生物研究所

中国科学院寒区旱区环境与工程研究所

中国科学院水利部成都山地灾害与环境研究所

中国科学院生态环境研究中心

青海省三江源生态保护和建设办公室

青海省社会科学院

中国科学院国家科学图书馆兰州分馆

青海省科学技术厅

前　言

三江源区地处青藏高原，因长江、黄河和澜沧江三大河流发源于此而得名，其生态地位极其重要，生态环境脆弱，经济发展落后，是藏族人口主要世居地之一，为世人关注的重点区域。长期以来，党和政府高度重视三江源区的生态保护与可持续发展问题。继2003年设立三江源国家级自然保护区之后，2005年国务院批准并开始实施《青海三江源自然保护区生态保护和建设总体规划》，旨在保护和建设好高原生态环境，实现生态环境改善，提高三江源地区人民的生活水平，维护藏区的稳定繁荣和发展。目前三江源区的生态建设和区域发展已取得了显著成效。同时也应当看到，在规划实施过程中，生态保护与生态恢复、生态移民和生态补偿机制、产业发展和改善民生等方面仍存在一系列问题。

《中华人民共和国国民经济和社会发展第十二个五年（2011—2015年）规划纲要》（简称《“十二五”规划纲要》）和《全国主体功能区规划》进一步明确了三江源区在全国生态安全格局中的地位。2011年国务院决定建立“青海三江源国家生态保护综合试验区”。抓住新的发展机遇，按照新的建设要求，评估规划实施状况与存在问题，完善三江源区生态保护和可持续发展的战略目标、重点任务和政策体系，探讨如何将区域的生态建设、民生改善、经济发展紧密结合起来发展生态经济，是目前三江源生态保护和可持续发展工作中的重点。具体操作中，把经济发展建立在生态环境可承受的基础之上，在保证自然再生产的前提下扩大经济的再生产，从而实现经济发展和生态保护的“双赢”，探寻试验区生态经济发展中存在的突出困难和问题，在科技支撑的层面上提出解决问题的措施和建议，提出针对性较强的科技支撑项目建议，提高综合试验区规划建设的科学有效性，增强区域发展的协调性，具有重大的现实意义。为此，中国科学院地学部在2010年启动了“三江源生态保护综合试验区生态、经济发展中的若干重大问题研究”咨询评议项目。

来自中国气象局、中国科学院西北高原生物研究所、中国科学院寒区旱区环境与工程研究所等十余家单位的科研与管理人员历经两年多的调研和分析，在三江源区生态环境变化、工程实施效果、生态移民现状及问题、草地畜牧业生产、区域社会经济发展等方面获取了大量第一手资料，并基于以往的研究积累，完成了《三江源区生态保护与可持续发展》一稿，并由赵新全研究员和周华坤博士统稿。在此基础上，于2012年6月提交了咨询报告，同年8月得到时任国务院总理温家宝、国务委员刘延东同志的重要批示。

本书的出版得到中国科学院学部咨询评议项目“三江源生态保护综合试验区生态、经济发展中的若干重大问题研究”（［2009］0405-3）、中国科学院战略性先导科技课题“三江源区草地生态系统增汇模式与技术试验示范”（XDA05070200）、国家科技支撑计划课题“玉树地震灾区退化草地恢复及生态畜牧业技术与示范”（2011BAC09B06）等项目的资助。在本书的编撰过程中，得到了孙鸿烈、陈宜瑜、张新时、李文华、郑度、蒋有绪、傅伯杰院士以及樊杰、曹世雄、杜发春、申倚敏等先生的大力支持及提供的宝贵意见，青海省三江源生态保护和建设办公室、青海省科学技术厅、青海省农牧厅以及地方政府给予了大力支持，在此特致谢忱。

正如本书所提出的建议，在促进三江源区生态保护和经济可持续发展的过程中，应积极推进畜牧业生产方式转换和升级，实现畜牧业生产与生态保护共赢；高度重视做好生态移民及后续产业发展工作；建立和完善有利于共同繁荣的长效生态补偿机制。希望本书的出版能对此有所贡献。

中国科学院院士 秦大河

2013年5月

目　　录

第 1 章 三江源区主要生态系统对气候变化和人类活动的响应

【摘要】

近40年来，随着全球日趋变暖，长江和黄河源区气温显著增加，降水量的变化则与气温不同，表现出明显的空间变异性。在这种气候背景下，三江源区各类冻土环境均不同程度发生了退化，活动层厚度增大，冻土地温升高，冻土分布下界抬升、面积萎缩。高寒生态系统总体呈现持续退化趋势，表现在草地植被覆盖度下降，导致具有较高生物生产力的高覆盖度高寒草甸、草原和沼泽等草地分布面积萎缩，低覆盖度草地显著扩大。对于高寒生态系统变化的驱动力分析认为，气候变化是导致三江源区区域性草地生态退化的主要原因，但局部和季节性高强度放牧活动是草地退化的重要人为因素。总体上，黄河源区放牧强度和放牧对草地的影响程度都要高于长江源区，这也是黄河源区气候对草地退化的贡献弱于长江源区的原因所在。在气候持续变暖影响背景下，冻土退化并叠加人类不合理的放牧活动，是导致青藏高原河源区高寒生态系统变化的主要驱动因素。

研究表明气候的暖干变化下高寒草地植被净初级生产力将减少，暖湿变化下高寒草地植被净初级生产力将出现较大程度增加，高寒草原对气候变暖的响应幅度显著小于高寒草甸，对降水的增加响应要大于高寒草甸。根据三江源区近30年的脆弱性评价，可以将三江源区划分为强、中、弱三个脆弱性区域，这些区域的分布与气候变化的敏感性因子和高寒生态系统的变化程度密切相关。

1.1 三江源区基本情况

1.1.1 概　　述

三江源区是长江、黄河、澜沧江三大河流的发源地，每年为三大河流提供水资源516亿 m^3，是我国最重要的水源地。源区生物多样性丰富，特有物种多，是我国乃至世界的生物多样性保护的关键地区。同时源区生态系统还在气候调节、固碳、生物灾害的控制、遗传基因资源、景观、文化教育等方面具有极其重要的生态系统服务功能，是保障我国生态安全的关键地区之一。

由于气候变化和人类活动的影响，三江源区生态环境日趋恶化，雪线上升、草地退化、湿地萎缩、湖泊干涸、沙漠化面积扩大、鼠虫害严重等生态问题不断加剧，不仅影响三江源区的经济社会发展，还威胁我国的生态安全。保护三江源区的生态环境、保障国家生态安全已得到各级政府和社会各界的广泛关注。开展三江源区生态补偿的标准、机制和实施方式研究，构建生态补偿的长效机制，是协调三江源区经济发展与生态保护，进而有效地保护三江源区生态环境的重要手段。

以已有土地覆盖演变（遥感）研究成果为基础，综合有关研究文献和研究报告，运用地理信息系统技术平台，分析三江源区针叶林、阔叶林、针阔混交林、灌丛等森林生态系统，草甸、草原、垫状植被和稀疏植被等高寒草地生态系统，沼泽、水体、河流等湿地生态系统，以及农田等生态系统类型及其分布格局，可为三江源区生态经济发展提供必要的科学依据和基础。

1.1.2 三江源区的自然环境和社会经济情况

1.1.2.1 三江源区自然环境特征

三江源区地处青藏高原腹地，是长江、黄河、澜沧江三大河流的发源地，位于青海省南部。西、西南与新疆维吾尔自治区、西藏自治区接壤，东、东南和四川省、甘肃省毗邻，北以海西蒙古族藏族自治州、海南藏族自治州的共和、贵南、贵德三县及黄南藏族自治州同仁县为界。地理位置介于东经89°24′~102°23′，北纬31°39′~36°16′，区域面积36.31万km^2，占青海省总面积的50.43%（图1-1）。

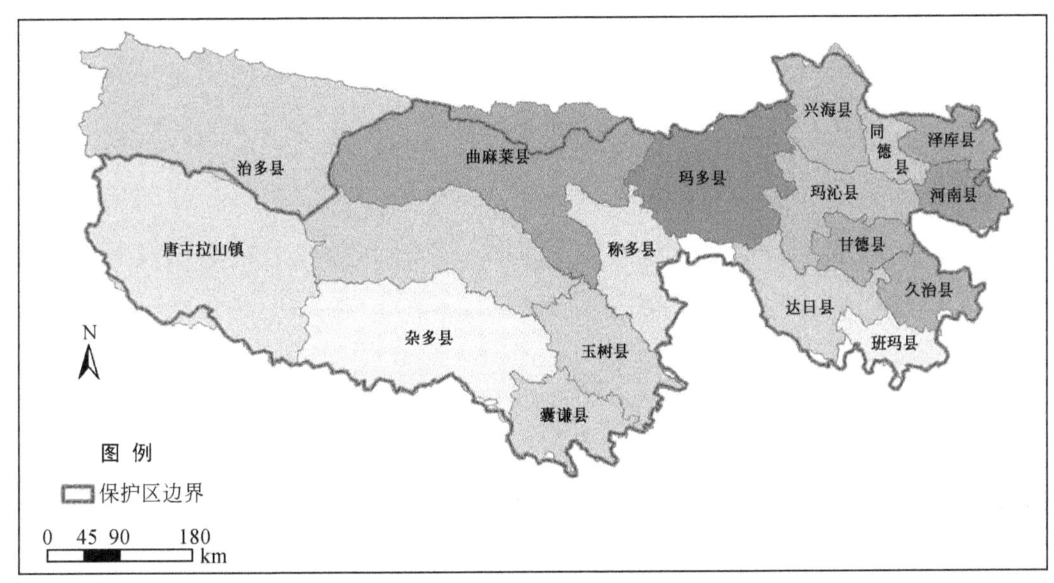

图1-1 三江源区的行政区划与位置图

（1）地质

三江源区自然地理环境独特，位于地球上最年轻的高原——青藏高原。两亿多年以前，这里还是海洋，以后隆起成为陆地，近几百万年大幅度强烈隆起，形成这样的大高原，至今还在继续隆起。长江源区自南而北横跨唐古拉准地台、通天河优地槽带和巴颜喀拉冒地槽褶皱带。中南部处于乌丽—囊谦台隆的北西端，中部属通天河优地槽带，最北部为西金乌兰湖—扎河断裂以北的巴颜喀拉冒地槽褶皱带。出露地层分石炭系、二叠系、三叠系、侏罗系、白垩系、第三系。内壳型断裂形成于印支—燕山期，伸展方向以北西—北西西向为主。黄河源区地处松潘—甘孜褶皱系，巴颜喀拉复向斜北翼。局部为第三纪断陷盆地。出露地层分二叠系、三叠系、第三系、第四系。断裂属青南晚古生代三叠纪特提斯深断裂体系北亚带。黄河源区北侧分水岭一带，自 20 世纪 30 年代以来，发生 5～7.5 级地震 8 次，震中分布与断裂带方向一致。澜沧江源区地处唐古拉准地台东南部。带内断裂发育，褶皱平缓而不完整。岩浆侵入活动微弱，岩层来经区域变质。出露地层分石炭系、二叠系、三叠系、侏罗系、白垩系、第三系、第四系。澜沧江源区内北西西—北西向断裂发育，其间常被北东或近东西向断裂错开。

三江源区的大地构造主要由新生代、中生代、古生代和晚元古代地质体镶嵌组成。由于新生代时期新构造运动异常强烈，强烈隆升，不断发生褶皱、断裂与相对沉陷，从而基本奠定了本区地貌格局。新生代以来继承性的构造运动仍然强烈，继续控制着本区现代地貌的发育和演变。耸立着昆仑山及其支脉和唐古拉山。高原海拔 5500m 左右，山岭多在 6000m。昆仑山是我国山系的总骨架之一，东西横亘 2500km，以东经 81°为东、西昆仑的分界线，东昆仑是柴达木盆地与青南高原的分界线。东昆仑山又由北、中、南三列东西向山脉组成，北列为祁曼喀格山—布尔汗布达山—鄂拉山；中列为阿尔格山—博卡雷克塔格山—布青山—阿尼玛卿山；南列为可可西里山—巴颜喀拉山。这些山脉组成了青南高原北部骨架，也是长江、黄河和澜沧江的源头与分水岭。

（2）气候

三江源气候属青藏高原气候系统，在青藏高原强大的高原下垫面和周围大致均匀环境场，巨大的地理空间孕育出了一个独特的气候单元。河源地区上空的水汽主要来自孟加拉湾（印度洋）。在江河源地上空必定存在着一种非常独特的大气降水机制，强烈的高原大地形感热加热现象——非绝热局地锋生作用。巴颜喀拉山区等三江源的一系列高原山系（平均 5000m）因局地锋生作用形成的地形准静止锋嫁接其上之后，拦截水汽的有效高度，无形中提高了 1.000～1.500m，因而大大增加了山麓两侧的降水概率和降水量，与下垫面湿地生态系统水分蒸发形成特有的水分循环机制，以供江河发源。

三江源冷季为青藏冷高压所控制，长达 7 个月。具有典型高原大陆型气候特征，总的气候特征是热量低、年温差小、日温差大、日照时间长、辐射强烈、风沙大、植物生长期短，绝大部分地区无绝对无霜期。暖季受西南季风的影响，产生热低压，水汽丰富，降水较多，形成了明显的干湿两季，而无四季之别。由于地处青藏高原腹地，海拔高而空气稀薄，日照百分率达 50% ~65%，年日照时数 2300 ~2900 小时，年辐射量 5500 ~6800MJ/m^2，东部低于西部。全年平均气温一般在-5.6 ~3.8℃，极端最低气温-48℃，极端最高气温 28℃，年平均降水量在 262.2 ~772.8 mm，年蒸发量相对较大，一般在 730 ~1700 mm。

(3) 地形

本区地势的总趋势为南高北低，由西向东逐渐倾斜，中间有一相对低矮地带。最高点为昆仑山的布喀坂峰，海拔 6860m，大部分地区海拔在 4000m 以上。

源区最低海拔约 3335m，最高海拔 6564m，海拔 4000 ~5800m 的高山是源区地貌的主要骨架。

本区宏观形态比较平缓，山原地势呈西北向东南倾斜，形成的高大雄伟的天然屏障阻滞了孟加拉湾暖湿气流北上的通道，直接改变了本地区水热条件的纬度性，在宏观上左右了本区生物气候的类型和土壤的形成与分布。

(4) 土壤

三江源的土壤受环境、地形、地貌等自然因素的影响，土层薄，质地粗。山前广布洪积扇，多为巨砾、碎石、粗砂。主要土壤类型有高山寒漠土、高山草甸土、高山草原土、山地草甸土、灰褐土、栗钙土、沼泽土、潮土、泥炭土、风沙土以及山地森林土。高山寒漠土分布于巴颜喀拉山和唐古拉山海拔 4650m 以上地区；高山草甸土分布于海拔 4000m 左右的山顶、山梁及山坡上；高山草原土分布于海拔 4300m 以上的河谷、湖盆、山前倾斜平面起伏不大的平缓山体阳坡、半阳坡和山缘地带；山地草甸土处于林线范围内的无林地段或与疏林地带交错分布地段；灰褐土分布在源区东南部，海拔 4300m 以下的中低山谷地的阴坡和阳坡；栗钙土主要分布于河谷阳坡、半阳坡、阶地、中小河流下游的坡地、洪积扇上；沼泽土分布于河流两岸的河漫滩、河流交汇处低洼地带、高海拔滩地和河流上源；草甸土分布于河流两岸的低阶地、河漫滩季节性积水地；山地森林土分布在有林地内；风沙土主要分布在河流沿岸尤以玛多县绵沙岭和玛沁县下大武、当洛一带更为集中；潮土、泥炭土在源区内均有分布，比较分散。总的特点是土壤尚处于年轻的发育阶段，微生物活动较少，化学作用较弱，土层浅薄，土壤容重较轻，物理属性较好，潜在养分较高，但速效养分不足，呈缺磷、少氮、富钾的状况。

本区土壤属青海省青南高原高山土区，包括东昆仑山—西倾山以南的广大区域，也包括祁连山地的一部分。土壤系在高原气候下发生的，年平均气温 -5 ~ 3.7℃，年降水量 400 ~ 800mm。由于高原形成时间较晚，脱离第四纪冰期冰川作用的时间不长，现代冰川还有较多分布，至今地壳仍在上升，高寒生态条件不断强化，致使成土过程中的生物化学作用减弱，物理作用增强，土壤基质形成的胶膜比较原始，土壤年龄较年轻，多为 AC 剖面，B 层缺乏明显发育，土壤中含大量石砾和粗沙。

部分地区的森林土壤处在钙质草原土壤带内，具有草原土壤的某些特征。这主要是指柴达木东部各林区和祁连山地的山前地带。由于雨量稀少，气候比较干旱，土体中的石灰淀积明显，盐基高度饱和，腐殖质层较薄，有机质含量较低。在这里，森林土壤与栗钙土、棕钙土、灰钙土以及部分漠土（沙漠）呈复域式分布，形成了与其他林区完全不同的区域土壤组合，表现为森林草原景观，森林土壤的分布多呈孤岛状，四周为草原土所包围。

（5）水系

三江源地区地处中纬度的内陆高原，具有明显的高原气候特点。因该地靠近亚热带的边缘，受到印度洋西南季风和太平洋东南季风的影响，水气充足，降雨量较多，形成当地河流纵横、湖泊众多、水资源丰富的特点。

三江源是长江、黄河、澜沧江的发源地，被誉为“中华水塔”。三江源区河流主要分为外流河和内流河两大类，有大小河流约 180 多条，河流面积 0.16 km^2。外流河主要是通天河、黄河和澜沧江（上游称扎曲）三大水系，支流有雅砻江、当曲、卡日曲、孜曲和结曲等大小河川并列组成。内流河主要分布在西北一带，为向心水系，河流较短，流向内陆湖泊，积水面积 45 225.5 km^2。流域总面积为

237 957 km^2，多年平均总流量为1022.3 m^3/s，年总径流量324.17亿m^3，理论水电蕴藏量为542.7万kW。

长江发源于唐古拉山北麓格拉丹冬雪山，三江源区内长1217km，占干流全长6300km的19%。除正源沱沱河外，区内主要支流还有楚玛尔河、布曲、当曲和聂恰曲等，年平均径流量为177亿m^3。

黄河发源于巴颜喀拉山北麓各姿各雅雪山，青海省内全长1959km，占干流全长5464km的36%，主要支流有多曲、热曲等，年平均径流量232亿m^3，占整个黄河流域水资源总量的49%，占三江源区总径流量的42%。

澜沧江发源于果宗木查雪山，三江源区内长448km，占干流全长4600km的10%，占国境内干流全长2130km的21%，年平均径流量107亿m^3，占境内整个流域水资源总量的15%，占三江源区总径流量的22%。

（6）生物多样性

三江源地域广阔，景观类型多样，分布有独特的高原生物群落，在生物多样性保护方面具有重要意义。三江源严酷的高寒环境构成了独特的生命繁衍区，许多生物至此已达到边缘分布和极限分布，成为珍贵的种质资源和高原基因库。更由于地处黄土高原、横断山脉、羌塘高原和塔里木盆地等我国几个一级地理单元之间，“边缘效应”非常突出，生物的演化、变异等过程在激烈进行，孕育了众多高原独有的生物物种。

三江源区的野生动物中兽类有20科85种，鸟类有16目41科238种（包括亚种则有263种），两栖爬行类10科15种，鱼类6科40种。其中国家Ⅰ级保护动物有藏羚羊（*Pantholops hodgsoni*）、野牦牛（*Poephagus mutus*）、藏野驴（*Equus kiang*）、雪豹（*Panthera uncia*）、金钱豹（*Panthera pardus*）、白唇鹿（*Cervus albirostris*）、黑颈鹤（*Grus nigricollis*）、金雕（*Aquila chrysaetos daphanea*）、玉带海雕（*Haliaeetus leucoryphus*）、胡兀鹫（*Gypaetus barbatus hemachalanus*）等16种；国家Ⅱ级保护动物有盘羊（*Ovis ammon*）、藏原羚（*Procapra picticaudata*）、鬣羚（*Capricornia sumatraensis*）、猕猴（*Macaca mulatta*）、黑熊（*Selenarctos thibetanus*）、马麝（*Moschus sifanicus*）、马鹿（*Cervus elaphus*）、棕熊（*Ursus arctos）、猞猁（*Felis lynx*）、大鵟（*Buteo hemilasius*）、猎隼（*Falco cherrug milvipes*）、秃鹫（*Aegypius monachus*）、大鲵（*Andrias davidianus*）等53种。省级重点保护动物有艾虎（*Mustela eversmani*）、沙狐（*Vulpes corsac*）、黄鼬（*Mustela sibirica*）、斑头雁（*Anser indicus*）、赤麻鸭（*Tadorna terruginea*）等32种。

三江源区兽类共分布有20科85种，占青海省兽类的82.5%，占全国兽类的16.8%。在85种兽类的地理分布中，古北界62种，占72.9%；东洋界16种，占18.8%；广布种4种，占4.7%；另有待确定3种，占3.6%。其中国家保护种类26种，占总种数的30.6%，其中Ⅰ级保护种类7种，占8.2%，Ⅱ级保护种类19种，占22.3%。中国或者青藏高原特产种类54种，占63.5%，其中亚种Ⅰ级中有特有亚种的为21种，占24.7%。

三江源区有238种鸟类，占青海省鸟类的77%，占全国鸟类的19%。在238种鸟类的地理分布中，古北界有178种，占总鸟类种数的75%；东洋界14种，占6%；广布种45种，占19%。国家重点保护鸟类有39种，占鸟类总数的16%，占全国鸟类保护总数的16%。

两栖爬行类初步记载10科15种，可能的实际种数更多。同时特有物种多。两栖爬行类15种，占全国两栖爬行类的2%。其中两栖类8种，占53%；爬行类7种，占47%。有国家Ⅱ级重点保护种类1种。

鱼类6科40种，40%以上的种类是中国特有物种，如鲑科、鳅科鱼类。由于青藏高原隆起导致的物种分化，鱼类的特有种很多，很多物种在定名时就处于濒危状态。

栖息于该地区的珍贵、稀有与特有的哺乳类计63种，以及亚种，如藏野驴（*Equus kiang*）、野牦牛（*Poephagus mutus*）、藏羚羊（*Pantholops hodgsoni*）、藏原羚（*Procapra picticaudata*）、盘羊（*Ovis ammon*）、藏狐（*Vulpes ferrilata*）、棕熊（*Ursus arctos*）、雪豹（*Panthera uncia*）和高原兔（*Lepus oiostolus*）等，占该区兽类总种数的80%左右。特别是前4种特有的有蹄类，它们不仅是中国宝贵的自然遗产，同时也是全世界的共同财富。据估计（冯祚建，1991），在青藏高原范围内藏野驴（*Equus kiang*）、野牦牛（*Poephagus mutus*）及藏羚羊

(*Pantholops hodgsoni*) 之每种的种群存量恐不超过10万头（图1-2），而藏原羚(*Procapra picticaudata*) 不足1万头，盘羊少于2万头。黑颈鹤是三江源高原湿地的珍稀水禽，分布在源区内玉树、称多、杂多、治多、曲麻莱、久治、达日、玛多等县的3200～4300m的高原湖泊沼泽湿地（图1-3）。

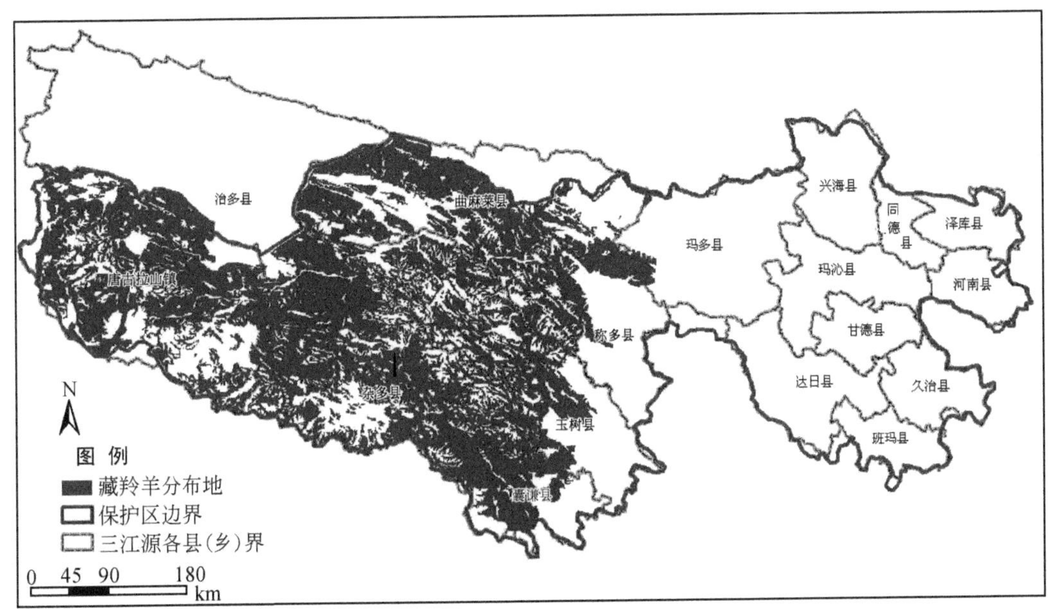

图1-2 三江源区藏羚羊分布图

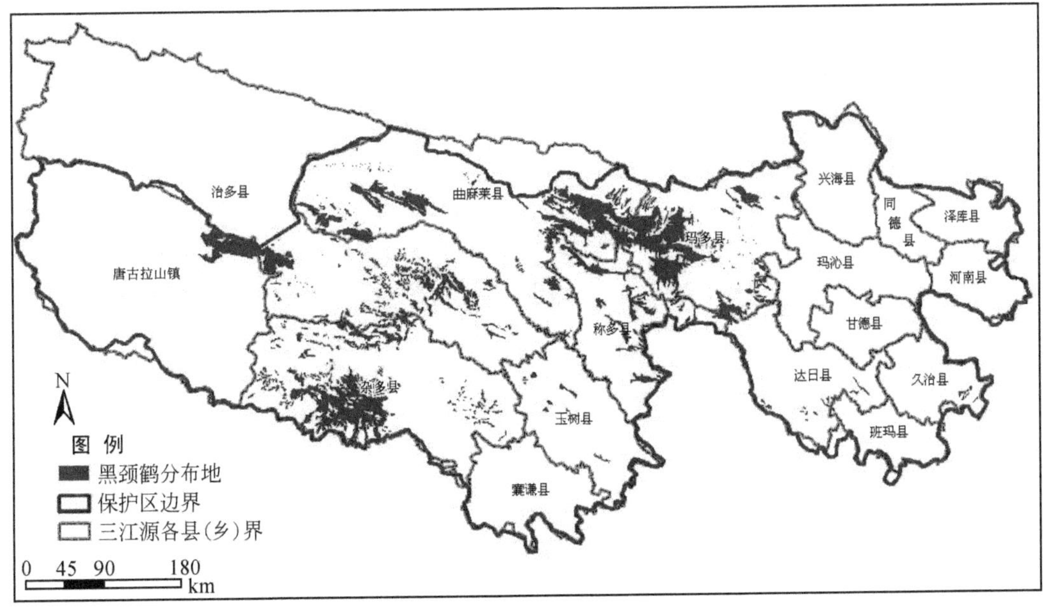

图1-3 三江源区黑颈鹤分布图

三江源区植物区系属泛北极植物区。源区的玛多、杂多、治多、曲麻莱县和格尔木市的唐古拉山镇（大致为源区的西部）的植物区系属青藏高原植物亚区的唐古特地区，主要由东亚中国—喜马拉雅和中亚区系衍化而来，在高原环境下特化的本地特有种组成。源区其他地区的植物区系则属中国—喜马拉雅森林植物亚区的横断山脉地区，垂直分布明显，是世界高山植物最丰富的区域。由于其独特的地理位置和环境，植物中有许多青藏高原特有种和经济植物。

三江源地区的野生维管束植物有87科474属2238种，约占全国植物种数的8%，其中种子植物种数占全国相应种数的8.5%。在474属中，乔木植物11属，占总属数的2.3%；灌木植物41属，占8.7%；草本植物422属，占89%，植物种类以草本植物居多。其中有优良牧草70余种，乔、灌木有80多种。在野生经济植物中，中药材有1000余种，著名的有红景天（*Rhodiola* spp.）、贝母（*Fritillaria* sp.）、大黄（*Polygonum* spp.）、冬虫夏草（*Cordyceps sinensis*）、雪莲（*Saussurea* spp.）、黄芪（*Astragalus* spp.）、羌活（*Notopterygium incisum*）等。此外，淀粉植物蕨麻（*Potentilla anserina*）、香料植物瑞香（*Daphne odora* Thunb）、蜜源植物岩忍冬（*Lonicera japonica*）、纤维植物箭叶锦鸡儿（*Caragana jubata*）等也较为丰富。

三江源区中国特有种植物有1500多种，其中三江源地区特有种有100多种，三江源的国家珍稀保护植物有40多种。

三江源地区的资源植物种类丰富，类型齐全，主要有食用植物、药用植物、工业原料和防护植物。

几乎所有的野生植物都能在不同程度上起到保水保土的作用。保护好植被，就能维护江河源头的水土不流失。森林是人类赖以生存的重要自然资源，森林不仅可以为人类生活和社会生产提供大量的食物和原料；还具有调节气候、涵养水源、保持水土、改善环境等多种生态功能，在维护自然界的生态平衡中起着十分重要的作用。

（7）三江源区草地生态系统

三江源区草地生态系统包括高寒草甸、高寒草原、高寒灌丛以及高寒沼泽等子系统，是长江源区最主要的自然资源和生态环境载体。草地生态系统结构、功能及物质循环是区域生态环境演变的核心。源区自然生态系统除了高寒草地生态系统以外，局部在一些河谷地带分布有稀疏的水柏枝（*Myricarica elegans*）和毛枝山居柳（*Salix oritrepha*）等高寒灌丛。在高大山体上有部分分布垫状与稀疏流石坡植被。在河源区东南端，有由林地（青海云杉 *Picea carassifolia*）、疏林地（祁连圆柏 *Sabina przewalskii*）和少量灌木林地构成的森林生态系统，面积很小，仅占三江源区土地面积的0.01%。长江源区草地生态主要类型及其结构与分布状况见表1-1。

表1-1　草地生态系统的基本特征与区域分布状况

草地类型	基本特征	分布状况
高寒草原	由寒冷旱生的多年生密丛禾草、根茎苔草以及小半灌木垫状植物为建群种或优势种，而且具有植株稀疏、覆盖度小、草丛低矮、层次结构简单等特点，以紫花针茅草原为典型代表	主要分布在山地宽谷、高原湖盆的外缘、古冰积台地、洪积—冲积扇、河流高阶地、剥蚀高原面和干旱山地，位于高寒草甸与高寒荒漠之间，现状黄河源区分布有高寒草原草地14 645.63 km^2，长江源区分布有39 970.51 km^2
高寒草甸	寒冷中生、湿中生的多年生密丛短根茎嵩草植物为建群种，草丛低矮、层次结构简单，覆盖度较高且具有较厚的草结皮层	主要分布于海拔3 200 ~4 700（4 800）m的广大山地的阳坡、阴坡、圆顶山、滩地和河谷阶地，总分布面积67 332.14 km^2，占三江源区总面积的36.2%
高寒沼泽草甸	由湿中生、湿生多年生草本植物形成植物群落，群落覆盖度大、物种组成丰富，以藏嵩草和甘肃嵩草为主要建群种类	一般呈不连续分布于地势低洼、排水不畅、土壤潮湿、通气性不佳和非盐渍化的湖滨、山间盆地、河流两岸的低阶地，高山分水岭的鞍部、山麓潜水溢出带等地带，现状分布面积为7 333.55 km^2

1.1.2.2　三江源区社会经济发展概况

（1）行政区划

三江源区位于青海省南部。西、西南与新疆维吾尔自治区、西藏自治区接壤，东、东南和四川省、甘肃省毗邻，北以海西蒙古族藏族自治州、海南藏族自治州的共和、贵南、贵德三县及黄南藏族自治州同仁为界。

三江源区的行政区域辖果洛藏族自治州的玛多、玛沁、达日、甘德、久治、班玛六县，玉树藏族自治州的称多、杂多、治多、曲麻莱、囊谦、玉树六县，海南藏族自治州的兴海、同德两县，黄南藏族自治州的泽库、河南两县，格尔木市的唐古拉山镇，共16县1乡。按流域划分，长江流域包括治多、班玛全部，称多、曲麻莱和玉树县及唐古拉山镇大部，还包括杂多县西部的一部分；黄河流域包括玛沁、甘德、同德、兴海、泽库、河南县全部及久治、达日、玛多县大部和称多、曲麻莱县小部；澜沧江流域为囊谦县全部，杂多县大部及玉树县小部。

（2）人口与民族

三江源地区总人口56万，人口密度为1.762 人/km^2。其中乡村人口占88.6%，城镇人口占10%，明显地呈现出以农牧业为主体的人口特征，这与该区农牧经济占主导地位的现实是吻合的。另外，这一地区人口增长呈现“双高”特征，即高出生、高死亡率特征，出生率一般在15‰左右，高者可达20‰以上，由于高的死亡率，净增率并不高。从乡村基本交通、生活条件来看，车、电、水“三通”村的数量虽然逐年在增加，但仍有不少村镇没有解决交通和生活吃水、用电问题。

（3）经济发展

三江源地区国内生产总值达15亿元以上，第二、三产业增加值占国内生产总值的35%左右，城乡居民存款余额已达3亿多元，固定资产投资也在连年增加。这些都表明该地区已具备了初步的经济实力，传统农牧经济的一元化格局正在被打破。

总体说来，该地区总经济实力仍非常低下，牧业经济仍是该地区的主要经济支柱，而且这种基本格局在很长的一个历史时期内仍将不会改变。令人担忧的是，上述特种经济活动虽然暂时可增加财政收入，但对高寒生态环境也带来了极大的影响。

(4) 社会发展

在国家的大力支援下，三江源区的当地政府和群众经过多年努力，基本上实现了县县通公路的目标，为该地区经济发展起到了很大的促进作用。但总体上讲，三江源地区交通仍十分闭塞，除了青藏（109 国道）和青玉线（214 国道）外，其他道路多没有保障，不仅路面狭窄，而且经常被冲毁中断，尤其遇到夏秋多雨季节，一些道路便无法行车，形成了不少交通封闭区，给区内群众的生活和救灾等带来很大的不便。

虽然各县都设有中学，各乡都设有小学，学生的衣、食、住、行等各种教育费用均由国家负担，但因牧民接受教育的意识淡薄，教育设施简陋，加上居住分散，适龄儿童入学率和小学升学率仍很低。虽然各县、乡基本上都有广播电视站，但真正通广播的乡仅 10%，通电视的乡也只有 54%。

该地区科技推广人员极缺，而且素质不高，远远难以满足科技发展需要。

三江源辖区内各县都设有医院和牲畜防疫站，各乡都建有卫生所，各牧委会都配有卫生员，初步形成了三级医疗卫生体系。但缺医少药现象非常普遍，医疗条件十分简陋，加上牧民居住分散，交通不便，每年死于疾病的人数仍较多，医疗服务体系仍亟待加强。

1.1.3 三江源区生态系统特征与生态环境问题

三江源区地理位置特殊，平均海拔在 4500m 以上，高原寒温气候形成了复杂的生态系统。三江源区的生态系统类型丰富，包括有亚高山森林、高寒灌丛、高寒草甸、高寒草原、高原沼泽、垫状植被、高山流石坡稀疏植被等多种类型的生态系统（图 1-4）。

图 1-4　三江源区植被分布图

1.1.3.1　森林生态系统

三江源区在高原高寒气候条件下形成的森林生态系统以寒温性的针叶林为主，包括亚高山暗针叶林、亚高山落叶针叶林、山地圆柏林、针叶混交林、针阔混交林、高山落叶阔叶林。三江源的森林处于我国森林分布的上限。川西云杉林是我国也是世界上分布海拔最高的森林。主要分布在三江源区的东部和东南部，属于我国东南部亚热带和温带向青藏高原过渡的山峡区域。森林植物的种类较少，结构简单。从现有森林植被的物种来看，大多是高原隆起后遗留的古老物种，它们随季风侵入，或在特殊的自然生境中发生变异而来，构成了高山植被。树种组成方面，在寒温性针叶林中，玛可河林区以紫果云杉为优势，玉树林区则以川西云杉为主。在山地阳坡的森林带中，由细枝圆柏和大果圆柏组成。

亚高山暗针叶林的优势种为川西云杉（*Picea likiangensis*（Franch.）*Pritz* var. *balfouriana Hilier*）和紫果云杉（*P. purpurea* Mast.）。耐阴、耐高寒，主要分布于青海南部长江、澜沧江上游的高山峡谷地区。如玉树的江西、囊谦的白扎、娘拉、吉曲、东仲，班玛的玛可河、多可河等原始林区。生于海拔 3500 ~

3900m的阴坡，多呈片状分布，4000～4300m尚有零星分布。4300m以上与高寒灌丛相接。在寒温、湿润气候条件下，分布在中性或微酸性山地棕色针叶林土上的林木，生长良好、林相整齐、单位蓄积量较高。通常有乔木、灌木、草本和苔藓四个层次，但在高密度下，仅有乔木和苔藓两个层次。

山地圆柏林是亚高山森林线上的由针叶林向高寒灌丛或高寒草甸过渡的疏林，常位于云杉林的上部地带或云杉林及落叶松林所不能生长的严酷生境中，圆柏林是亚高山阳坡树线上的优势森林群落，建群种有喜光、耐寒、耐旱、抗风的特性。其生境气候特点是气温低、雨量少、风大、日照强烈。优势种包括大果圆柏（*Sabina tibetica* Kom.）、祁连圆柏（*S. przewalskii* Kom.）、塔枝圆柏林（*Sabina komarovii*）和密枝圆柏林（*Sabina convallium*）等。

高山落叶阔叶林的优势种为红桦（*Picea A. Dietr.*、Betula L.）和糙皮桦林（*Betula utilis D.* Don）。糙皮桦属寒温性落叶阔叶乔木。适生于寒温湿润型气候。耐阴树种主要分布在海拔2700～3800m（玉树）的阴坡，是垂直分布最高的天然阔叶林，分布高度可达3900m。由于生长在高山，气候寒冷，一般树木矮小，树干弯曲，多分叉。林分密度较低，林下灌木层、草木层和苔藓层都比较发育。红桦是温性落叶阔叶乔木，我国特有树种，性喜光、喜微酸性肥沃湿润土壤，也能耐寒耐旱、耐瘠薄，主要分布在东经99°40′以东、阿尼玛卿山以北的黄河干流两侧的林区，在长江源和玛可河林区也有小面积分布。红桦适宜温暖湿润或半湿润气候，呈块状断续生长在海拔3200～3400m（玛可河）的半阴坡上。上部多与糙皮桦林相连。因生境比较阴湿，通常有乔木、灌木、草本和苔藓四个层次。

高寒灌丛包括高寒常绿针叶灌丛、常绿革叶灌丛、常绿落叶阔叶混交灌丛、高寒落叶阔叶灌丛。常绿针叶灌丛是以常绿针叶灌木为建群种组成的群落，主要由圆柏属（*Sabina* Mill.）植物构成。分布在森林区及其外缘地带的亚高山带上部和高山带阳坡，海拔3600～4900m，由东向西逐渐升高。生境寒冷，圆柏灌丛喜阳，具较强耐寒性和适应干旱条件的能力。草本层比较发育，多为草甸中的嵩草和杂类草成分。

常绿革叶灌丛是由耐寒的中生或旱中生常绿革叶灌木为建群层片、苔藓植物为亚建群层片组成的灌丛。在我国主要分布于青藏高原东部地区，大约从青海省祁连山东段起，经海北、海南、共南、果洛、玉树以及甘南、川西、藏东南和滇西北。主要分布于山地森林带以上的高山带。在高山带，它分布于山地寒温性针叶林带以上，与高寒草甸成复合分布，构成高山灌丛草甸带，是具有垂直地带分布的相对稳定的原生植被类型，优势种为杜鹃（*Rhododendron*）。

高寒落叶阔叶灌丛是指由耐寒中生或旱中生落叶阔叶灌木为建群层片所形成的群落类型。在青藏高原广泛分布于海拔 3200 ~ 4500mm 的山地阴坡以及山麓洪积扇和河谷。在高原东部边缘山地，由于江河切割，形成高山狭谷地貌，并受东南季风和西南季风影响，降水较多，因而气候温暖湿润，主要分布在山地寒温性针叶林的森林线以上，与高寒常绿革叶灌丛、高寒草甸构成亚高山灌丛草甸带；在高原中部及其北部山地，东南季风和西南季风对其影响较弱，气候趋于干冷，常在山地寒温性针叶林上线，单独与高寒草甸构成亚高山灌丛草甸带，是山地垂直地带性的原生植被类型。其分布范围主要围绕在青藏高原东部，自北而南为北起青海省的祁连山东段南坡，经海南、黄南、果洛、玉树以及甘南、川西、云南西北部至西藏的东部并抵达喜马拉雅山北坡。主要物种组成为山生柳（*Salix oritrepha*）、沙棘（*Hippophae* spp.）、金露梅（*Potentilla fruticosa*）、绣线菊（*Spiraea myrtilloides*）、箭叶锦鸡儿（*Caragana jubata*）等。

1.1.3.2 高寒草原草甸生态系统

高山草甸和高寒草原是三江源地区主要植被类型和天然草场。由于分布地域辽阔，生境条件多样，群落的种类组成比较丰富（图 1-5）。

高山嵩草草甸是青藏高原及亚洲中部高山特有的，中生多年生地下密丛短茎嵩草属植物为建群种所构成的植物群落，是青藏高原典型的水平地带性和垂直地带性类型，构成青藏高原独特的植被类型。以线叶嵩草（*Kobresia capillifolia*）、小嵩草（*Kobresia parva*）、禾叶嵩草（*Kobresia graminifolia*）和矮嵩草（*Kobresia humilis*）等为优势种，种类成分较为丰富，分布海拔 3900 ~

图 1-5 三江源区高寒草地草甸生态系统

4300m，分布广，面积大，但区系成分简单。

高寒草原一般以芨芨草（*Achnatherum splendens*）、赖草（*Leymus secalinus*）、白草（*Pennisetum centrasiaticum*）、针茅（*Stipa* spp.）等高大禾草为主，低层以细叶苔草（*Carex moorcroftii*）、杂类草为主形成杂类草草原。分布于海拔 3200 ~ 3400m 的森林下沿河谷阳坡，气候温和、海拔较低的东部河谷地带。青藏苔草是青藏高原特有成分，在高寒干旱的严酷气候条件下，具有很强的生活力，生有粗壮发达的根茎，生态适应幅度较广，主要生于沙性土壤上。分布于纳赤台、曲玛河、索加、温泉以西地区，西南面与藏北青藏苔草草原分布区相连。

高寒草原化草甸主要是由耐低湿的旱中生多年生地面芽和地下芽植物组成的植被类型，或大量混生多年生草本植物的草原植被类型，是过渡于草原与草甸的中间类型。植物区系以北极-高山成分为主。主要物种为高山嵩草（*Kobresia pygmaea*）和针茅，分布面积广。

垫状植被分布在山地高寒草甸带以上与高山流石坡稀疏植被带之间，一般呈块状分布或狭带状分布，常见的种类有垫状点地梅（*Androsace tapete*）、蚤缀（*Arenaria seropyllifolia*）、虎耳草（*Saxifraga*）、风毛菊（*Saussurea* spp.）以及垫状驼绒藜（*Ceratoides compacta*）和葶苈（*Draba nemorosa*）等。该类型主要分布于高寒草甸带的上部，其上为高山流石坡植被或裸岩。

高山流石坡稀疏植被主要以风毛菊（*Saussurea*. spp.）、葶苈（*Draba nemorosa*）、桂竹（*Cheianthus cheiri*）、蚤缀（*Arenaria seropyllifolia*）、囊种草（*Thylacospermum caespitosum*）等为主。高山流石坡稀疏植被是高山垂直带谱中海拔分布最高的一个类型，是介于植被带与永久冰雪带之间的一些稀疏植被。该植物群落很稀疏，结构简单，种类不多。

1.1.3.3 湿地生态系统

三江源是长江、黄河、澜沧江的发源地，被誉为“中华水塔”。三江源区河流密布，湖泊、沼泽众多，雪山冰川广布，是世界上海拔最高、面积最大、分布最集中的地区，湿地总面积达7.33万km^2。三江源是我国面积最大、海拔最高的天然湿地，平均海拔4000m左右，据计算，长江总水量的25%、黄河总水量的49%和澜沧江总水量的15%都来自三江源。

三江源地区有河流、湖泊、沼泽、雪山和冰川等多种湿地类型，面积达7.33万km^2（图1-6）。其中，沼泽分布率大于2.5%，是全国分布率最高的地区；有较大支流180余条；大小湖泊16 500余个，其中在仅100余平方公里的星宿海就有2600多个湖泊；冰川总面积达1400km^2以上，年消融量10余亿立方米。区内许多湿地为世界和中国的知名地区，列入中国重要湿地名录的湿地有扎陵湖、鄂陵湖、玛多湖、黄河源区岗纳格玛错、依然错和多尔改错以及著名的约古宗列沼泽、星星海沼泽，著名的有各拉丹冬、阿尼玛卿山、尕恰迪如岗和祖尔肯乌拉山的岗钦等雪山冰川。

（1）河流湿地

三江源区河流主要分为外流河和内流河两大类，有大小河流约180多条，河流面积为0.16 km^2。外流河主要是通天河、黄河和澜沧江（上游称扎曲）三大水系，支流有雅砻江、当曲、卡日曲、孜曲和结曲等大小河川并列组成。内流河主要分布在西北一带，为向心水系，河流较短，流向内陆湖泊，积水面积

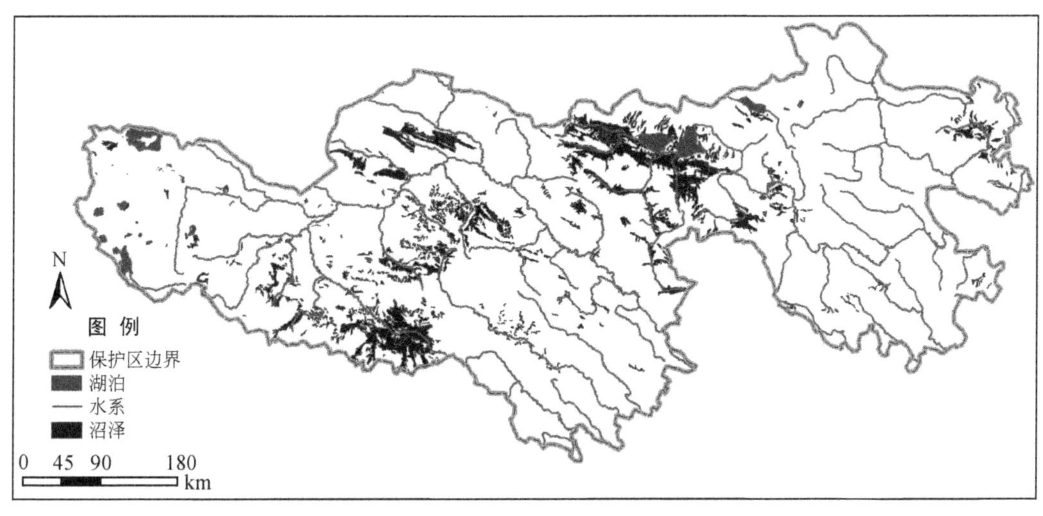

图 1-6　三江源区水系和沼泽图

为45 225.5km²。流域总面积为 237 957 km²，多年平均总流量为 1022.3 m³/s，年总径流量 324.17 亿 m³，理论水电蕴藏量为 542.7 万 kW。

（2）湖泊湿地

三江源区因为滩地宽广，盆地流水不畅，形成了大片沼泽和星罗棋布的大小湖泊。主要分布在内陆河流域和长江、黄河的源头段，大小湖泊近 1800 余个，湖水面积在 0.5 km²以上的天然湖泊有 188 个，总面积为 0.51 万 km²。其中，矿化度 1 ~3g/L 以下的淡水湖和微咸水湖 148 个，总面积为 2623 km²。盐湖共计 28 个，总面积 1480 km²，矿化度大于 35g/L。列入中国重要湿地名录的有扎陵湖、鄂陵湖、玛多湖、黄河源区岗纳格玛错、依然错、多尔改错等。其中扎陵湖、鄂陵湖是黄河干流上最大的两个淡水湖，具有巨大的调节水量的功能。

（3）沼泽湿地

本区环境严酷，自然沼泽类型独特，在黄河源、长江的沱沱河、楚玛尔河、当曲河三源头、澜沧江河源都有大片沼泽发育，成为中国最大的天然沼泽分布区，总面积达 6.66 万 km²。沼泽基本类型为藏北嵩草沼泽，而且大多数为泥炭沼泽，仅有小部分属于无泥炭沼泽。

长江源区沼泽面积约1.43万km^2，占长江源区面积的13.9%。沼泽大多集中于江源区潮湿的东部和南部，而干旱的西部和北部分布甚少。从地势方面看，沼泽主要分布在河滨湖周一带的低洼地区，尤以河流中上游分布为多，当曲水系中上游和通天河上段以南各支流的中上游一带沼泽连片广布。当曲流域沼泽发育最广，沱沱河次之，楚马尔河则较少，显示长江源区东部的沼泽远多于西部地区。在唐古拉山北侧，沼泽最高发育到海拔5350m，达到青海高原的上限，是世界上海拔最高的沼泽。黄河源区沼泽发育受到半干旱特征限制，主要分布于河源约古嵩到曲、两湖周围及星宿海地区。澜沧江源区大小沼泽总面积为325 km^2，占澜沧江源区土地总面积的3.1%。主要集中在干流扎那曲段和支流扎阿曲、阿曲（阿涌）上游。其中较大的沼泽群有扎阿曲、扎尕曲间沼泽、阿曲、干流扎那曲段流域内沼泽。

（4）雪山冰川

三江源区内雪山、冰川约2400km^2，冰川资源蕴藏量达2000亿m^3，现代冰川均属大陆性山地冰川。长江流域主要分布在唐古拉山北坡和粗尔肯乌拉山西段，昆仑山也有现代冰川发育。以当曲流域冰川覆盖面积最大，沱沱河流域次之，楚玛尔河流域最小，冰川总面积为1247 km^2，冰川年消融量约9.89 m^3。雪山冰川规模以唐古拉山脉的各拉丹冬、尕恰迪如岗及祖尔肯乌拉山的岗钦3座雪山群为大，尤以各拉丹冬雪山群最为宏伟。黄河流域在巴颜喀拉山中段多曲支流托洛曲源头的托洛岗（海拔5041m）有残存冰川约4 km^2，冰川储量为0.8亿m^3，域内的卡里恩卡着玛、玛尼特、日吉、勒那冬则等14座海拔5000 m以上终年积雪的多年固态水储量约有1.4亿m^3。澜沧江源头北部多雪峰，平均海拔5700米，最高达5876米，终年积雪，雪峰之间是第四纪山岳冰川，东西延续34km长、南北12km宽的地带。面积在1 km^2以上的冰川有20多个。澜沧江源区雪线以下到多年冻土地带的下界，海拔4500～5000m，呈冰缘地貌，下部因热量增加，冰丘热融滑塌、热融洼地等类型发育。山北坡较南坡冰舌长1倍以上，从海拔5800m雪线沿山谷向下至末端海拔5000m左右为冰舌，最长的冰舌长4.3km。源区最大的冰川是色的日冰川，面积为17.05km^2，是查日曲两条小支流穷日弄、查日弄的补给水源。

1.1.3.4 三江源区主要生态环境问题及趋势

历史上，三江源区曾是水草丰美、湖泊星罗棋布、野生动物种群繁多的高原草原草甸区，被称为生态“处女地”。近些年来，随着全球气候变暖，冰川、雪山逐年萎缩，直接影响高原湖泊和湿地的水源补给，众多的湖泊、湿地面积缩小甚至干涸，沼泽地消失，泥炭地干燥并裸露，沼泽低湿草甸植被向中旱生高原植被演变，生态环境已十分脆弱。人口的无节制增加和人类无限度的生产经营活动也大大加速了该地区生态环境恶化的进度。特别是草地大规模的退化与沙化，不仅使该地区草地生产力和对土地的保护功能下降，优质牧草逐渐被毒、杂草所取代，一些草地危害动物如高原鼠兔乘虚而入，导致草地载畜量减少，野生动物栖息环境质量减退，栖息地破碎化，生物多样性降低。更为严重的是，随着源区植被与湿地生态系统的破坏，水源涵养能力急剧减退，导致三江中下游广大地区旱涝灾害频繁、工农业生产受到严重制约，并已直接威胁到了长江、黄河流域乃至东南亚诸国的生态安全。

（1）冰川退缩，湖泊、沼泽萎缩，地下水位下降

全球气候变干，加之不合理的人类活动造成环境退化。三江源的冰雪、湖泊及沼泽地均为江河的重要补给源和水源涵养区。这里的冰川主要分布在唐古拉山北坡，最近研究发现，这里的冰川均呈不同程度的退缩。沱沱河源头的姜根迪如冰川由同一个冰雪源地——海拔6543m的雪峰下溢，呈马蹄形分成南北两支冰川，下伸到海拔5400m左右，冰舌被融蚀得支离破碎。尤其是姜根迪如南侧冰川融蚀最为强烈，与1969年拍摄的航片相比，发现17年中冰舌退缩近百米。这种现象反映了气温升高和气候变干的趋势。格拉丹东的岗加曲巴冰川从1970～1990年，冰舌末端至少后退了500m，年均后退高达25m。

江源区有大面积沼泽失水而枯竭，草甸被揭开，出露下部的沙石，成为荒漠，沱沱河、尕尔曲沿岸最为明显，仍在发展中。湖泊水面缩小，一些小湖甚至消失；格拉丹冬北坡山前一些湖泊水位下降5～8m。三江源地区湖泊广布，众多湖泊出现面积缩小，湖水咸化、内流化和盐碱化的现象。面积 600km^2 的赤布张湖解体萎缩成 4 个串珠状湖泊，湖水咸化；雀莫错湖水现已减少了 1/2。玛多县原有 4000 多个大小湖泊，干涸了 2000 多个，现有湖泊的水位下降明显，鄂陵湖、扎陵湖水位下降 2m 以上。长江源区地下水位明显下降。如曲麻莱县原有的 117 眼水井已干涸 112 眼，严重影响了全县的人畜饮水问题。

沱沱河和尕尔曲的河谷平原地带，高寒荒漠化在扩大，不仅使沿河两岸 3～10km成为荒漠，而且扩大到丘陵低岗，形成了较为广阔的荒漠地带。三江源地区是青藏高原沼泽湿地主要分布区，近年来沼泽低湿草甸植被向中旱生高原植被演变，大片沼泽湿地消失，泥炭地干燥并裸露，导致沼泽湿地水源涵养功能降低。

（2）自然灾害逐年增多

在植被遭到严重破坏、生态也严重失衡的同时，三江源地区气候反常，自然灾害加剧，冰雹、霜冻、干旱、洪涝、沙尘暴、雪灾等灾害次数有增无减，给畜牧业发展和人民生活造成了很大损失。目前三江源地区气候变化的大形势是气温上升、降水减少，由此引起径流减少、地下水位下降、雪线上升和多年冻土层变薄等现象，这些气候水文要素的一系列不利变化，势必引起青藏高原草甸生态系统的草场产草能力下降、承载力下降、环境容量减小、防灾抗灾能力低下。

（3）草场过度放牧，导致草原退化、草原沙化

长期以来，许多牧区以单纯追求牲畜头数为主要目标，不顾草场载畜量，造成严重的超载过牧，导致草场退化，环境遭到破坏。

由于草场过度放牧、矿产开采、工程建设和气候、水文状况恶化，三江源地区的草地沙化形势严重。黄河源地区正在沙化的草地面积 3598. 1 km^2，严重沙化的草地面积 1927km^2，合计沙地面积 3909. 5 km^2。长江源地区正在沙化的草地面积 2089. 3 km^2，严重沙化的草地面积 1820. 2 km^2，合计沙地面积 5525. 1 km^2。在整个三江源地区正在沙化的草地面积 5687. 4 km^2，严重沙化的草地面积 3747. 2 km^2，合计沙地面积 9434. 6 km^2。

三江源地区由于自然和人为双重原因，沙化面积逐年增多，不仅使当地生态环境恶化，而且危及中下游地区生态环境安全。据初步统计，三江源地区荒漠化土地面积达252.8万hm^2，主要分布于曲麻莱和治多两县境内的通天河阶地及楚玛尔河滩地，在玉树县、称多县和唐古拉山镇也有分布。尤以曲麻莱、玛多两县最为严重，沙化面积分别达1466万hm^2和46.2万hm^2。长江河源地区土地沙漠化的原因除自然因素和过度放牧、鼠虫害严重外，滥采乱挖也是造成土地沙漠化的重要原因，特别是曲麻莱县、称多县境内，无计划地大量开采沙金，造成了严重的土地退化、草场沙化。曲麻莱县有333.3 km^2的草场植被被完全破坏，形成沙化土地，并为周边地区土地沙漠化提供了大量沙源物质，在这一地区到处是大小成群的沙砾堆，在本已严酷的自然环境中，遭到如此严重破坏的生态环境数十年乃至上百年都难恢复到原有水平。

(4) 虫鼠害严重

黄河源地区黑土滩面积8694.3 km^2，长江源地区黑土滩面积31 696.9km^2，澜沧江源地区黑土滩面积6692km^2，三江源地区黑土滩面积合计47 083.2km^2，占三江源地区总面积的15%。黄河源地区虫害区面积769.1km^2，长江源地区虫害区面积2147.9km^2，澜沧江源地区虫害区面积392.3km^2，三江源地区虫害区面积合计3309.3km^2，占三江源地区总面积的1.06%。黄河源地区鼠虫害混合区面积926km^2，长江源地区鼠虫害混合区面积2495.3km^2，澜沧江源地区鼠虫害混合区面积2376.5km^2，三江源地区鼠虫害混合区面积合计5797.8km^2，占三江源地区总面积的1.85%。黄河源地区毒杂草面积5020.8km^2，长江源地区毒杂草面积3767.3km^2，澜沧江源地区毒杂草面积2893.1km^2，三江源地区毒杂草面积合计11 681.2km^2，占三江源地区总面积的3.73%。黄河源地区鼠害面积18 452.1km^2，长江源地区鼠害面积7451.8km^2，澜沧江源地区鼠害面积6496.3km^2，三江源地区鼠害面积合计32 400.2km^2，占三江源地区总面积的10.34%。

不合理的牧业活动，造成草场覆被率急剧下降，天然草场正在迅速退化，优良牧草减少，毒杂草增加，草原生产力下降（产草量下降，草场载畜量下降，单位牲畜质量下降）。有些原本丰美的草场变为寸草不生的“黑土滩”。据达日县“黑土滩”的调查，鼠兔的平均洞口数为 4168 个/hm^2，有效洞口数为 1167 个/hm^2，鼠兔密度高达 374 只/hm^2。由于近年来鼠害发生的周期缩短、规模扩大对本已恶化的高原生态系统无疑是雪上加霜，严重威胁着畜牧业生产和当地牧民的生活。据统计，在黄河源区有 50% 多的黑土型退化草场是因鼠害所致。如治多县由于牧业压力的增大，直接导致了部分草场生产力的严重下降，与 20 世纪 60 年代相比，平均产草量减少了 50% ~60%，而有毒有害类杂草增加了 20% ~30%。到目前为止，约有 1/3 以上的天然草场处于不同程度的退化状况，约有 15 万亩①的天然草场已经荒漠化或沙化。达日县由于过牧、滥牧，只讲索取，忽视投入，片面追求牲畜存栏数，草原建设投入严重不足，高寒草地生态平衡失调，造成大面积草地退化，昔日水草丰美的冬春草场变为寸草不生的“黑土滩”，全县“黑土滩”面积达 862.5 万亩，鼠害面积 1084 万亩，分别占草地总面积的 40% 和 51.6%。

（5）水土流失日趋严重

三江源地区自然条件恶劣，生态环境脆弱。黄河源地区水土流失面积 15 489.5km^2，年均输沙量 8814 万 t；长江源地区水土流失面积 10 182.4km^2，年均输沙量 1613 万 t；澜沧江源地区水土流失面积 8754.5km^2，年均输沙量 1613 万吨。三江源地区水土流失面积合计 34 426.4km^2，占三江源地区总面积的 11%。水土流失的主要社会原因包括：草地过度放牧、垦殖，林、灌资源不合理利用，黄金开采，虫草挖掘。

采挖沙金、破坏草地以及过度放牧是导致水土流失的原因之一。据有关资料发现 20 世纪 80 年代初每年约有 6 万名采金者涌入曲麻莱县进行采金活动。1988 年高潮时增加到 11.38 万人。由于管理不善、无组织到处乱挖，致使河道两岸草地上被挖得千疮百孔，沙石遍地，目不忍睹。同时为了解决燃料问题，采金地上幸存的一点稀疏灌木也几乎被砍挖殆尽。如黄河流经的第一县玛多县

---

① 1 亩≈666.67m^2。

1980～1994年，全县非法采金流失沙金2.8t，破坏植被（草地）面积320万亩，野生动物数量减少31%，水土流失和荒漠化演替进程加快。1999年全县约有沙漠沙砾地、裸地无植被覆盖面积3400万亩，占总土地面积的47.8%。据不完全统计，2000年进入三江源区采挖药材的外来人员有20万人，仅一天砍挖灌木作燃料就要破坏灌木林地200hm^2左右。与此同时每年还有不少农牧民在河源区草地上挖甘草（*Glycyrrhiza uralensis*）、大黄（*Rheum* spp.）、冬虫夏草（*Cordyceps sinensis*）等药材，致使小土丘、小土坑星罗棋布，草地植被受到严重破坏。据统计20世纪80年代仅采金占用草地面积106.7万hm^2，其中毁坏草地植被3.3万hm^2。

（6）生物多样性遭破坏

尽管三江源人口数量不多，经济不太发达，从人口数量上看，人类社会生产活动对野生动物的直接影响不算太大，由于一些野生动物本身具有极高的经济价值，一些非法盗猎者长期在荒无人烟的高原内部以捕杀野生动物为业，甚至多次与管理野生动物的部门及人员发生枪战并造成人员伤亡；多次发生盗运猎杀藏羚羊（*Pantholops hodgsoni*）、雪豹（*Panthera uncia*）、藏原羚（*Procapra picticaudata*）、白唇鹿（*Cervus albirostris*）等野生动物以及贩卖皮张等类似事件。

三江源地区是高原生物多样性最集中的地区，然而由于生态环境的恶化和人为破坏，这一地区的生物多样性种类和数量锐减。珍稀野生动物盗猎严重，种群数量急剧减少。由于经济利益的驱动，一些不法分子为牟取暴利而置国家法律于不顾，滥捕滥猎野生动物，使得国家保护的珍稀野生动物资源遭到严重破坏。1985年，藏羚羊总数5～7.5万只，而自1990年以来的近10年间，至少有3万只被偷杀。其他珍稀动物同样遭到灭顶之灾。据统计，1961年囊谦县每km^2有马鹿（*Cervus elaphus*）0.92～1.49只，而近年很难寻觅其足迹、粪便。白唇鹿（*Cervus albirostris*）、马鹿、雪豹（*Panthera uncia*）等国家级野生保护动物数量锐减。

栖息于整个地区的珍贵、稀有与特有的哺乳类动物计63种及亚种，如藏野驴（*Equus kiang*）、野牦牛（*Poephagus mutus*）、藏羚羊（*Pantholops hodgsoni*）、藏原羚（*Procapra picticaudata*）、盘羊（*Ovis ammon*）、藏狐（*Vulpes ferrilata*）、棕熊（*Ursus arctos*）、雪豹（*Panthera uncia*）和高原兔（*Lepus oiostolus*）等，占该区兽类总种数的80%以上。它们不仅是中国宝贵的自然遗产，同时也是全世界的共同财富，在青藏高原范围内藏野驴、野牦牛及藏羚羊之每种的种群存量大约不超过10万头，而藏原羚不足1万头，盘羊少于2万头。三江源源头地区又恰是这些动物的主要分布区，在我们的考察中，除见到还有一定数量的马鹿（*Cervus elaphus*）、岩羊（*Pseudois nayaur*）、藏野驴外，其他动物的数量已很少。特别是前几年在白扎林区还比较容易见到的马麝（*Moschus sifanicus*），这次除在寺庙周围见到少量粪便外，几乎没有见到动物本身。一些主要以其他野生动物为食的食肉动物［如狼（*Canis lupus*）］由于很难获得食物，经常冒险去攻击家畜甚至牧民。

冬虫夏草是一种具有极高经济价值的野生药材资源，生长在高海拔的草甸地带，三江源地区恰是我国主要的虫草产地，虫草对全国的虫草市场和当地经济都具有重要的意义。以位于澜沧江源头的杂多县为例，1999年全县财政收入318万元，其中仅虫草一项收入达210万元，占全县财政收入的70%以上，相当于当地牧业收入的3倍（杂多是青海的纯牧业县）。然而，当地政府没有很好地进行药材采挖管理与草场保护，致使草场被挖的千疮百孔、一片狼藉。

（7）气候变暖和植被人为破坏严重

长江和黄河源头地区的气温在上升、降水在减少、蒸发力在增强，径流在减少，冰川、湖泊在退缩，雪线在上升，地下水位在下降，生态环境日益恶化，这里已成为下游及周边省区旱涝灾害频繁的重要原因。

全球气候变暖对于干旱缺水的西北地区来说，无疑是雪上加霜。而人类对生态环境施加的不合理干预则是近几十年来三江源地区环境急剧退化的重要原因。通过对治多县32年的降水和气温变化资料分析表明，自20世纪90年代以来，由于出现了较明显的增温减水现象，使大气干旱加重，空气中相对湿度呈明显的波动减少趋势，因而造成了该地区的气候干旱化，不利于该地区草原生态系统生产力的提高和维持。同时，由于1962～1999年人口增加了3倍，家畜数量最大值为最低值的4倍，因而每个羊单位占有可利用草场从1953年的35.3亩降低到1994年的16.8亩，使牧压成倍增加，从而直接导致了部分草地生产力水平严重下降，与20世纪60年代相比，平均产草量降低了50%以上，而有毒有害类杂草增加了20%～30%。到目前为止，约有1/3以上的草场处于不同程度的退化状态，约有15万亩的天然草场已经荒漠化或沙化。

从气候变化对草原植被的影响程度看，除了温度和降水同时升高有利于植物生长外，其他情况（如温度升高降水量降低或温度降低降水量升高或两者都降低）均不利于植物生长。因此总体上认为，气候变化对草原植被的影响是长期的、缓慢的、大面积的，如果没有过度放牧的影响，在短期内很难造成大面积的草原退化。现在1/3左右的退化草场主要分布在水边、河岸附近、滩地、坡麓和居民点周围的冬季草场，属于局部的退化，而夏季草场牧压较小，牧草利用率较低，因而保持状态相对良好。由此可以看出，近些年已经退化了的草地，其主要退化原因是过牧造成的。因此在已经退化了的草地上，超载过度放牧是造成环境退化的主要原因。但气候的干旱化影响长周期环境变化态势，过度放牧对草场的影响起到了的作用，二者的效应叠加加速了生态环境的退化。同时，由于气候的干旱化可能导致高寒草甸面积的缩小，使高寒草原及荒漠草原的面积有扩大的趋势，从而导致该地区草原总生产力的下降。

（8）社会经济发展严重滞后，生态环境保护和治理困难

1）三江源地区处于较原始的农牧业社会发展阶段，社会经济十分落后，相当数量的牧民过着靠天放牧的游牧生活。

三江源地区历史上长期受农奴制的束缚，社会经济十分落后。新中国成立后中央政府采取多项有力措施，从根本上解放了广大牧民，牧民生活发生了翻天覆地的变化。但由于自然环境严酷、生产生活成本极高，全区处于工业化以前的农牧业社会经济发展阶段；地方政府财力不足，有些地区甚至吃饭财政都不够；人均国民收入偏低、物价相对偏高、购买力偏弱，牧民生活水平较低。玉树藏族自治州有6个县，除州府所在地玉树县外，其他5个县均为国家贫困县，多数牧民过着靠天放牧的生活，与内地的发展差距较大；教育发展严重滞后，牧民子女入学率极低，小学以上文化程度的人口比例极少。懂汉语识汉字的牧民几乎没有，长期固定放牧导致单位草场载畜压力过大。这两种情况的后果就是不断加剧的超载过度放牧、日趋加速的草场退化和整个生态环境的恶性循环。因此，在现行生产方式下，进行牧业生产方式的改革，在牧户中间实行多种方式的互助合作经营，如搞股份合作，或将草场使用权向牧业经营能手有偿转让，以促进高寒草地的恢复和重建，实现草场资源的可持续利用。

2）公共基础设施严重不足，教育、科技、医疗等公益性事业落后，制约了区域社会经济和生态环境的可持续发展。

三江源地区交通、通信、电力、医疗卫生、文化、教育和科技等基础设施非常落后，缺电、缺水、缺路、缺能源以及缺医少药状况普遍存在。交通道路少，通信设施奇缺，在生态环境严酷的三江源地区，更加剧了区域联系的困难和信息的闭塞。土地面积相当于山东、江苏二省之和的玉树藏族自治州没有铁路，仅有一条与省会西宁市联系的干线公路，沿途海拔高，环境复杂多变，必须翻越巴颜喀拉山脉和季节性冻融区，影响道路畅通，正常情况下由玉树到西宁需要两天。原有的巴塘军用机场，现已停用。许多县乡缺乏必需的通信设施，不少乡政府与县政府之间连电话或电报都不通。因此，本区域内外联系极不方便。

缺电、缺能源一方面使信息流受阻，如许多牧民连电视也看不上，很难与外面的现代社会交流，另一方面牧民生活和生产活动没有现代能源的支撑，只能延续传统落后的烧牛粪、砍灌木和挖草根来维持，这就形成了牧民活动对生态环境连续不断的破坏，以及由此产生的生态系统的恶性循环。牧民分散的居住方式不利于集中办教育，许多孩子从小就帮助大人放牧，孩子长大还不识字，人口中文盲半文盲人口比例高。教育和文化的落后严重制约着牧区社会进步和经济发展。同时科技事业极其落后，牧民从事的经营活动很难依靠科技进步，牧民行为选择的科学性低。如修建道路时不合理行为造成草场资源严重破坏的现象随处可见。因此，很难使区域的社会经济活动建立在科学合理的基础上。

1.2 三江源区过去40年的气候及生态系统变化特征

1.2.1 40年来三江源区气候变化特征

全球气候变化对许多地区生态系统产生了深远影响。如海平面升高、冰川退缩、冻上融化、河（湖）迟冻与早融、中高纬生长季节延长、动植物分布范围向极地和高海拔区延伸等等（秦大河，2004）。近40年来，随着全球变暖的趋势，长江和黄河源区气温显著增加（图1-7）。其中黄河源区增温幅度最大，线性倾向率达到0.33℃/10a，长江源区增温幅度较黄河源区略小，线性递增率大致在0.30℃/10a，澜沧江源区增温幅度最小，线性递增率约为0.27℃/10a。因此，从年际间气候变化来看，三江源区以气温持续升高而降水变化不大为主要特征。近40年来，三江源区气温增加了1.5℃，比全国平均增温幅度要明显高0.3°C。冬季增幅幅度（0.45℃/10a）相当于夏季增幅（0.25℃/10a）的两倍。降水量的变化则与气温明显不同（图1-7），三江源区年降水量基本上存在较弱的增加趋势，澜沧江源区的增幅明显高于其他两个源区，每十年递增率达到1.76%，这主要是与该区春、秋和冬季降水量显著增加（$P<0.1$）有关。三江源区夏秋两季降水量总体上变化较小，而冬春两季降水量基本上都在90%的显著性水平下明显增加。如上所述，降水量的增加主要集中在冬春两季，同时气温的增

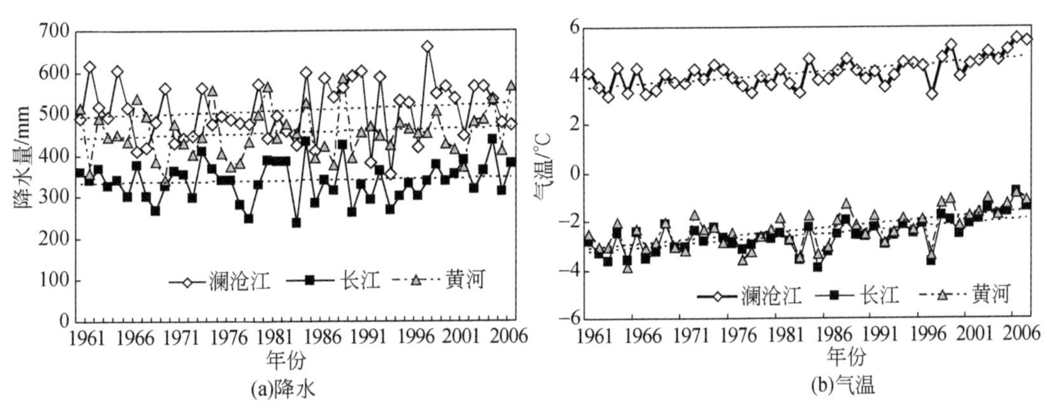

图1-7 三江源区降水与气温动态变化

加主要集中在秋冬两季，表明三江源区存在暖湿化趋势，且其暖湿变化存在不同季性。大气环流模型（General Circulation Model，GCM）模拟结果表明，在全球气候变暖的影响下，降水将在高纬度高海拔地区增加，尤其在冬季。

与生态系统植被生长关系密切的生长季节（5～9月）的气温和降水因素变化分析，如图1-8所示。三江源区植物生长期的降水量多年变化线性趋势线也具有正倾向率，然而其多年线性趋势远低于全年变化值。植被生长季节气温的多年变化则与年度平均值相似，多年变化呈现较明显的递增趋势，但是增温幅度要小于年均值变化，1985年以来，其升温幅度最为剧烈。这与1986～2000年三江源区高寒草地生态系统退化最为强烈具有较好的对应性。植被生长季节的这种气候变化态势显然不利于高寒草地植被的生长。

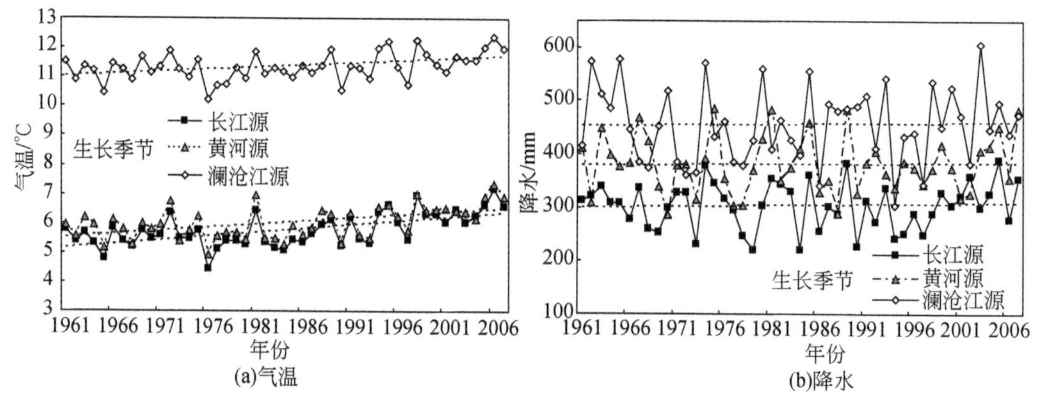

图1-8　三江源区植被生长季节平均气温和降水变化趋势

分析三江源区积雪日数和雪深变化情况，表明长江源区积雪日数少，大部分都小于30天，雪深不明显，一般在2cm以下。利用地形指数、温度及雪深日数等因素对TM图像进行空间差分，发现三江源区的积雪日数在减少，雪深和总的变化趋势不明显，并且积雪较厚的地方集中在源区的东南部。

1.2.2　过去40年三江源区主要生态系统的变化特征

为了研究三江源区高寒生态系统在过去40年来的变化情况，本次咨询研究主要采用不同时期遥感数据的对比分析，辅以野外调查的研究方法。运用陆地卫星 Landsat TM/ETM 遥感数据是现阶段进行区域土地利用/土地覆盖变化定量研究的可行方法。利用 1967 年的航片，根据 1986 年、2000 年、2004 年以及 2009 年四期 TM、ETM 卫星影像数据资料，通过对 TM（ETM）图像进行辐射标定和几何纠正处理，并采用 UTM 地理坐标进行图像纠正和利用地形图（1：100 000）进行图-图纠正，精度达到 RMS≤1 像元。为解译目的的图像是 RGB 合成结果，图像是标准的 432 波段合成，同时以线性增强和方根增强对图像进行增强处理。Landsat TM/ETM 原始数据分辨率为 30 m×30 m，通过野外考察，建立了 14 类 246 个标志点的遥感解译标志库，并确定了以高寒草地生态系统为核心的 8 大类 35 亚类遥感分析方案，得出 1967 年、1986 年、2000 年、2004 年和 2009 年三江源区土地生态类型分布状况。通过 Arc/Info，ArcView 软件系统，依据上述土地生态分类体系，采用景观生态学方法，分析区域土地生态空间分布格局演变特征，直观揭示了 40 多年来不同土地生态类型的演化趋势与幅度。

1.2.2.1 近 40 年三江源区高寒生态系统分布变化

(1) 农田和森林生态系统

1967 年以来的 40 年间，三江源区农田生态系统总体呈现持续递增发展的趋势，在 20 世纪的后 30 年间农耕面积增加了 71%，在进入 21 世纪后的 10 年间进一步增加了 59%。农田生态系统的扩张主要分布在黄河源区东部，以草地转化为主。

森林生态系统分布总体变化幅度较为微弱，但以持续萎缩为主要发展态势，在 20 世纪后 30 年间，森林分布面积减少了 0.23%，在 21 世纪最近 10 年间进一步递减了 0.06%。森林面积变化主要是灌丛地和部分有林地变为建设用地和草地，主要发生在黄河源区。

(2) 草地生态系统

从主要草地生态系统空间分布面积变化角度来揭示 1967 ~ 2008 年三江源区高寒草地的变化。自 1967 年以来，三江源区中高覆盖度高寒草甸减少了 17.73%，中高覆盖度高寒草原草地面积减少了 2.61%，高寒沼泽草甸对环境

干扰的高度敏感性使其面积变化十分显著，过去40年间高寒沼泽大幅度减少了25.6%。湖泊水域面积减少了9.4%，而荒漠化土地（沙漠化土地、盐碱地、裸岩、裸土及滩地等）增加了9.8%。

在长江源区，高覆盖度草甸（覆盖度>70%）面积减少了16.4%，其中1986~2000年减少11.3%；低覆盖度面积增加了12.6%。黄河源区高、中覆盖度高寒草甸面积减少了25.8%和21.7%，其中1986~2000年分别减少了21.9%和20.6%，占75%以上，低覆盖度高寒草甸草地分布面积增加了将近50%。长江源区中高覆盖度高寒草原面积减少了1.3%，1986~2000年减少了0.8%；低覆盖度草原面积增加了0.6%。黄河源区中高覆盖度高寒草原面积减少了4.3%，其中在1986~2000年减少了3.1%，相反低覆盖度高寒草原草地大幅度增加了4.5%。在过去40年间三江源区沼泽草甸分布面积锐减25.6%，是河源区退化幅度最大的生态类型。长江源区沼泽湿地面积减少了37.3%，在1986~2000年沼泽湿地面积减少27.3%。黄河源区沼泽湿地面积减少了14.2%，1986~2000年减少了13.1%，占92.2%。相对而言，澜沧江源区草地退化幅度较小，过去40年间中高覆盖度草甸面积减少了0.63%，且主要发生在2000年以后（图1-9）。

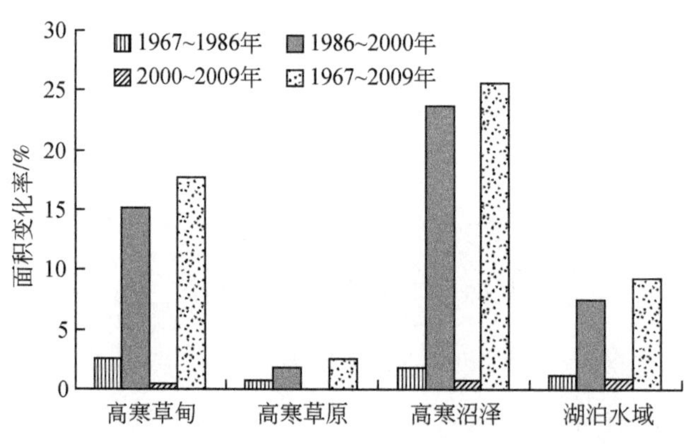

图1-9　三江源区草地和湿地分布面积变化

在空间分布格局的变化上，不同区域和不同生态系统类型表现出了一定的差异性。在长江源区，高寒草甸草地空间破碎度变化不大，空间分离度明显增加，表现出高覆盖度高寒草甸草地退化以较小斑块的整体消失为主要方式；而在黄河源区，高寒草甸草地空间破碎度减少，分离度明显增加，表现出高覆盖度高寒草甸草地退化以较小斑块的整体消失和斑块的离散退化两种方式共存。对于高寒草原草地，长江和黄河源区的高覆盖度草原草地的空间破碎度和分离度均增加，而低覆盖度高寒草原破碎度和分离度均减小，表明高覆盖度高寒草原退化存在较小斑块的整体消失和较大斑块的分解两种方式。对于高寒湿地系统，三江源区的空间破碎度和分离度均减小，表明高寒湿地退化与高寒草甸草地类似，以较小斑块的整体消失为主要形式。

1.2.2.2 难利用土地的面积变化

难利用土地类型分布变化可直接揭示区域生态环境状况及其演变方向，其增量是土地严重退化的表现形式。近40年来三江源区难利用土地均呈现不同程度的扩展（表1-2）。土地沙漠化发展最为强烈，40年来，黄河源区沙漠化土地发展幅度高达37.5%，长江源区沙漠化土地面积达12.6%，黄河源区沙漠化速度是长江源区的将近3倍。三江源区沙漠化土地面积平均递增17.15%，其中1986～2000年递增17.11%，15年的平均扩展速率达1.22%，而在黄河源区和长江源区分别达1.83%和0.89%，明显高于同期河西走廊地区平均沙漠化扩展速率。盐碱化土地主要分布在长江源区，占三江源区总盐碱地的91.4%，但黄河源区的盐碱化土地递减幅度远高于长江源区，年平均递增0.19km^2，是长江源区年递增量的两倍；三江源区裸岩、土和滩地面积总体上是仅次于高寒草原与高寒草甸的较大土地类型，近40年来这类土地面积增加了7.46%，其中长江源区增加幅度较大，扩展幅度达到9.8%，黄河源区增加了5.6%。

表1-2　1967～2009年三江源区难利用土地类型分布面积变化特征

区域	时段与变化幅度	沙地	盐碱地	裸岩、土及滩地
黄河源区	40年变化率/%	37.45	119.51	5.57
	1986～2000年变化率/%	25.65	106.63	3.95
长江源区	40年变化率/%	12.57	2.22	9.8
	1986～2000年变化率/%	12.56	2.21	9.2

难利用土地是以荒漠化土地类型为主构成，上述对比分析结果表明，三江源区近40年来土地荒漠化发展十分强烈，土地荒漠化、盐碱化以及裸地化扩展速率年平均在0.5%以上，其中土地沙漠化和土地盐碱化在黄河源区发展速度最为强烈，而裸地化在长江源区较为严重。这些土地类型的急剧扩张，表明三江源区生态环境处于持续退化状态。

1.2.2.3　三江源区主要生态系统空间格局分析

（1）主要生态系统的空间格局变化

为了进一步揭示长江和黄河源区过去40年来典型草地系统的演变特征，利用1968年、1986年和2000年的航片资料，通过投影纠正和拼接处理，完成了三期遥感数据的解译和对比分析。再利用生态系统空间分布的破碎度和分离度两个格局指数，分析得出了三江源区生态系统空间分布格局变化特征，见表1-3、表1-4。

表1-3　长江源区典型草地生态系统的空间格局变化特征

空间分布格局指数		长江源区			
		高覆盖度草甸	低覆盖度草甸	高覆盖度草原	低覆盖度草原
空间破碎度	1968年	0.49	0.21	0.35	0.56
	1986年	0.48	0.19	0.36	0.56
	2000年	0.48	0.17	0.37	0.53
空间分离度	1968年	8.96	1.21	2.31	3.82
	1986年	8.98	1.17	2.32	3.83
	2000年	9.72	0.99	2.43	3.98

表1-4　黄河源区典型草地生态系统的空间格局变化特征

空间分布格局指数		黄河源区			
		高覆盖度草甸	低覆盖度草甸	高覆盖度草原	低覆盖度草原
空间破碎度	1968年	0.45	0.23	0.34	0.78
	1986年	0.47	0.21	0.35	0.81
	2000年	0.37	0.24	0.43	0.75

续表

空间分布格局指数		黄河源区			
		高覆盖度草甸	低覆盖度草甸	高覆盖度草原	低覆盖度草原
空间分离度	1968 年	5.91	3.14	1.28	4.2
	1986 年	6.35	2.74	1.31	4.43
	2000 年	7.19	2.15	1.56	3.79

空间破碎度是由于自然或人为干扰所导致的景观由单一、均质和连续的整体趋向于复杂、异质和不连续的斑块镶嵌体的过程，景观破碎化是生物多样性丧失的重要原因之一，它与自然资源保护密切相关。空间分离度反映某一景观要素中不同板块个体分布的分离程度。

长江源区高寒草甸草地空间破碎度变化不大，但是分离度明显增加，表现出高覆盖度高寒草甸草地退化以较小斑块的整体消失为主要方式；同时，低覆盖度高寒草甸草地空间破碎度和分离度均明显减小，表明这类草地生态系统处于不断扩张之中。对于高寒草原草地而言，高覆盖度草原的空间破碎度和分离度均增加，而低覆盖度草原草地破碎度和分离度均减小，表明高覆盖度高寒草原退化存在较小斑块的整体消失和较大斑块的分解两种方式。对于长江源区的高寒沼泽湿地生态系统，计算空间分离度和破碎度指标，结果表明：长江源区的空间破碎度和分离度均减小，其高寒湿地退化与高寒草甸草地类似，以较小斑块的整体消失为主要形式。

黄河源区高覆盖度高寒草甸草地空间破碎度减小，但是分离度明显增大，表现出高覆盖度高寒草甸草地退化以较小斑块的整体消失为主要方式；同时，低覆盖度高寒草甸草地空间破碎度变化不明显，但分离度明显减小，表明这类草地生态系统处于不断扩张之中。对于高寒草原而言，高覆盖度草原的空间破碎度和分离度均增加，而低覆盖度草原破碎度和分离度均减小，表明高覆盖度高寒草原退化存在较小斑块的整体消失和较大斑块的分解两种方式。

(2) 生态系统各类型的转移变化特征

自 1986 年以来，长江源区低覆盖度高寒草原草地面积的 17% 发生了改变，是所有生态系统中变化幅度最小的土地生态类型，其中8%退化为裸岩、土地，另有3%沙漠化，只有其中4%转为中覆盖度高寒草原；高、中覆盖度高寒草原草地分别有29%和32%的面积发生了演替变化，两者变化具有一定的相似性，都是以覆盖度减小为主要演化形式，占变化面积的24%，另外都有1%演变为沙漠化土地。低、中、高覆盖度高寒草甸草地面积的24%、31%和29%发生了改变，其中低覆盖度高寒草甸的变化主要体现在向裸岩、土地退化，占14%，另有6%草原化；中覆盖度高寒草甸变化主要表现为覆盖度下降成为低覆盖度草甸和草原化，各占8%和15%，另有7%裸土化；高覆盖度高寒草甸的变化与中覆盖度草甸类似，覆盖度减小与草原化是其主要变化形式，分别占13%和9%，同样有7%裸土化；总体上，高寒草甸草地的变化幅度较大且演变趋向以覆盖度下降和草原退化为主，占高寒草甸草地类型总减少面积的51%，但向裸土与裸岩演替的严重退化形式也十分强烈，占总减少面积的28%。长江源区灌木林的大部分实际是以灌丛形式分布于河谷地带和区域东南部山地阴坡，且往往与高寒草甸镶嵌分布，自1986年以来灌丛生态土地面积的44%发生了变化，其中39%演替为不同覆盖度的高寒草甸，成为灌丛生态土地类型的主要演化趋势。1986年以来高寒沼泽草甸草地原有面积的43%发生了演替，其中29%因干旱导致的沼泽旱化而演变为草甸类型，另有5%演变为高寒草原类型，7%严重退化成为裸土与裸岩类型。

黄河源区高覆盖度高寒草原分别有15%和29%的面积在近15年间演变为低覆盖度高寒草原，加上高覆盖度草原的8%变为中覆盖度草原，覆盖度下降是黄河源区高寒草原草地的主要变化方向；发生沙漠化的面积分别为1%和2%。22%的低覆盖度高寒草原草地发生了演替变化，其中6%和8%分别退化为裸岩与裸土地和沙漠化土地，其余8%发展为中覆盖度高寒草原，良性发展与沙漠化发展幅度均明显高于长江源区。15%的高覆盖度高寒草甸和10%的中覆盖度高寒草甸覆盖度下降，另外分别有4%和6%严重退化为裸岩与裸土地，各还有2%草原化；低覆盖度高寒草甸的14%发生了变化，其中9%退化为裸岩与裸土地，其余5%草原化。黄河源区高寒草甸草地以覆盖度下降和草原化方式演变的面积分别为25%和9%，严重退化为裸岩与裸土地的面积总体上有19%，均明显低于长江源区。自1986年以来，黄河源区沼泽草甸的7%因沼泽疏干旱化成为高寒草甸，另有7%进一步旱化而演变为高寒草原，还有1%沙漠化，沼泽草甸演变率远小于长江源区。

三江源区整体的草地生态空间分布格局转移变化趋向与幅度如图1-10所示，在过去40年来，区域减少的高覆盖度高寒草甸草地面积中，将近52%转变为了低覆盖度高寒草甸，有30%演变为了黑土滩和荒漠化土地，另有18%演变为了草原化草甸。减少的高覆盖度高寒草原中，83%转变为了低覆盖度高寒草原，其他16%演变为了荒漠化土地。在减少的高寒沼泽草甸中，大部分则转变为了中低覆盖度高寒草甸草地。这就反映出40年来，三江源区高寒草地生态系统变化的总态势是草地覆盖度降低、高寒湿地疏干退化。

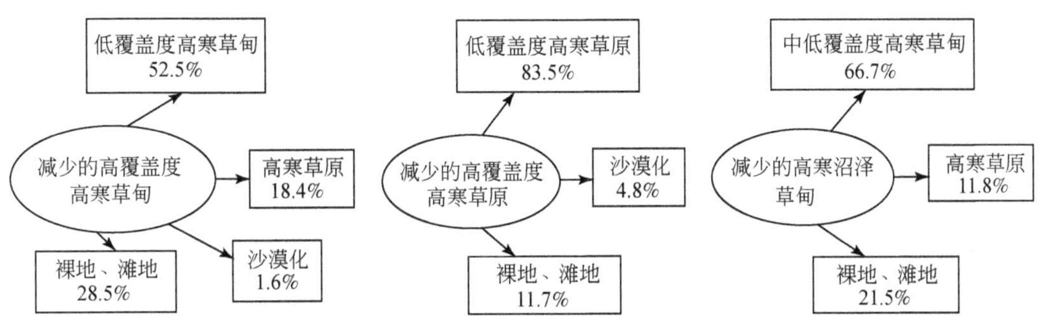

图1-10 三江源区草地生态系统空间分布格局转移趋势与幅度

1.2.2.4 长江源区高寒草地生态系统生物群落结构变化

(1) 高寒草甸生长高度变化分析

根据张国胜和李希来的研究（1998）发现，现在的高原牧草高度与20世纪80年代末期比，生长高度普遍下降了3～5cm。牧草高度下降的趋势非常明显，长江源区内的主要优势牧草——嵩草的生长高度由80年代末期的6～8cm下降到现在的3～5cm。

(2) 高寒草甸生长发育进程变化分析

依据牧草发育期观测标准对全封育草场的发育期进行系统观测。从观测结果看出牧草发育期的年际变化趋势随气候的变化，其发育百分率普遍呈下降趋势。特别是青南高原的主要莎草科牧草减少趋势非常明显。开花期和籽粒成熟期的发育百分率普遍下降了25%～50%，总数达不到50。影响牧草的产籽量和次年牧草的返青，导致单位面积优势牧草株丛数下降，即优势牧草的优势开始下降。

(3) 高寒草甸生育期变化分析

天然牧草的生育阶段大致可分为返青（出苗）—展叶期、展叶—抽穗期、抽穗—开花期、开花—成熟期 4 个阶段。这 4 个阶段分别决定牧草株（丛）数、穗数、穗粒数和结实度。长江源区春季气温回升减慢，迫使牧草返青期推迟；相反，源区秋季气温降幅加快。迫使牧草枯黄期提前，这样使有限的生育期再度缩短，主要影响株（丛）数和结实度。7～8 月，牧草正处于抽穗、开花和成熟期，牧草需水量大，而同期青南地区降水普遍偏少，干旱问题较突出，牧草发育不良，这主要影响穗数和穗粒数。

(4) 气候变化对高寒草甸产草量的影响

从青南高原曲麻莱县和同德县天然草场产草量资料看出，曲麻莱县产鲜草量和干草量均呈减少趋势，天然草场鲜草产量和干草产量减少约为70%以上。产草量的减少、载畜量的增加，导致草畜之间矛盾的加剧，使草场超载，采食过度，加剧草场的退化。周华坤等（2000）采用OTC（open-top chamber）模拟增温的方式研究了海北站的矮嵩草草甸，进行持续的模拟增温后，发现莎草中苔草生物量降低，矮嵩草和大多数禾草的生物量升高。

1.3 气候变化对三江源区草地生态系统的影响

1.3.1 草地冻土土壤环境对气候变化的响应

1.3.1.1 多年冻土地温变化

在高寒环境下土的冻结和融化作用所塑造出的寒冻土壤、冷生植被群落以及与冻土有关的水热变化过程等及其在该环境下形成的协同发展着的生态系统称为冻土生态系统（吴青柏等，2002；Walker et al.，2003）。由于青藏高原气温升高幅度要高于全球平均水平，导致各类冻土环境均不同程度发生了退化，活动层厚度增大，冻土地温升高，冻土分布下界抬升、面积萎缩（王国尚等，1998；Wu et al.，2000）。

冻土地温显著升高是冻土退化的主要标志之一，有观测数据记录以来，长江源区在1996～2006年6m深度冻土温度升高了0.12～0.67℃，平均升温0.43℃。季节最大冻结深度在多年冻土区即为活动层的冻结厚度，过去40年（1964～2004年）在青藏高原绝大部分地区土壤季节最大冻结深度/活动层冻结厚度呈现减薄趋势，高原面上最大冻结深度空间平均气候倾向率为-3.3 cm/10a（图1-11），表明过去的40年中高原平均土壤季节最大冻结深度的变化显著减薄，最大冻结深度平均递减率达到3.3cm/10a，20世纪90年代相对于20世纪60年代来看，土壤季节最大冻结深度平均减薄了10cm。上述观测事实表明，青藏高原多年冻土地温持续升高、冻土退化，高原腹地连续多年冻土地温平均上升约0.1～0.2℃，不连续多年冻土区地温上升0.2～0.5℃。

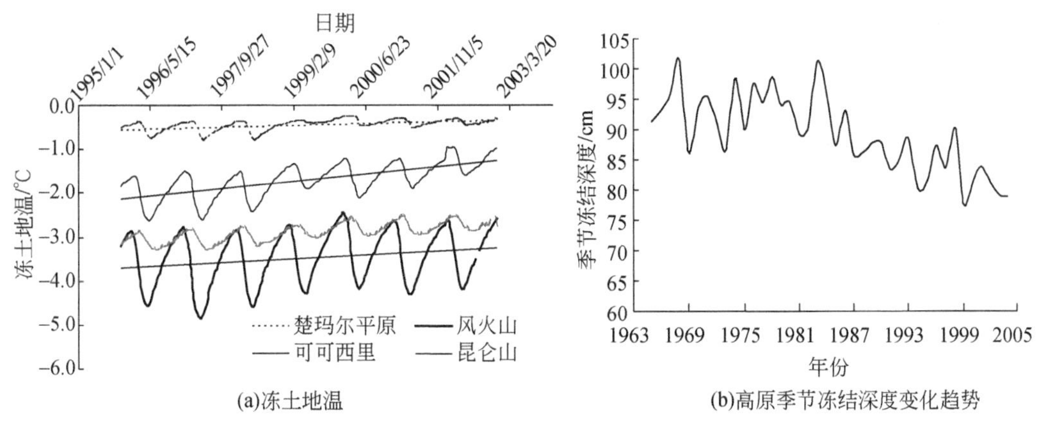

图1-11 长江源区冻土地温和高原季节冻结深度变化趋势

浅层地温升高幅度各地变化较大，但均表现出持续升温态势。如图1-12所示，以长江源区曲麻莱气象站长期地温观测结果为例，可以看出不同深度（表层5cm～3.2m）地温在最近25年间呈现持续升高的趋势，其增温速率大致为

0.31℃/10a。另据有关研究结果，20 世纪 80 ~ 90 年代，长江源东南部岛状多年冻土区 0 ~ 40cm 浅层地温升高了约 0.3 ~ 0.7℃，其中地表层升幅最大，随着深度的加深升幅在减小。

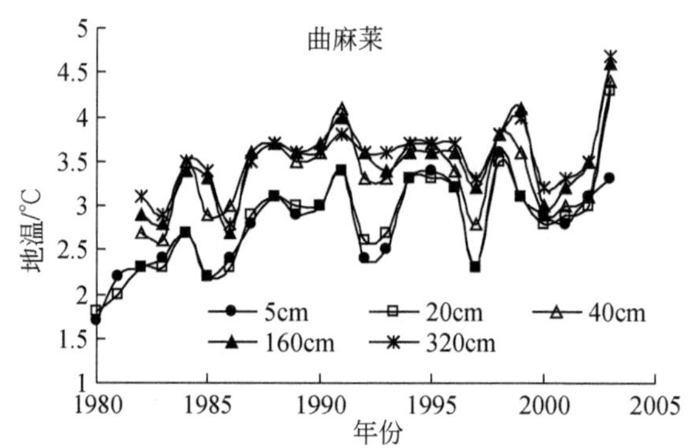

图 1-12　长江源区冻土活动层厚度及升温速率变化表

1.3.1.2　冻土分布变化

大量的事实已经证明青藏高原多年冻土正在发生着较大变化（王绍令等，1996；Tong and Wu，1996）。从 20 世纪 70 ~ 90 年代，季节冻土和岛状多年冻土地温升高了 0.3 ~ 0.5℃，多年冻土年平均地温升高 0.1 ~ 0.3℃。年平均地温为 0 ~ -0.5℃。高温多年冻土正在快速升温且变薄（吴青柏和童长江，1995）。在气候变化的影响下多年冻土分布下界北界向南退化了约 0.5 ~ 1.0km，南界向北退化了约 1 ~ 2km，青藏高原近 30 年来多年冻土减少了约 10 000km^2（吴青柏和童长江，1995；李述训等，1996）。1975 ~ 2002 年，青藏高原多年冻土北界西大滩附近的多年冻土面积减小了 12%；多年冻土下界升高了 25m（南卓铜等，2003）；1975 ~ 1996 年，南界附近安多—两道河公路两侧 2km 范围内多年冻土岛的总面积缩小了 35.6%（王绍令等，2002）。高原其他地区多年冻土下界也有明显上升趋势，自 20 世纪 60 年代以来，上升幅度为 50 ~ 80m（Zhao and Zhou，2000）。到 2002 年，青藏铁路沿线的河流融区较 20 世纪六七十年代有不同程度的扩大（南卓铜等，2003），通天河两岸多年冻土边界向后退缩达 1.2 km以上，其他河流两岸多年冻土边界退缩都在 500 m 之内。

总体而言，青藏高原气温持续升高对冻土环境产生了较显著的影响，在连续冻土边缘和不连续岛状冻土地区，气温促使冻土厚度和分布面积发生了较为明显变化，但是青藏高原40多年来的气温变化幅度还不足以使大片连续多年冻土在平面分布和厚度上发生显著的变化，只是对年变化深度以上范围内的地温产生明显的影响，相信未来伴随气温的持续增高，冻土地温的持续升高将无疑促使连续冻土的厚度和分布面积发生改变。多年冻土作为冰冻圈中一个极为重要的因子，与气候、生态环境以及水文过程等有着极为密切的关系，冻土环境的持续退化将对区域生态系统和水循环过程产生深远影响。

1.3.2 草地生态系统变化的驱动因素分析

1.3.2.1 草地利用变化的主要驱动因素的确定

从长江源区土地覆被空间分布格局变化反映的生态环境变化特征，以及研究区域牧业经济活动不是主要集中区域的现实情况来看，气候变化是长江源区生态环境变化的主要因素，这从高寒沼泽草甸、湖泊与河流水域以及冰川等的大幅度退化以及高寒草原与高寒草甸草地的区域性覆盖度下降演替就是证据。从自然环境方面，长江源区的土地类型是其气候、地貌和植被以及水文等因素共同作用的结果，土地覆盖则体现了生物气候条件决定的植被类型，同时，该区域特殊的冰冻圈要素对植被类型的局地分化和演替、土壤形成与演化等起到重要作用。从社会环境方面，该区域经济产业结构相对单一，以草地畜牧业为核心，牧业总产值占据国民经济总产值的60%以上；农业用地面积有所发展，从20世纪60年代的22.5km^2，增加到2008年的53.0km^2，但仅占草地面积的5.6‰；过去40年来区域人口增长较为迅速，但城镇化发展十分缓慢，城镇居民用地到2008年也不足2.0km^2。在人类活动因素中，该区域不得不提及的一个重要因素是青藏公路和青藏铁路工程，两大工程基本相邻且横穿长江源区，这些工程对宽1km^2，长将近500km^2范围的区域具有较大的影响，也是改变这些区域土地覆盖和土地利用的主要因素，但其变化总面积仅占长江源区的不足0.5%。因此，在40年尺度上对区域土地利用与覆盖产生重要作用的因素可以归纳为：自然方面的气候、冰冻圈要素，人为方面的畜牧业经济生产活动等。

（1）冻土要素的影响

在宏观的高原总体生态系统分布地带性规律的背景下，周兴民等（2001）研究指出：受多年冻土和局部地形条件的影响，局部地带土壤水分长期处于湿润甚至饱和状态，使得长江源区高寒草原带发育了高寒草甸和高寒沼泽草甸。研究区域内，高寒草地生态系统的空间分布与冻土的分布区划具有很好的对应性，高平原—河谷平原冻土区是高寒草原分布区，而高寒草甸和高寒沼泽草甸则主要集中分布于丘陵低山和唐古拉山冻土区的北麓和半阴坡（表1-5）。从各冻土分区所具有的冻土环境来看（周幼吾等，2000），高寒草原所在的高平原—河谷平原冻土区具有相对较高的年均气温和冻土地温，冻土厚度<60m，高含冰冻土（饱冰冻土和含土冰层）比例较小；高寒草甸和高寒沼泽草甸分布的丘陵山区和唐古拉山等冻土区，更加寒冷的气候以及较低的冻土地温，形成了这些地区稳定的大厚度冻土层，冻土厚度一般>50m，且冻土含冰量较大，大部分地区高含冰冻土比例在40%以上（周幼吾等，2000）。根据已有的气象站和青藏高原气候要素总体分布趋势推测，绝大部分地带的降水量在260～290mm，南北相差不大，在丘陵和山区随海拔高度增加降水量略有增加，如果不考虑冻土因素，仅这种干旱少雨的气候条件很难形成大范围分布的高寒草甸（周兴民等，1987；周兴民等，2001）。

表1-5　不同生态系统分布以及调查样点分布的地貌与岩性条件

生态类型	冻土分区	主要地貌单元	样点高程范围	地表2m范围内岩性特征
高寒草原	昆仑山南麓、长江源高平原—河谷平原	不冻泉谷地、楚玛尔河谷高平原、乌丽盆地、沱沱河谷平原、通天河谷平原	河谷两侧台地及高平原4517～4648m	冲洪积亚沙土、砂卵石及碎石

续表

生态类型	冻土分区	主要地貌单元	样点高程范围	地表2m范围内岩性特征
高寒草甸	长江源丘陵区、唐古拉山区和桃儿久山区	可可西里山、风火山北麓、开心岭、唐古拉山北麓、桃儿久山区	山地北麓或半阴坡中下部4610～4786m	碎石、角砾、砂、亚砂及亚黏土
高寒沼泽草甸	长江源丘陵区、唐古拉山区和桃儿久山区	阴坡、半阴坡中下部汇水洼地、山间碟形洼地	低洼地4606～4712m	碎石、角砾、砂、亚砂及亚黏土

正是由于低山丘陵和高山地带所具有的深厚高含冰冻土（坡麓泥流堆积的土壤条件、山区降水径流汇集的水分条件以及山区低气温和低地温条件是深厚高含冰冻土发育的基础），受冻土阻隔和地下冰的融化补给，每当暖季冰雪消融水不能下渗，加之山地北麓和半阴坡较弱的太阳辐射和蒸散发强度，使得地表土壤水分含量始终处于湿润甚至饱和状态，尤其在坡地中下部汇水洼地、山间碟形洼地，冰雪融水大量聚集而长期积水，因而对水分条件十分敏感的高山草甸植被就在这些区域分布并在局部汇水地带发育高寒沼泽草甸。在研究区域宏观生物气候条件控制下，高寒草甸和高寒沼泽草甸的分布与保障土壤水分条件的深厚高含冰冻土的存在与稳定以及地形影响下的降水量区间差异密切相关。与研究区域相邻的唐古拉山南部藏北高寒草甸区非多年冻土区域的高寒草甸生态系统的分布与变化则完全遵循高原生物气候分带规律的制约。

冻土环境到底和高寒草地生态系统之间存在何种关系？为了解决这一问题，我们采用样带调查方法，样方调查内容为植物类型、多度、群落盖度、总盖度、地上植物量以及土壤结构等，冻土环境分析指标主要选择冻土活动层厚度、冻土厚度以及冻土地温等。沿青藏公路两侧，在上述生态调查样点，采用EKKO100地质雷达探测仪和直流电极测深仪，分别在每个样方带上以及平行公路方向连续采样1～1.5km，勘测冻土上限深度、冻结层上地下水位、冻土厚度等。另外，在进行青藏铁路工程勘探中布设的大量钻孔勘探数据中，补充部分地点的冻土环境指标数据。在昆仑山至安多的多年冻土分布范围内，沿青藏公路在不同冻土类型分布区布设了近20个冻土温度变化观测点，从这些观测点获取冻土地温、冻土活动层厚度等数据。调查样点共72个，其中在高寒草甸和高寒沼泽草甸分布的三个低山丘陵和两个高山区部署样点45个，在高寒草原分布区部署样方点27个。利用获得的样地数据，分析冻土活动层厚度（冻土上限深度）、冻土含冰量以及厚度等因素与植被覆盖度和草地生产力的相关关系，结果如图1-13所示。

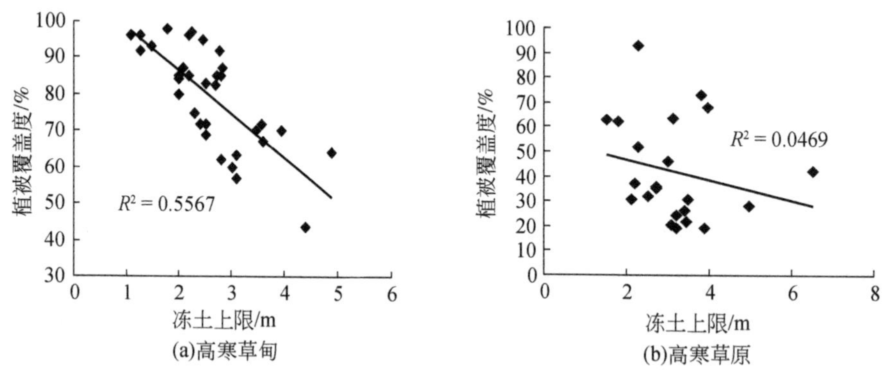

图1-13　高寒草地生态系统分布面积和冻土上限变化的关系

从图中可以看出，高寒草甸草地的覆盖度、草地生物量与冻土上限之间具有较好的统计相关性（相关系数在0.70以上，显著性检验$P<0.001$），随冻土上限深度的增加，高寒草甸草地的覆盖度和草地生物量显著减小，两者之间具有近似的抛物线方程关系，呈现高寒草甸植被覆盖度随冻土上限深度增加而递减的规律，其递减幅度在4.0～5.0m以后趋于减缓。依据高寒草甸覆盖度与冻土上限深度间的关系，当冻土环境出现退化，上限深度在地表4.0m以下，高寒草甸草地将可能出现中度退化，冻土上限深度在5.0m以下，高寒草甸草地将可能出现严重退化，逐渐成为黑土滩地或草原化，一般冻土上限深度小于3.5m，高寒草甸植被群落保持较好，具有较高的覆盖度。但对于高寒草原生态系统，植被覆盖度与冻土上限之间的相互关系不明显（图1-13），两者之间不具有明显的统计意义上的相关关系，反映出高寒草原生态系统的分布与变化与

冻土环境变化的关系不密切。这说明了高寒草甸生态系统对于区域气候变化更加敏感，随气候变化高寒草甸退化剧烈，而高寒草原相对稳定。

近40年来，区域平均的冻结深度变化呈现显著的递减趋势，季节冻结深度越大，在植被生长初期土壤融化可提供的水分就越高，春季植物返青时土壤墒情就越有利于植物生长。因此，土壤冻结深度与植物生长之间的关系，也能间接反映冻土环境变化对土地覆盖状况的影响。基于四期遥感数据解译获得的高覆盖度草甸草地面积，假定高寒草甸草地退化是分时段相对均匀的，也就是不同时段，草地退化程度每年变化速率保持相对稳定，在这一前提下，利用分段线性插值方法，获得高覆盖度草地面积变化的序列数据。利用回归统计分析方法，分析三江源区高覆盖度草甸草地面积变化与冻结深度之间的关系，如图1-14所示，两者之间的相关系数均在0.5以上，在0.01显著水平上达到显著相关。

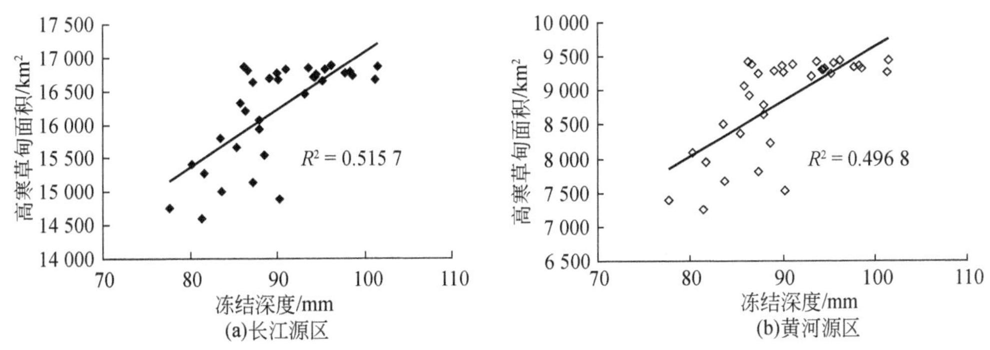

图1-14 三江源区土壤冻结深度与高覆盖度高寒草甸分布面积变化之间的关系

（2）气候因素的影响

三江源区高寒草地生态系统的显著退化的原因，从自然因素角度看，气候的持续增温变化无疑是区域尺度上最为重要的驱动因素，因此，需要分析气候变化和高寒草地生态系统退化的关系。如前所述，长江源区气候变化的主要特征是以区域气温的显著持续增加和降水量在局部的波动微弱递增为表征。由于降水量在大部分地区的递增变化不明显，气温变化就成为草地生态变化的主要气候驱动因子。国内外大量实验研究表明，对于冻土地区高寒草地生态系统而言，增温将促使植物多样性下降迅速，使禾草类植物种增加，杂草减少，导致草地生物量明显减少，这在高纬度高寒地区具有趋同性（Klein et al.，2007）。

考虑到气温对草地植被的直接影响，主要集中在 4 ~ 9 月份的植物生长季节，利用四期遥感数据以及 20 世纪 60 年代初期区域土地详查数据，采用分段线性差分的插值方法，获得不同草地高覆盖度类型分布面积变化的序列数据，与相同时期 4 ~ 9 月份气温变化数据进行统计回归分析，结果如图 1-15 所示。结果表明源区高覆盖度高寒草甸、高寒草原和湿地生态系统分布面积变化均与

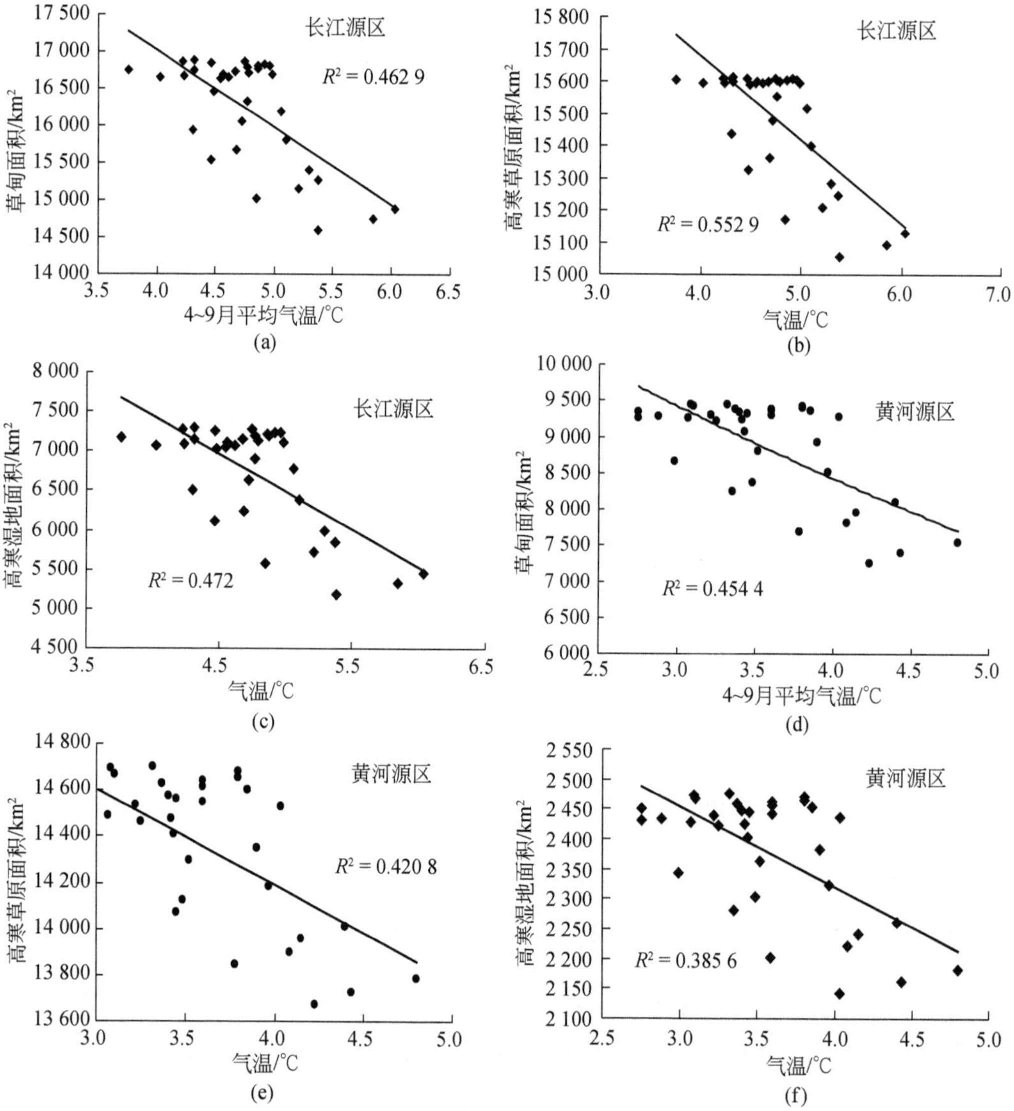

(a)　(b)

(c)　(d)

(e)　(f)

图 1-15　长江和黄河源区气温变化与不同类型高覆盖度草地面积变化的关系

气温变化具有十分显著的相关关系。其中高寒草甸高覆盖度草地分布面积与气温具有指数函数关系（相关系数在0.67以上，显著性检验 $P<0.001$），而高寒草原和沼泽湿地面积与气温具有较为明显的二次抛物线函数关系（相关系数在0.67以上，显著性检验 $P<0.001$），反映出气温升高是源区高寒草甸、高寒草原和高寒湿地退化的一个重要因素。高覆盖度高寒草原草地生态变化与高寒湿地相类似，与气温的统计关系也具有明显的二次抛物线函数关系（相关系数分别大于0.70，显著性检验 $P<0.001$）。这种统计关系在长江源区和黄河源区具有一致性。

上述高寒草地面积变化与气温的统计关系，是基于高寒草地面积变化是随时间线性递减的前提假设，具有一定的不确定性，但是，气温变化具有明显的时段分异性，1984～2000年升温幅度要明显高于1960～1984年（图1-7），是1960年以来区域升温幅度最大的时段，这与主要典型草地面积在1986～2000年时段减少幅度远高于1967～1986年时段相对应。众多研究表明，伴随气温持续升温，在近40年间长江源区多年冻土活动层平均增厚0.8～1.5m，冻土地温升高以及河谷融区面积扩大等冻土退化现象明显（周幼吾等，2000；吴青柏等，2004）。长江源区均在多年冻土区，高寒草甸草地和高寒沼泽草甸草地对多年冻土变化较高寒草原敏感（王根绪等，2006），这就导致了高寒草甸和高寒沼泽草甸退化远较高寒草原强烈、长江源区高寒草地退化较严重的现象。

（3）社会经济因素

如前所述，三江源区经济社会因素中，对区域尺度土地利用与覆盖影响较大的成分唯有畜牧业经济活动。因此，从人为因素角度分析三江源区草地退化，需要明确草地载畜水平和放牧强度对于草地生态的可能影响程度。另外，人口因素在区域土地利用和覆盖变化中发挥着重要作用，是衡量人为因素对土地利用和覆盖格局作用的重要参量，在一定程度上，可以弥补经济统计数据的局限性。

如果采用上述同样的高覆盖度草地变化数据获取方法，利用研究区域主要的玉树藏族自治州人口统计数据，分析二者的关系如图1-16所示。人口数量变化与高覆盖度草地分布面积变化呈现明显的负相关关系，伴随区域人口增加，高覆盖度草地面积减少，且存在一定的滞后性，表现在：20 世纪 60 ~ 70 年代人口的急剧增长，对应 80 年代的草地剧烈退化，而 80 年代中期至 90 年代的人口缓慢增加对应 90 年代后期至 21 世纪初期的草地退化速率变缓。自 2002 年以来，研究区域人口数量再次呈现快速增长趋势，将对未来草地退化的遏制带来困难。

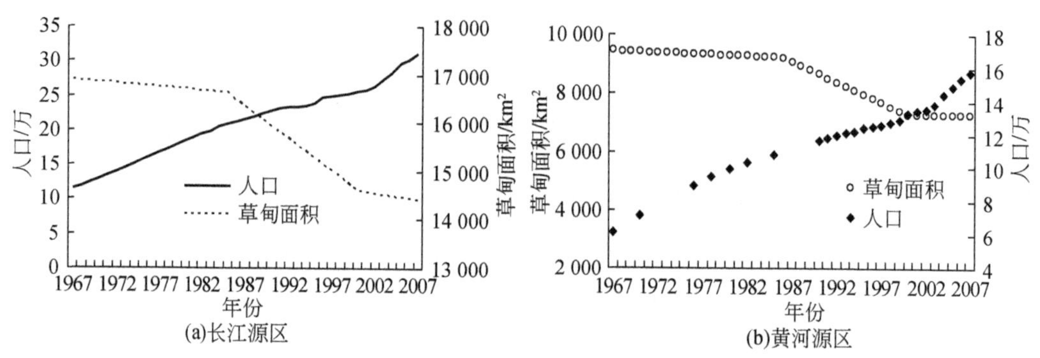

图 1-16　三江源区人口数量变化与高覆盖度草地面积变化间的关系

1.3.2.2　草地利用类型变化的驱动力模型与主要因素贡献分析

依据上述驱动因素分析结果，可以选定三个主要驱动因子：气温、人口（代表社会经济因素）以及冻土环境（用冻结深度代表）作为三江源区土地利用与覆盖变化的主要驱动因素来建立驱动力模型。利用上述原理，首先对选定的指标进行标准化和归一化处理，以便形成可回归分析的数据系列。然后，分析高寒草地中具有较高植被覆盖度的草甸和草原分布面积变化受上述三个因子的驱动作用关系，建立回归模型如下。

高寒草甸

$$F = 20\,847.27 - 502.52T_a - 114.7P_r + 0.28S_d \qquad (1\text{-}1)$$

高寒草原

$$F = 16\,774.48 - 167.64T_a - 25.77P_r + 0.078S_d \qquad (1\text{-}2)$$

上述二式中，T_a、P_r、S_d 分别代表气温、人口数量和冻结深度，F 是高覆盖度草甸和草原草地面积，模型说明高覆盖度高寒草甸和草原草地退化进程与气温和人口成反比关系，而与冻结深度或冻土环境成正比关系。上述模型的拟合效果如图 1-17 所示，可以看出，以黄河源区为例，用气温、人口和冻结深度建立的土地利用变化的驱动力模型具有较高的拟合精度，模型拟合的决定系数在 0.88 以上。根据上述驱动力模型，可以分析得出下面因子贡献率评估模型。

高寒草甸

$$\Delta F = -0.81T_a - 0.18P_r + 0.01S_d \tag{1-3}$$

高寒草原

$$\Delta F = -0.866T_a - 0.133P_r + 0.001S_d \tag{1-4}$$

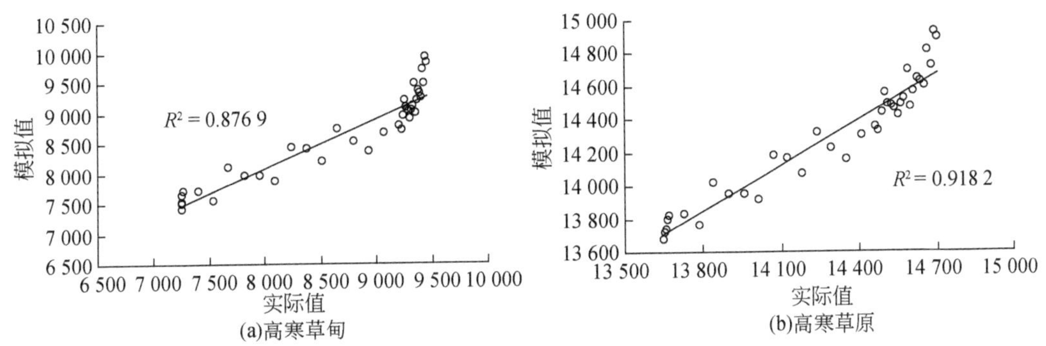

图 1-17 黄河源区高寒草甸和高寒草原驱动力模型模拟效果比较

据此，判断高寒草地生态系统退化的驱动因素及其作用强度或贡献率大小如下。对于高寒草甸草地，气候因素占据绝对优势权重，在长江源区的贡献率达到 81%，其次是人为因素，贡献了 18% 的作用，这两方面的影响是负作用，这些因素越强，导致草地退化程度越大。相对而言，冻土环境的作用较弱，但这是一个重要的正作用因素。如果用冻结深度指标反映，冻土环境仅有 1% 的贡献率，但是这里存在较多的局限性，首先冻结深度不代表多年冻土的融化深度，只能部分反映活动层厚度，而与植被根系层关系更为密切的地温和活动层土壤水分无法用冻结深度来体现，然而目前尚无系统的有关区域性活动层土壤温度与水分的系列观测数据；其次是气温变化对于草地生态的作用中，包含了因冻土环境但对气温变化响应导致活动层土壤理化性质改变的影响，因此，气温的贡献率中实际含有部分冻土环境的贡献成分。黄河源区的情形有所不同，人类活动因素的贡献率达到31.5%，而气候的作用强度降到68.4%，反映出黄河源区人类活动对高寒草甸草地退化的影响较为显著，占据1/3的份额，气候的影响远小于长江源区。

对于高覆盖度高寒草原草地，其变化的主要驱动因素仍然以气候条件为主，人类活动的影响次之。其中在长江源区，气候对高覆盖度草原草地减少的作用起到高达86.6%的贡献率，人类活动的影响仅占13.3%；在黄河源区，情形有所不同，气候因素对高寒草原草地退化的贡献率为66.6%，要远小于长江源区，同时人类活动的作用起到33.3%的贡献，是长江源区的2.5倍。这就说明黄河源区人类活动对草地覆盖变化的影响要远远强于长江源区。

据上述分析，可以得出以下认识：三江源区高寒生态系统持续退化的主要驱动因素包括气候、冻土和人类活动等多方面的协同作用，在不同区域这些因素的作用强度或贡献大小不同，在主控因素上存在区域差异性。如图1-18所示，可以划分生态环境变化的驱动因素分区，在三江源西北部，包括长江源区的曲麻莱、治多、杂多县及唐古拉山镇以及黄河源区的玛多县等区域，是连续多年冻土发育区，属于气候变化主控区域，气候变化及其驱动的冻土退化是导

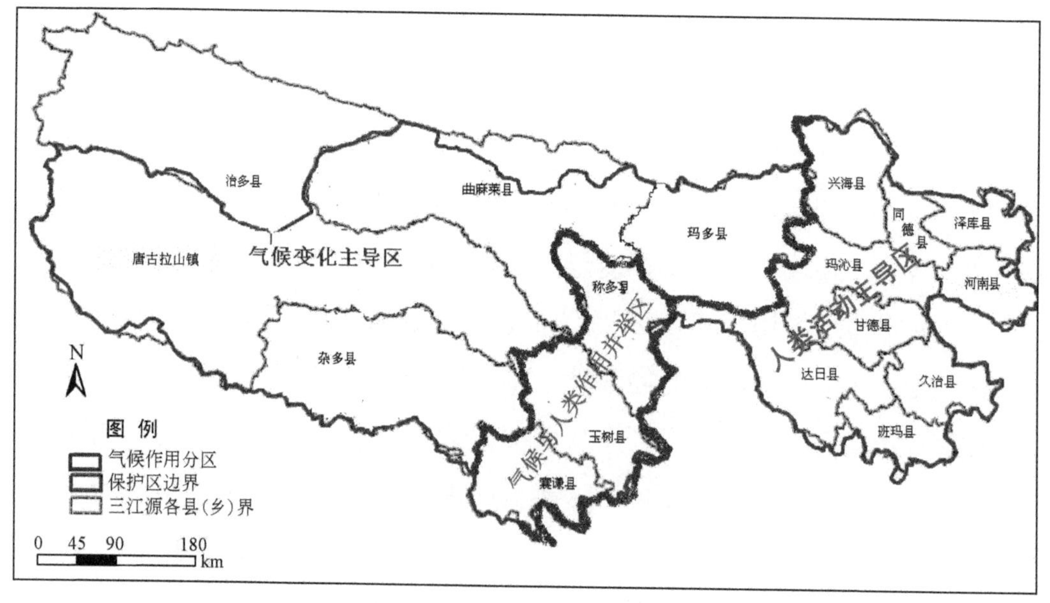

图1-18　三江源区生态系统退化的主要驱动因素分区示意

致生态系统退化的主要因素。在三江源区南部，包括长江源区下部的称多、玉树县，澜沧江源区的囊谦县以及黄河源区的达日县部分地区，气候与人类活动对生态系统的影响程度相差不大，二者均具有较大作用，属于气候与人类活动并举区。三江源区东南部的黄河源区大部地区则属于人类活动强度作用区，生态环境退化主要是人类活动影响的结果，属于人类活动主导区。

1.3.3 草地生态系统的水文过程与气候变化

1.3.3.1 草地退化对水循环的影响

三江源区年径流系数均存在明显的减小趋势（表1-6），其中黄河源和澜沧江源年径流系数均在95%显著性水平下明显下降，每年减幅分别达到-1.5×10^{-3}和-2.76×10^{-3}，同时长江源年径流系数的减幅也达到了-0.77×10^{-3}。在区域降水量增加的背景下，径流系数的显著下降反映了区域下垫面产流能力的下降，除了气温升高导致的陆面蒸散发变化外，与陆面植被和土壤等结构与功能变化也有关。

表1-6 气候因子及径流变化趋势及显著性水平

因子	区域	年		春季		夏季		秋季		冬季	
		变幅	*P*值	变幅	*P*值	变幅	*P*值	变幅	*P*值	变幅	*P*值
径流/mm	澜沧江	-0.76	0.20	-0.02	0.73	-0.46	0.27	-0.30	0.28	-0.06	0.06
	长江	-0.32	0.29	-0.01	0.79	-0.16	0.43	-0.09	0.45	-0.01	0.36
	黄河	-0.94	0.00	-0.02	0.42	-0.21	0.06	-0.28	0.02	-0.02	0.13
径流系数/10^{-3}	澜沧江	-2.76	0.00	-6.25	0.00	-0.71	0.29	-4.47	0.10	-55.20	0.00
	长江	-0.77	0.20	-0.77	0.36	-1.39	0.79	-2.40	0.09	-10.00	0.01
	黄河	-1.50	0.00	-0.97	0.03	-0.61	0.14	-2.08	0.01	-5.26	0.00

根据长江源区高寒草甸草地径流场降水—径流观测结果，如图1-19（a）所示，不同覆盖度下，高寒草甸草地降水—径流非线性，呈现较为显著的二次抛物线型曲线相关关系，在降水量超过11mm，覆盖度小于30%的坡面产流量

急剧增加，相同降水强度下其产流量是覆盖度介于60%～70%草地的2～3倍，是覆盖度大于90%草地的4～5倍。在次降水量小于10mm时，覆盖度为30%的严重退化高寒草甸草地产流微弱，尤其在次降水量小于6mm时，30%覆盖度草甸草地基本不产流，但覆盖度大于67%的较高覆盖度草甸草地在次降水量大于3mm时就出现明显的径流。较高覆盖度草地产流量高于低覆盖度草地的发生频率达到76%。上述结果表明，高覆盖度草地有利于弱小强度降水形成径流，覆盖度降低对于较大降水事件的径流形成越有利。

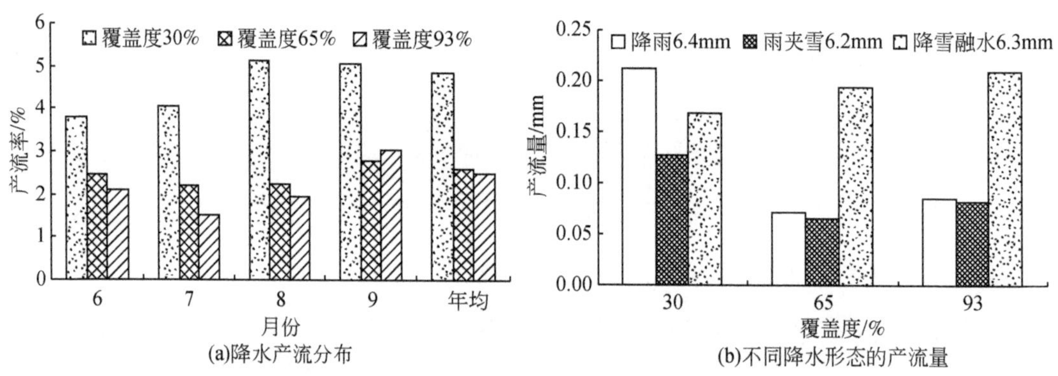

图1-19　长江源区高寒草甸草地降水产流分布与不同降水形态的产流量

依据径流场自动气象站记录的2004～2005年次降水与日均降水量数据以及2003～2005年青藏铁路北麓河实验站气象观测数据，三江源区次降水量中82%以上为小于6mm的小强度降水或阵歇性降水，只有不到10%的降水事件可大于11mm，日平均降水量中大约76%小于6mm，仅有约6.2%的日均降水量超过11mm。三江源区降水多以雨夹雪或降雪形式出现，如图1-19（b）所示，降水形态对产流过程有显著影响，在降水量相同的情况下，降雪融水径流量大于降雨和雨夹雪形成的径流量。同时植被覆盖度不同，相同降水形态的产流量也不同，植被覆盖度越高，融雪产流量越大、雨夹雪和降雨产流量越小。

结合上述径流场降水—产流过程的观测结果，长江源区这种特殊的降水分布规律在原生高覆盖度高寒草甸（沼泽草甸）覆盖下，绝大部分小于6mm的降水具有较高的产流率，高覆盖度草甸草地有利于该区域降水形成径流，且对大于11mm的较强降水，其相同时期产流量又明显小于严重退化草地，减弱洪水发生频率，这就是高寒草甸草地最为突出的径流涵养功能。上述结果也说明了为什么楚玛尔河流域基于高寒草原草地（大部分地区植被覆盖度低于50%）下垫面的降水径流系数很小，径流变差大，而以高寒草甸和高寒沼泽草甸为主要下垫面覆盖类型的布曲（当曲）流域径流系数最高且径流变差最小。自20世纪80年代以来，长江源区不断加剧的高寒草甸草地退化对流域径流过程产生了较大影响，表现在：①径流系数减小，通天河流域径流系数从20世纪60年代的平均0.25下降到80年代的0.23，90年代进一步减小到0.2；沱沱河流域也从60年代的0.23下降到80年代的0.16。②流域常遇径流减小，稀遇洪水径流发生频率增大，这与严重退化草地极易形成暴雨径流有关。

1.3.3.2 三江源区草地生态系统变化的水文效应评估

从径流的时间变化特征来看，三江源的径流量均呈现减少的趋势，尤其是黄河源区径流量在95%显著性水平下明显下降，澜沧江、长江和黄河源区每10年径流降幅分别达到2.78%、3.80%和12.62%（$P<0.1$）。准确定量说明高寒生态系统退化对三江源区径流的影响是比较困难的，本次研究提出下述概略估计方法：

$$\Delta Q = \alpha P \eta \Delta F \times 10^2 \tag{1-5}$$

式中，ΔQ代表高寒草甸（包括高寒沼泽草甸）退化的径流影响量（m^3/a）；α为径流系数；η为严重退化草地径流有效降水量（mm），在三江源区，次降水量小于10mm的降水量对于覆盖度低于30%的退化草甸草地认为是无效的，这部分降水量占同期降水总量的49%；ΔF是研究时段严重退化的高寒草甸草地（含高寒沼泽草甸）面积（m^2）；P是研究区域平均面降水量（mm）。根据1968年航片、1986年和2000年卫星遥感TM数据分析结果，自20世纪60年代以来，长江源区退化的高寒草甸和高寒沼泽草甸面积达到1569.1km^2，由式（1-5）估算的径流减少量为6.84亿m^3，占直门达站总径流量的5.46%。近30年来长江源区河川径流年均径流量减小了15.2%，其中气候变化与高寒草甸覆盖变化对长江源区径流变化的影响较大，分别占5.8%和5.5%。

1.3.4 气候变化对草地生产力和草场质量的影响

高寒沼泽草甸退化中群落结构特征和生物量将发生显著变化见表1-7，伴随着多年冻土的退化，植被沿沼泽化草甸、典型草甸、草原化草甸和沙化草地的序列进行演替。随沼泽草甸退化，群落演替为小嵩草、线叶嵩草等优势的典型高寒草甸。进一步退化则演替为草原化草甸，湿生植物消失，草原植物出现。随冻土的继续退化或消失，植物生境极度干旱化，中生草甸植物消失，耐旱植物得以充分发展，逐渐退化发展成为沙化草地。植被在这一演替过程中，盖度和生物量依次递减。

表1-7 高寒沼泽草甸退化不同演替阶段群落结构特征与生物量变化

演替阶段	优势物种	盖度/%	地上生物量/(g/m²)	地下生物量/(g/m²)
沼泽化草甸	藏嵩草 *Kobresia tibetica*、矮嵩草 *Kobresia humilis*、紫菀 *Aster tonpolensis*	78.6±8.24	358±41	7627±806
典型草甸	小嵩草 *Kobresia pygmaea*、线叶嵩草 *Kobresia capillifolia*、早熟禾 *Poa pratensis*	60.05±9.12	159±27	2709±410
草原化草甸	紫花针茅 *Stipa purpurea Griseb*、紫羊茅 *Festuca rubra*、扇穗茅 *Littledalea racemosa*	41.13±7.14	117±11	1357±320
沙化草地	青藏苔草 *Carex moorcroftii*、梭罗草 *Kengyilia thorodiana*	27.48±8.60	74±7	633±71

高寒草甸草地随气候变化而退化后，植被组成结构发生明显变化，根据野外样方调查，以高山嵩草为优势种群的嵩草草甸退化后，其优势群落演化成以细裂叶莲蒿等为主的蒿属植物，伴生种主要成分亦明显改变，龙胆、委陵菜逐渐由黄帚橐吾、蒿等取代；矮嵩草草甸退化后草地优势群落以矮生忍冬、蒿等为主，伴生种以高山唐松草、狼毒、披针叶黄华等毒杂草取代委陵菜、火绒草等原有伴生植物；伴随群落结构变化，高寒草甸草地的生物生产力明显降低，

退化后，不同典型高寒草甸分布区域退化迹地与未退化自然草甸相同样方平均生物量相差26.6%～66.4%。对于长江源区天然草场产草量调查资料分析，主要的高寒草甸和沼泽草甸的产草量与植被的覆盖度呈正相关关系，随着草地的退化植被覆盖度降低，草地的产量在逐渐减少，已由20世纪70年代每畜有草地3.2～5.3hm^2，下降到现在的每畜只有1.5～2.0hm^2草地。

自1980年以来的29年间，河源区NDVI值总体呈现出20世纪80～90年代NDVI值增加，从20世纪90年代中后期开始NDVI值有减小趋势（图1-20）。总体而言，自90年代后期以来黄河源区的植被NDVI指数下降不显著，除了2007年和2008年两年外，总体呈现波动稳定态势。但是长江源区则不同，从20世纪90年代以后，长江源区植被NDVI指数下降趋势明显，表明植被退化的趋势在加剧，这给长江源区的生态环境造成了巨大的影响。

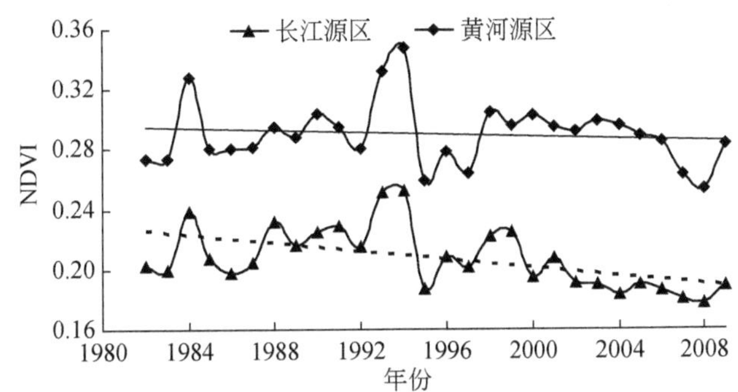

图1-20　长江和黄河源区植被NDVI指数多年变化趋势

1.4　草地生态系统对全球变化的脆弱性评价和适应性分析

1.4.1　脆弱性评价指标体系与方法

脆弱性随着生态环境退化问题成为了人们关注的焦点、热点，不同的视角对它们具有不同的理解和认识。联合国政府间气候变化专门委员会（Intergovernmental Panel on Climate Change，IPCC）对脆弱性的定义是：是系统对气候负面影响的敏感度，也是系统不能应对负面影响的能力反映。在所有的阐述中，脆弱性的关键参数是系统暴露、系统敏感性和系统适应能力的压力，因此脆弱性和恢复力的研究存在共性，即社会生态系统经历的震荡、压力、系统的响应以及适应能力，两者的共同点多于分叉点。从气候变化角度看，脆弱性是指一个自然或社会系统容易遭受或没有能力对付气候变化不利影响的程度，是某一系统气候的变率特征、幅度、变化速率及其敏感性和适应能力的函数（IPCC，2001；working group，2007）。而生态系统的脆弱性是指生态系统对刺激时空的适应能力，由生态系统土壤、生物区域、生物组织、物种、有机结构和水流范围等多层面结构特征所决定的（Downing，1992）。Smit 则认为生态系统脆弱性是暴露、敏感性和适应能力在区域水平尺度的集中体现，生态环境和社会过程的相互作用决定了暴露和敏感性，不同的社会、政治、文化和经济水平形成或决定了不同的适应能力（Smit and Wandel，2006）。我国学者刘燕华则认为生态系统脆弱性是生态系统特定的时空尺度相对于干扰而具有的敏感性反应和恢复状态，它是生态系统固有属性在干扰作用下的表现（刘燕华和李秀彬，2001）。

目前关于脆弱性的概念还没有达成共识，但脆弱性所涵盖内容的不断扩展已是不争的事实，概念已从一维结构向多维结构进行了延伸（Birkmann，2007）。基于目前有关脆弱性的各种定义，针对长江源区，本文将生态环境脆弱性定义为生态环境本身所具有的容易受到外界（自然的或非自然的）干扰，从而失去自身的稳定性、坚强性，并最终导致生态环境的退化。敏感性是指特定区域的生态环境对外界干扰易于感受的性质，是反映生态环境脆弱性的一个指标。在干扰影响作用不变的前提下，敏感性与脆弱性呈正相关（王小丹和钟祥浩，2003）。因此有些敏感性强的生态环境，其并不脆弱。脆弱性是生态环境固有的自然属性，它超然于生态环境的质量现状而存在，因此生态环境脆弱区并不等同于生态环境质量差的地区，生态环境退化只是生态环境脆弱性的表面化（罗新正等，2002）。脆弱度是生态环境脆弱的程度，是脆弱性分级分区的依据。

从研究方法看，脆弱性研究目前逐步由定性走向定量研究，进行生态系统脆弱性程度评价，其评价主要采用建立指标体系的方法，定量方法也逐步由单一走向多元，如主成分分析、层次分析法（analytic hierarchy process，AHP）、压力—状态—响应模型（pressure-state-response，PSR）以及正在兴起的神经网络法、模糊物元模型、集对分析法（方一平等，2009），见表1-8。

表1-8 生态系统脆弱性评价的主要方法和指标

方法	指标	参考文献
压力-状态-响应（PSR）模型	压力、活力、组织、功能、状态指标	付傅，2006
主成分分析法	坡度、年均降雨、降雨侵蚀力、年均温、积温、干燥度、土壤侵蚀率、土壤可蚀性	陈焕珍，2005
AHP法	敏感性指标 适应性指标	王明泉等，2007
集对分析（set pair analysis，SPA）	生态本底指标 人类胁迫指标	万星等，2006
专家打分法 一步分析法	主要成因指标 结果表现指标	陶希东和赵鸿婕，2002
模糊评价 BP（back propagation）人工神经网络 聚类分析	主要成分指标 结果表现指标	姚建，2004
压力-状态-响应（PSR）模型 模糊和AHP模型	湿地生态特征指标 湿地整体功能指标 湿地社会环境指标	叶慕亚，2006
因子分析法	自然要素本底脆弱性指标 社会要素脆弱性指标	陶和平等，2006
模糊物元模型 AHP法	水资源指标、土地资源指标 环境指标、人工干扰指标	王化齐，2006
植被净初级生产力（net primary productivity，NPP，也称净第一性生产力）指标法	脆弱性指标	杨建平和张廷军，2010

Luers 等（2003）利用 Turner 等（2003）的框架，根据特殊压力脆弱性的因果链条来评估重要变量的脆弱性，建立了一般性的计量方法，评估广域压力和多变量产出之间的关系。脆弱性的一般形式：

脆弱性＝压力的敏感性/(相对阈值的状态×对压力暴露的可能性)

其中的参数可以是自然的，也可以是社会的，即适用于自然、社会系统的综合和集成。

1.4.1.1 影响因子选取原则

在本研究中，评价指标体系根据长江源区自身的特点，综合参考前人不同指标体系，结合实际情况确立了选取评价指标的原则：①综合性原则。考虑各种影响因子和表征因子，建立多指标评价体系。这是因为任何生态系统所受的影响都不是孤立的单因子影响，且反映该变化的表征也多种多样。②主导性原则。在综合分析的基础上，根据长江源区及其各区域的自然状况与人类活动特点，选取的影响因子要突出高寒地区草地生态脆弱化过程中的主导因素。生态环境质量受多因子制约，但各因子发挥的影响力不同，影响程度也不同，其中有个别因子起主导作用。③可操作性原则。脆弱性定量评价是在定性评价基础上进行的。在评价中，选取作用大、敏感性强、可测性好的具体要素作为指标，做到简单实用。

1.4.1.2 影响因子的选取

依据上述原则，在详细分析长江源区自然条件和人类活动特点的基础上，选择海拔高度、气温、降水量、冰川条数、植被类型及其覆盖度以及冻土环境等为自然因子，人口密度、牧业总产值、农业总产值为人类活动因子。土壤也是源区生态环境脆弱性的重要影响因子，但由于土壤类型量化困难而未入选。在实际量化评价时，依据上述自然因子的变率进行主成分分析来确定其对生态脆弱性的贡献率，并对其进行权重赋值。

1.4.2 未来气候变化情景下草地生态系统响应预测

1.4.2.1 基于光能利用率的植被净初级生产力模型

建立在对生态系统过程基础上的生态系统模型，根据生态学原理，通过对太阳能转化为化学能的利用过程进行模拟，揭示植被的生物物理过程及其与环境相互作用的机制。随着3S技术（遥感技术，remote sensing，RS；地理信息系统，geography information systems，GIS；全球定位系统，global positioning systems，GPS）的发展，为应用模型研究陆地生态系统注入了新的活力。通过遥感技术获取和反演地表植被信息和相关生物物理学参数，使得适时、准确、大范围和多尺度的监测成为可能。生态系统模型研究逐渐从统计模型向生态系统机制模型转变，并从静态转到动态。

植被的净初级生产力是草地生态系统的重要指标。一直是生态学研究的一个重要方面。它是指绿色植物在单位面积、单位时间内所积累的有机物数量（Liu et al.，1999）。表现为光合作用固定的有机碳中扣除本身呼吸消耗的部分，这一部分用于植被的生长和生殖。植被净初级生产力代表植物的光合生产能力，也是碳的生物地球化学循环中的开始环节。光合生产的过程，是植物将光能转化为化学能的过程。自20世纪60年代的国际生物圈计划（International Biosphere Program，IBP）和国际地圈生物圈计划（International Geosphere-Biosphere Program，IGBP）以来，植被净初级生产力的研究得到了很大的发展。研究手段也从传统的站点观测逐渐发展到遥感/地理信息系统等空间观测和分析技术。利用引入遥感数据的参数模型或过程模型来估算植被净初级生产力具有一些传统方法不具备的优势。

1972年，Monteith提出通过遥感数据观测的植被吸收光合有效辐射（absorbed photosynthetic active radiation，APAR）和光能转化效率 ε 来估算植物生产力的方法（Monteith，1972）。1989年，Heimann和Keeling首次建立了基于该算法的全球净初级生产力计算模型。1993年，Potte和Field发展了CASA

(Carnegie Ames Stanford Approach) 模型。CASA 模型 (1993) 允许参数随时间 (t) 和地点 (x) 而变化，并通过与之对应的温度和水分条件对参数进行校正。模型中植被净初级生产力主要由植被所吸收的光合有效辐射 (APAR) 与光能转化率 (ε) 两个变量来确定。基本表达式如下。

$$\mathrm{NPP}(x, t) = \mathrm{APAR}(x, t) \times \varepsilon(x, t) \tag{1-6}$$

式中，t 表示时间；x 表示空间位置。

CASA 模型算法的流程图如图 1-21 所示。

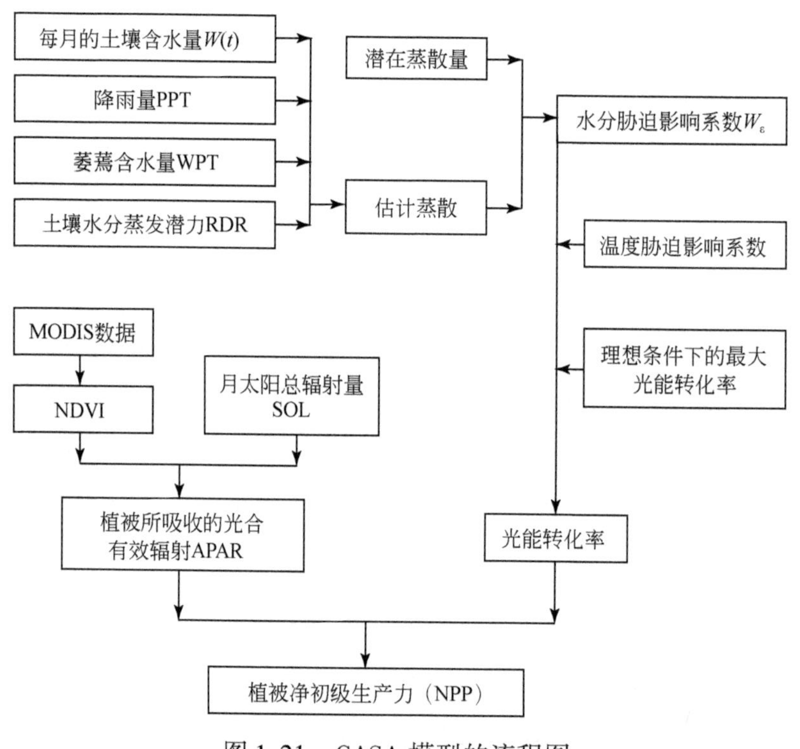

图 1-21　CASA 模型的流程图

1.4.2.2　河源区植被净初级生产力空间分布与变化

植被净初级生产力是决定生态系统对资源利用的生态指标，净初级生产力较低或者生产力不稳定的地区（如荒漠、山顶和人为干扰较为严重的地区）所面临的是一个不利于生物繁殖的生态条件，在受到干扰后恢复的速度很慢，生态环境极其脆弱。植被净初级生产力与生物量的积累和土壤、水分、养分循环以及气候条件有着重要的联系。因此，植被净初级生产力作为重要的指标来评估分析生态系统对气候变化的脆弱性。

如图1-22所示，植被净初级生产力的高值区主要分布在通天河流域、莫曲、北麓河下游和沱沱河下游治多、曲麻莱一带，黄河源区分布在达日、久治一带，其值范围达到500gC/(m^2·a)；植被净初级生产力次高值出现在长江源区通天河以北、以西广大地区，黄河源区热曲、多曲、卡日曲、扎陵湖、鄂陵湖等地区，数值在200～500gC/(m^2·a)；植被净初级生产力低值区主要分布在高海拔地区，长江源区的唐古拉山脉、祖尔肯乌拉山脉、乌兰乌拉山、可可西里山、各布里山、昆仑山、白日咀扎解依山和坑巴饿任山山区及楚玛尔河上游，这些地区植被净初级生产力值很小，高海拔地区接近0。

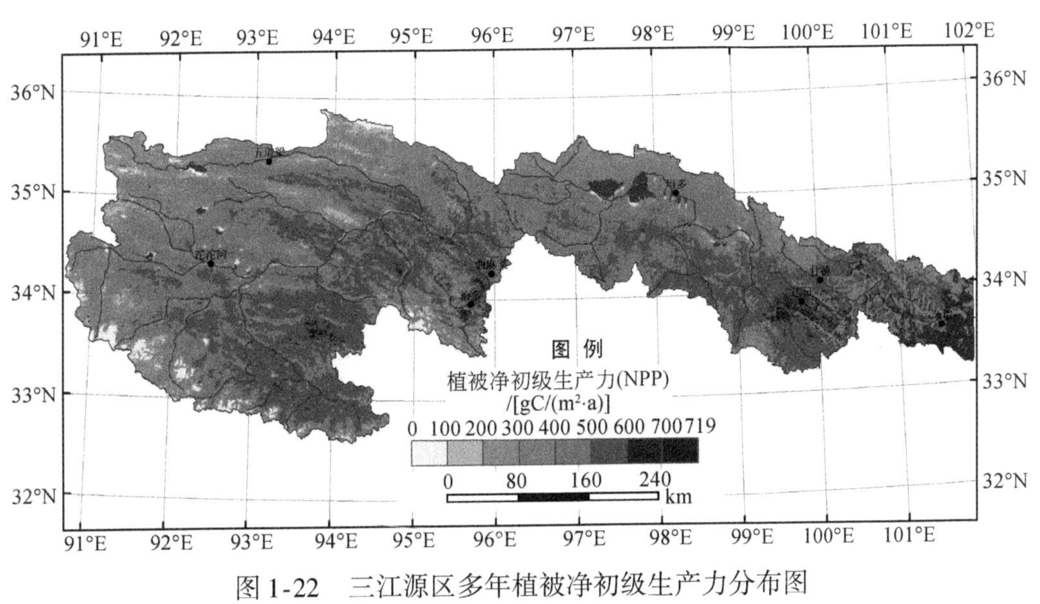

图1-22 三江源区多年植被净初级生产力分布图

河源区植被净初级生产力年际间变化在不同的区域有不同的响应（图1-23）。2000～2005年6年间，长江源区植被净初级生产力降低了24.23gC/(m^2·a)，年平均植被净初级生产力降低率为4.04gC/(m^2·a)，其中2000～2002年和2003～2005年两阶段减少，从时间尺度上来看，2000～2005年，植被净初级生产力在2002～2003年变化最大，年变化为28.57gC/(m^2·a)。在2000～2001年、2003～2004年和2004～2005年年植被净初级生产力呈下降趋势，分别为

−25.28gC/(m²·a)、−11.80gC/(m²·a) 和−24.23gC/(m²·a)。相对于长江源区来说，黄河源区植被净初级生产力变化较小，6 年间减少了 5.9gC/(m²·a)，减少率为 1.33%。在 6 年间，2002 ~ 2003 年植被净初级生产力增加了 4.60 gC/(m²·a) 和 5.42gC/(m²·a)。

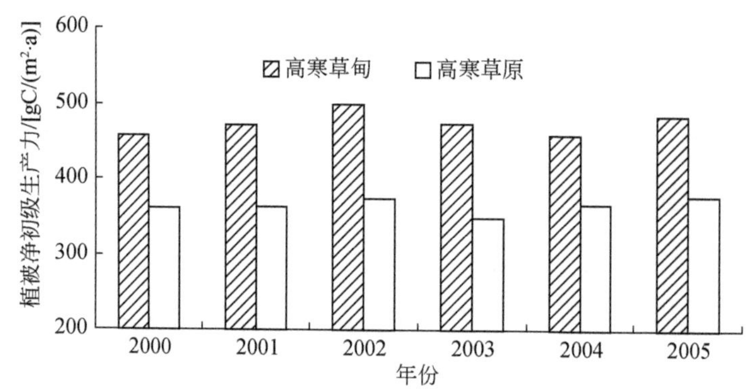

图 1-23　三江源区典型植被生态系统植被净初级生产力年际变化

1.4.2.3　未来不同气候变化情景下草地生产力分布格局预测及评价

根据过去 40 a 青藏高原以及长江源区同期的气候变化特征得出：过去 40 a 来，随着气温增加，区域平均地温年较差增加约为 0.3 ~ 0.5℃/10a。依据上述分析，预测分析设定 4 种情景：①10 a 尺度上，气温升高 0.44℃，降水量维持现状水平不变；②10 a 尺度上，气温升高 0.44℃，降水量增加 8 mm/10a；③未来 10 a 尺度上，气温升高 2.2℃，降水量没有明显变化；④未来 10 a 尺度上，气温升高 2.2℃，降水量按 12mm/10a 幅度递增。

利用 CASA 模型，三江源区高寒草甸植被净初级生产力对不同气候变化情景的响应预测结果见表 1-9。可以得出，如果降水量保持不变，温度增加 0.44℃/10a，10 年间高寒草甸植被净初级生产力将有所减小，递减率为 4.34%；如果在温度增加的同时，降水量增加 8mm/10a，高寒草甸地上植被生物量也将趋于减少，递减率为 2.26%，要显著低于降水量不变的情形，说明降水量增加幅度较小，不能抵消因气温升高而增加的水分损耗，但可显著缓解气温升高对高寒草甸的影响。如果考虑气温增加 2.2℃/10a，如果降水量不变，高寒草甸植被净初级生产力将显著降低，递减率为5.13%；如果同期降水量按12mm/10a增加，植被净初级生产力将出现一定程度的升高，递增率为4.01%。

表1-9 不同气候情景下高寒植被地上平均植被净初级生产力及其变化率

类型	情景1/[gC/(m^2·a)]	变化率/%	情景2/[gC/(m^2·a)]	变化率/%	情景3/[gC/(m^2·a)]	变化率/%	情景4/[gC/(m^2·a)]	变化率/%
高寒草甸	504.6	-4.34	515.6	-2.26	500.4	-5.13	548.6	4.01
高寒草原	398.9	-3.20	405.0	-1.72	390.1	-5.35	432.9	5.06

气候的暖干与暖湿变化对高寒草地植被净初级生产力的影响不同，未来10a气温增加0.44℃，降水量不变，高寒草原植被净初级生产力递减3.20%，同时如果降水量增加8mm/10a，植被净初级生产力减小幅度将明显减小，表明降水量的这种小幅度增加（10a仅增加8mm）并不能改善气温升高对高寒草地生态系统的影响；如果气温增加2.2℃，同期降水量增加12mm/10a，高寒草甸和高寒草原草地植被净初级生产力将出现较大程度增大，高寒草原对气候增暖的响应幅度显著小于高寒草甸，对降水增加的响应要大于高寒草甸。

1.4.3 草地生态系统对气候变化的敏感性响应和脆弱性评价

根据王根绪等（2007）和杨建平（2007）的方法，由于三江源区范围较大，我们先在ArcView系统下，划出治多、杂多、曲麻莱县和唐古拉山镇的边界，然后用长江源区边界切政区边界，得出这些县、乡在三江源区的范围。再集中搜集各地区的气温、降水量、海拔高度资料；基于冰川编目资料（蒲健辰，1994）统计出所在各地区的冰川数量；此外我们还搜集了青海省2003年统计年鉴中的土地面积、人口数量、农、牧业总产值资料。同时野外采用生态样带的调查方法，采集了长江源区的有代表性站点的土壤样和植物样，分析测量得到土壤有机碳和植物地上与地下生物量。

应用主成分分析法，根据三江源区的现场调查和野外实测数据等资料，利用各因素在不同区域的赋值，利用综合评价法在得到的每个地区的综合得分基础上，按自然划分法将综合得分结果进行分类，分为三类，每一类对应的脆弱度依次为强脆弱、中脆弱和轻脆弱。三江源区不同等级评价结果的空间分布如图 1-24 所示。表 1-10 为长江源区生态环境脆弱度及各区生态环境状况。

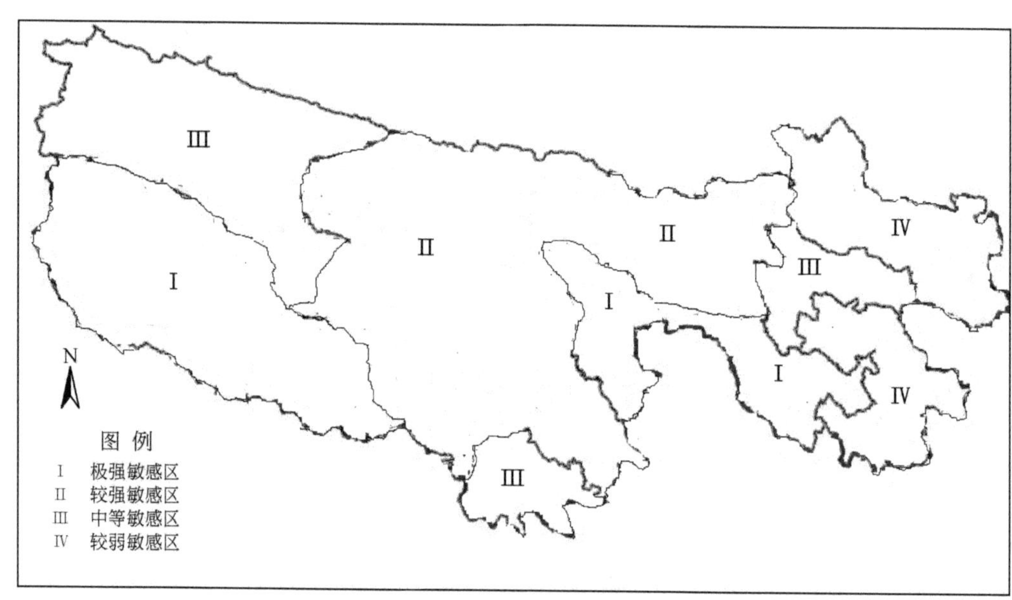

图 1-24　三江源区生态环境脆弱度分区

表 1-10　长江源区生态环境脆弱度及各区生态环境状况

脆弱度	分布区域	生态环境状况
强脆弱区域	杂多县、称多县、沱沱河源以及达日县	杂多县属于长江源区的部分分布于唐古拉山东段以北地区，称多县则位于长江源区东部偏南，这些区域降水量比较充沛，年降水量为 525mm，天然植被主要为高寒沼泽化草甸、高寒草甸；该区域人口密度相对较大，高寒草甸和沼泽草甸变化剧烈。在沱沱河源发育长江源主要冰川，也是沱沱河流域冰缘沼泽湿地集中分布区，冰川变化以及高寒沼泽草甸退化较为严重

续表

脆弱度	分布区域	生态环境状况
较强 脆弱区域	曲麻莱县、治多县、玉树县和玛多县区域	分布于长江源区的北中北部地区，呈带状分布，是治多县和曲麻莱县主要的高寒草甸和沼泽草甸分布区域；平均海拔4350～4500m，年平均气温-3.9～-3.5℃，年降水量300～400mm，因海拔较低、水源充足，是四县人口主要分布区和主要放牧区，因而也是高寒草甸和沼泽草甸较为严重的退化区
中等 脆弱区域	楚玛尔平原及可可西里西部、囊谦县以及玛沁县等区域	以高寒草原和高寒荒漠为主体，年平均气温-5.1℃，年降水量小于400mm，人类活动的影响较小，冰川分布较少，高寒草地生态系统相对稳定，土地荒漠化分布面积较小，显示出该区域生态系统对于气候变化的敏感性和脆弱性相对较弱

由长江源区近30年的脆弱性评价图可以看出长江源区可以划分为强、中、弱三个脆弱性区域，这些区域的分布与气候变化的敏感性因子和高寒生态系统的变化程度密切相关。南部的杂多县、玉树县以及沱沱河源区域脆弱性相对较高，北、中部的治多、曲麻莱以及称多县为过渡类型，西部可可西里区和东部巴颜喀拉山区脆弱程度最小。近30年的脆弱性与植被净初级生产力分布相对应，与整个长江源区的植被分布变化相对应。在高寒沼泽草甸集中分布的当曲、生物气候分带的东部高寒草甸分布区域以及高寒荒漠带稳定性强。

考虑到植被净初级生产力与生物量的积累和土壤、水分、养分循环以及气候条件有着重要的联系，因此将植被净初级生产力作为重要的指标进行生态系统对气候变化的脆弱性评估。从源区植被净初级生产力的模拟变化分析来看，上述强、中脆弱性区域基本上与高寒草甸草地植被净初级生产力减少程度的空间分布相接近。高寒草地最脆弱的区域分布在源区内高寒草甸植被净初级生产力减少幅度最大的区域，如唐古拉山北坡东段、玉树县南部、沱沱河源地区等，这些地区植被净初级生产力值变化较大。中脆弱性的区域即为植被净初级生产力变化幅度次高值区，出现在长江源区中北的部分区域，由南到北呈带状展布于区域中部，由退化的高寒草甸草地、沙漠化草原草地等组成，植被净初级生产力变化幅度相对较高。脆弱性微弱的地区出现在长江源区当曲流域、区域东部高寒草甸区域以及西北部高寒荒漠区域，主要是因为这一区域不是分布着大量的冰缘高寒沼泽草甸，就是具有相对稳定的大范围高寒荒漠，植被净初级生产力值多年变化不大。

1.4.4 草地生态系统对人类活动的敏感性响应和脆弱性分析

1.4.4.1 三江源区生态环境恶化的原因

三江源区生态环境的不断恶化，是气候因素和人类不合理的经济活动共同作用的结果。任何生态系统都有一定的承受能力和弹性恢复范围，如果人类的开发利用超过这个限度，破坏了相对平衡的生态系统就可能加速退化或崩溃。在青海省过去的开发建设过程中，往往以经济发展为中心，忽视了生态环境和资源的保护，造成了生态系统的持续退化。除引发直接的生态灾难外，由于生态系统的气候反馈效应，还会影响地—气交换和动力、热力作用机制，从而引起大气环流的变化，在不同尺度上造成不同程度的气候变化。

16～20 世纪全球气温共上升了 1℃，北半球上升了 1.1℃，其中 0.6℃是在 20 世纪增温的。由于青藏高原对全球气候变化的敏感性和放大作用，1961～1997 年青海省年均气温升高达 0.02℃，远高于全球的平均水平（赵新全和周华坤，2009）。气候变暖除引起冰川退缩、雪线上升外，还使地表蒸散量增大，改变了水热循环，造成了水热时空分布模式的改变，如三江源区在植物生长季节增温减慢、降温增快，降水量减少。生态系统是适应水热条件的产物，因此水热分布的变化必然引起生态系统的变化。但是人类对土地的利用方式和土地覆盖的变化，不仅引起生态系统的变化，也会对局部气候产生反馈作用，引起气候的变化。

气候变化的统计规律包含在大时间尺度的长时间序列之中，在不同的时间尺度下可能有不同的波动周期性和趋势。但气候的变化终究是相对缓慢的过程，如年均气温和降水的平均变化均在千分之几或万分之几的数量级上。从中国科学院海北高寒草甸生态系统定位站1976年开始的连续观测试验来看，到目前为止气候变化对封育的天然草地群落结构和初级生产力的影响并不十分显著，并未呈现退化的态势。而人类对天然草地的过度利用和破坏应该是近几十年来高寒草地生态系统快速退化的主要原因。气候变化与高寒草地生态系统退化的相互作用，既加剧了气候变化，也加速了高寒草地生态系统的恶性循环，从而增强了生态环境的恶化趋势。

1.4.4.2 人为影响下三江源区生态环境演变趋势

印度板块对喜马拉雅板块的挤压、抬升过程仍在继续，随着青藏高原的继续缓慢升高和对全球气候异常变化的放大，三江源区气候总的趋势可能表现为进一步暖化和干旱化，但也会有地域分异。干燥温暖的气候，加之逐渐增强的高原季风，三江源区的荒漠化气候有增强的趋势。

气候的变化肯定会对生态系统产生一定的影响，但生态系统的自我调控能力使其能够吸收一定范围内的环境扰动。生态系统的自我调控能力主要用稳定性和恢复性来度量，其性能的高低主要决定该系统在其生命史中所经历的气候波动程度。在青藏高原隆起的过程中气候曾发生过剧烈的变化，在这种环境中经过长期适应、进化所形成的高原生态系统，也应有较强自我调控能力。与世界其他地区自然生态系统的研究结果比较表明，高原生态系统的自我调控能力位居中等。由此看来，健康的高原草地生态系统能够适应气候缓慢的变化，保持其相对稳定和持久性。

但是近几十年来三江源区植被大面积退化，高寒草地生态系统功能衰退，自我调控能力减弱，生态系统的稳定性和持久性受到威胁。从自然动力来看，在退化生态系统与干暖化气候变化的相互作用下，生态环境有进一步恶化的趋势。但在人与自然界构成的大系统中，人占据着主导地位，人类开发利用生态系统资源的策略和行为方式将主要决定三江源区生态环境的以下两个演变趋势。

首先，如果目前的过度开发利用和破坏继续下去，由于退化生态系统的气候反馈作用将使气候进一步暖干化，反过来又加速生态系统的退化演替，这种恶性循环的结果是生态系统逐渐崩溃，随之而来的是强盛的荒漠化气候和普遍的荒漠化土地，三江源区局部地区将受到沙漠化的威胁。冰川加快消融，将影响到江河湖泊的水源补给。冻土层的融冻将破坏草皮层，进一步加速土壤的侵蚀和退化。由于高寒草地土壤富含有机质，草皮层一旦被大面积破坏，其有机质分解将释放大量的 CO_2，将对气候产生重大影响。

其次，通过加强生态环境保护和建设，遵循生态规律，合理开发利用生态系统资源，经过一段时间的努力，就能够遏制当前生态环境不断恶化的局面，进而步入良性循环。由于三江源区自然条件严酷，植物生长较缓慢，植被演替过程可能需要几代人的时间才能恢复到与外界相对平衡的状态或重建稳定的植物群落。

（撰稿人：王根绪、丁永建研究员）

第 2 章

三江源自然保护区生态保护和建设工程效果评价

【摘要】

《青海三江源自然保护区生态保护和建设总体规划》自2005年国务院批准实施8年来，工程总体进展顺利。通过工程的实施，项目区水源涵养功能有所恢复，湖泊湿地面积扩大，三江径流量增加，增水效果明显。通过分析生态站、遥感监测资料发现，人工增雨项目的实施对三江源地区牧草生长十分有利，对提高草地生产力具有重要的促进作用；高寒草地得到了一定程度的恢复，草地全面退化的趋势得到有效遏制，增草效果显现；草场的逐渐恢复，使三江源草地在朝着良性态势发展。

已经实施的生态监测工程和科技支撑项目获取了一批重要数据和技术体系，为今后三江源区生态保护和建设工程的顺利实施和工程效果的评估奠定了基础。通过小城镇建设、种草养畜、农牧民科技培训、人畜饮水、能源建设等工程的实施，农牧民的生产生活条件得到了改善，生产生活方式发生了转变，增收能力逐步提高，各族干部群众生态保护意识普遍增强。项目区经济社会各项事业全面发展，社会政治稳定。

《青海三江源自然保护区生态保护和建设总体规划》自 2005 年国务院批准实施 5 年来，在党中央、国务院的高度重视和国家有关部委的大力支持下，在青海省委、省政府的正确领导下，全省相关厅局通力协作，工程区广大干部群众积极参与，工程总体进展顺利。通过工程的实施，三江源地区生态系统退化趋势得到了初步遏制，重点生态建设工程区生态状况好转。目前水源涵养功能有所恢复，增水效果明显；高寒草地得到一定程度的恢复，草地生产力有所提高，增草效果明显；农牧民生产生活条件得到了改善，增收能力逐步提高。工程区经济社会各项事业全面发展，社会政治稳定。

2.1 工程规划和完成概况

《青海三江源自然保护区生态保护和建设总体规划》经 2005 年国务院第 79 次常务会议批准实施。三江源自然保护区总面积 15.23 万 km^2，分 18 个保护分区，功能区分核心区、缓冲区和实验区。其中核心区面积 31 218km^2，缓冲区面积 39 242km^2，实验区面积 81 882km^2。行政区域涉及玉树藏族自治州和果洛藏族自治州所属 12 县，海南藏族自治州所属同德、兴海两县，黄南藏族自治州泽库、河南两县，格尔木市代管的唐古拉山镇，共 4 州 16 县 1 市 70 个乡镇。

建设内容主要包括生态保护与建设、农牧民生产生活基础设施建设和生态保护支撑三大类，总投资约 75 亿元。其中生态保护与建设项目包括退牧还草、退耕还林、封山育林、沙漠化土地防治、重点湿地生态系统保护、黑土滩综合治理、森林草原防火、草地鼠害防治、水土保持、保护管理设施与能力建设工程等建设内容，总投资 49.25 亿元；农牧民生产生活基础设施建设项目包括生态移民、小城镇建设、建设养畜配套、能源建设、人畜饮水工程等建设内容，总投资 22.23 亿元；生态保护支撑项目主要包括人工增雨、生态监测、科研课题及应用推广和科技培训等建设内容，总投资 3.59 亿元。规划实施期为 7 年，即 2004 ~ 2010 年。

具体项目规划和建设完成情况如下。

1）退牧还草。退牧还草9658.29万亩，规划投资约31.27亿元。主要建设内容有围栏、粮食补助，其中围栏补助19.32亿元，粮食补助5年为11.95亿元。2003～2012年下达退牧还草任务8471万亩，投资30.64亿元。累计完成退牧还草5671万亩，共完成投资28.39亿元。

2）退耕还林（草）。规划退耕还林（草）9.81万亩，规划投资约1.52亿元。主要建设内容有种苗补助、生活补助、粮食补助。其中种苗补助50元/亩，黄河源粮食补助100公斤/亩、长江源150公斤/亩，补助8年；生活补助20元/亩，补助8年。2004～2012年度下达退耕还林（草）任务9.81万亩，投资15 177万元。目前已完成下达建设任务和建设投资，尚余每年度粮食补助和生活补助资金。

3）水土保持。治理水土流失500km^2，规划投资约1.5亿元。以封育治理等为主。2005～2012年度共投资12 688万元，综合治理水土流失面积492.64km^2。分别在同德、玉树、称多、河南等县实施。主要通过封育、围栏、谷坊建设、浆砌石护岸墙等措施治理水土流。目前已全面完成下达建设任务和投资。

4）生态移民。规划移民10 140户55 773人，规划投资约6.31亿元。为搬迁户建住房、畜棚、暖棚以及相应的水、电、路、教育、卫生等基础设施配套。2004～2012年度国家对生态移民工程累计下达专项投资44 617万元，移民人均投资8000元，计划安置10 733户55 773人。截至目前已全面完成投资和移民任务。

5）人畜饮水工程。解决13.16万人的饮水困难，兴建256项人饮工程。规划投资约1.55亿元。2005～2012年共安排农村牧区饮水安全工程142项，投资22 808万元，解决三江源自然保护区135 775人的饮水困难。截至目前已完成投资和建设任务。

6）封山育林。封山育林452.04万亩，规划投资约3.16亿元。主要建设内容有补播、补种、围栏、管护等。2005～2012年度下达封山育林任务452.02万亩，投资27 527万元。截至目前，累计完成封山育林面积365.1万亩，完成投资 21 441 万元。

7）沙漠化防治。沙漠化防治 66.15 万亩，规划投资约 0.46 亿元。主要措施为封沙育草。2005～2012 年度下达投资 4617 万元，沙化防治 66.16 万亩。目前已完成投资和下达计划任务。

8）湿地保护。湿地保护 160.12 万亩，规划投资约 1.12 亿元。主要措施为围栏封育。2005～2012 年度下达投资 11 208 万元，计划保护重点湿地 160.12 万亩。目前已完成湿地保护 10.8 万亩，完成投资 7560 万元。

9）黑土滩治理。黑土滩治理 522.58 万亩，规划投资约 5.23 亿元。主要措施为围栏、补播等。2005～2012 年度共下达黑土滩治理任务 522.58 万亩，下达投资 52 258 万元。目前累计完成 338.4 万亩，完成投资 33 840 万元。

10）森林、草原防火。规划投资约 0.52 亿元。以林灌（草）区为主，主要建设内容为开辟防火隔离带、建立防火哨卡、配备防火车、防火设备等。2005～2012 年度下达森林防火投资 3060.3 万元，计划在 16 县 1 市及黄南藏族自治州、玉树藏族自治州修建防火器材库 1828m^2，物资储备库 169m^2，防火隔离带 148km，防火道路 98km，防火哨卡 25 处，瞭望塔 6 座，宣传牌 79 块，购置防火设备、技术培训等。目前已完成投资和建设任务。2005～2012 年度下达草原防火工程投资 2144.7 万元，分别在三江源地区的 16 县 1 市以及海南藏族自治州、果洛藏族自治州实施，共建成县级防火工程 17 处，州级两处。主要建设内容为购置风力灭火机、防火服、2 号灭火工具、4 号灭火工具、GPS 定位仪、组合工具、割灌机、易损配件、普通灭火器以及防火物资贮备库、防火指挥车等。目前已完成投资和建设任务。

11）鼠害防治。规划防治鼠害 3138.13 万亩，规划投资约 1.57 亿元。主要是采用生物毒素防治和招鹰架等方式灭杀地面鼠和地下鼠。2005～2012 年度共下达鼠害防治资金 15 690 万元，防治任务 11 745 万亩，其中防治地面鼠害任务 8122 万亩，地下鼠害任务 674.45 万亩。目前已全面完成鼠害防治任务和投资。地面鼠防治采用生物毒素大面积集中防治、连续两年扫残的方式；地下鼠防治采用弓箭防治的方法，主要在黄南藏族自治州泽库县、河南县，海南藏族自治州兴海县、同德县等2州4县实施。

12）保护区管理设施与能力建设。规划建设省管理局1处、管理分局4处、新建改建管理站18处，野生动物救护中心和收容站各1个、巡护站8个，湖泊禁渔船5艘，以及自然保护区界碑界桩和装备。规划投资约2.9亿元。2005～2012年度已下达管理设施与能力建设投资9045万元，用于三江源自然保护区管理局和10个管理站、32处管护点等基础设施建设及野生动物保护、湖泊湿地禁渔。目前，累计完成投资7567万元，已完成省管理局办公楼及设施配套，白扎、江群、江西、东仲、中铁、麦秀、官秀、军功、玛可河、多可河等16处管理站已建成。

13）小城镇建设。配套建设23个小城镇基础设施，规划投资约3.18亿元。主要建设内容为生态移民配套水电路和教育卫生等基础设施。2005～2012年度下达小城镇建设投资计划29 275万元，主要用于生态移民社区水、电、路、教育、卫生等基础设施配套。截至目前在规划的23个小城镇中配套生态移民社区41个，累计完成投资29 275万元。另外青海省配套资金，大力解决生态移民社区基础设施配套和生活燃料问题，改善了生态移民的居住条件，仅2009年青海省财政就拿出生态移民社区基础设施配套资金7836万元，生态移民社区土地购置费6291万元，燃料补助3298.8万元，生活困难补助3908万元。

14）建设养畜。建设养畜30 421户，规划投资约8.91亿元。主要为留居草原的牧户配套暖棚、贮草棚、人工饲草料基地。2005～2012年度下达建设养畜户30 421户，下达投资89 137万元。每户建设暖棚120m^2，贮草棚40m^2，人工饲草料地5亩。截至目前已完成投资和全部建设任务。

15）能源建设。为留居草原的30 421户牧户装备太阳能灶、太阳能光伏电源以拓展生活用能，为部分学校修建太阳能房。规划投资约1.86亿元。2005～2012年计划下达能源建设任务30 421户，下达投资18 557万元。已全面完成建设任务和投资。共发放太阳灶18 397台，安装户用电源27 092套，建设太阳能采暖校舍61座7653m^2。

16）灌溉饲草料基地。在同德、兴海、泽库3县建设灌溉饲草料基地5万亩，规划投资约 0.42 亿元。主要解决水利灌溉设施。2009 ~ 2012 年度下达灌溉饲草料基地建设 5 万亩，下达投资 4245 万元。截至目前已完成投资和建设任务。

17）人工增雨。规划投资约 1.88 亿元。主要建设内容有人工增雨综合监测系统、催化作业系统、信息传输系统、作业指挥系统、增雨作业评估系统、人员培训等。国家批复人工增雨初步设计概算为 16 011 万元。2005 ~ 2012 年度下达投资总计 16 011 万元。主要用于建设人工增雨综合监测系统、催化作业系统、信息传输系统、作业指挥系统与效果评估系统等五个分系统。到目前为止，已完成投资 16 011 万元和建设任务，建成五大分系统。

18）科研及应用推广。规划投资约 0.63 亿元。主要是工程建设技术应用研究和示范推广。2005 ~ 2012 年度科研课题项目下达了三江源区黑土滩退化草地本底调查项目，三江源区适宜栽培草种快速扩繁与加工技术研究，三江源区退化草地恢复机理、草畜营养平衡及持续利用模式研究与示范项目，三江源区人工草地建植技术研究与示范，三江源区唐古特大黄、麻花艽和藏茵陈种植与示范，欧拉型藏羊繁育及生产技术推广，三江源区湿地保护修复技术的引进与示范，三江源区沙漠化防治技术研究与示范，暖棚综合利用技术示范推广，饲草资源综合利用技术，生态移民及藏毯发展研究等 14 项研究项目。下达投资 2791 万元。目前，三江源区黑土滩退化草地本底调查项目，三江源区湿地保护修复技术的引进与示范，三江源区适宜栽培草种快速扩繁与加工技术研究，生态移民及藏毯发展研究，三江源区退化草地恢复机理，草畜营养平衡及持续利用模式研究与示范项目，三江源区人工草地建植技术研究与示范，三江源区唐古特大黄、麻花艽、藏茵陈种植与示范，欧拉型藏羊繁育及生产技术推广，三江源区沙漠化防治技术研究与示范等 12 项课题已经通过省级验收。完成投资 2614 万元。

19）生态监测。规划投资约 0.55 亿元。主要建设内容有建立生态监测系统、信息传输系统、预警服务系统、监测基地技术保障系统和评价服务系统五个部分。2005 ~ 2012 年度下达生态监测项目投资 5500 万元。用于建立生态监测系统、信息传输系统、预警服务系统、监测基地技术保障系统和评价服务系统等五个系统。目前已完成投资4739万元，初步构建了三江源生态监测系统。建立了14个生态系统综合站点、496个基础监测点（包括草地、湿地、森林、荒漠化、水文、水保、气象、环境质量等项目）、三个水土保持监测小区、两个水文水资源巡测站、四个水文水资源巡测队、两个自动气象站，基本形成了多专业融合、站点互补、地面监测与遥感监测结合、驻测与巡测相结合的点、线、面一体的三江源生态监测站网体系。制定了《青海三江源自然保护区生态监测与评估技术规定》，统一了生态监测技术和方法，与中国科学院地理科学与资源研究所、中国科学院寒区旱区环境与工程研究所、中国环境科学院、中国林业科学研究院等国内科研单位有关专家组成了专家顾问组。配置了先进的监测仪器设备、巡测设备、自动气象站和办公设备等，提高了生态监测装备水平和能力。搭建了三江源生态监测综合数据库平台，初步建立了三江源区生态环境综合数据库，综合数据库包括基础地理数据库、遥感影像数据库、气象观测数据库、对地观测数据库、地形图要素数据库、土地利用数据库、地面监测数据库。完成了三江源区遥感监测土地利用/土地覆盖解译报告、三江源区域遥感监测专项解译报告（五个专项）、三江源区生态监测2005～2011年度专项监测报告（九个专项）、三江源区生态监测年度监测简报（2005～2011年每年度）、三江源区生态系统本底综合评估报告、三江源区冻土监测初评报告、三江源区TM遥感影像解译标志库、三江源区本底年遥感监测数据集、三江源区本底年遥感监测图件集（五个专题）、三江源区年度专项监测图件集、三江源区生态系统本底年综合评估图件集、三江源区景观影像资料库、三江源区年度专项监测数据集（九个专项）、三江源生态监测环境样本标本库。

20）科技培训。培训管理人员、专业技术人员和农牧民。其中培训管理和专业技术人员2400人、农牧民5万人。规划投资约0.54亿元。2005～2012年度，先后下达科技培训项目资金5370万元。目前已完成投资5170万元，共培训管理干部和专业技术人员6287人次、农牧民46 641人次，建立生产示范基地1638户等。

21）生态移民后续产业。为新增项目，已下达生态移民后续产业项目投资2500万元，目前项目正在组织实施中，已完成投资1545万元。

截至2012年年底，累计投资75.4亿元，占75亿元总投资的100.5%，共实施了退牧还草、黑土滩综合治理等20多个项目，已累计完成投资69.7亿元，占下达投资的92.4%，共完成退牧还草5671万亩、黑土滩治理338.4万亩、地面鼠害防治8122万亩、退耕还林9.81万亩、封山育林365.1万亩、沙化土地防治66.16万亩、湿地保护108万亩、水土保持440km^2、灌溉饲草料基地建设5万亩、建设养畜30 421户、生态移民10 733户，同时推广新能源30 421户，解决饮水困难13.6万人，已实施的14项科研课题有12项通过省级验收、两项成果达到国际领先水平，科技培训共培训管理干部和专业技术人员6287人（次），培训农牧民46 641人（次），建立和培育示范户1638户。其中，能源建设、森林草原防火、鼠害防治、退耕还林草、沙漠化土地防治、人工增雨、小城镇建设、生态移民等工程已完成规划建设任务。

2.2 工程建设效果总体评价

2.2.1 遥感监测结果分析

2.2.1.1 三江源区土地利用/土地覆盖状况

利用陆地卫星2012年度Landsat TM影像数据，对三江源地区的土地利用/土地覆盖情况进行遥感监测，三江源区土地利用/土地覆盖现状见图2-1。

解译结果表明：三江源区耕地面积为761.16 km^2，主要为山区旱地和平原旱地，占区域面积的0.213%；林地面积为23 514.89 km^2，主要包括有林地、灌木林地、疏林地和其他林地，占区域面积的6.588%；草地面积为262 023.66 km^2，占区域面积的73.407%；水域面积为17 341.29km^2，占区域面积的4.858%；人工用地面积为206.49km^2，占区域面积的0.058%；未利用土地面积为

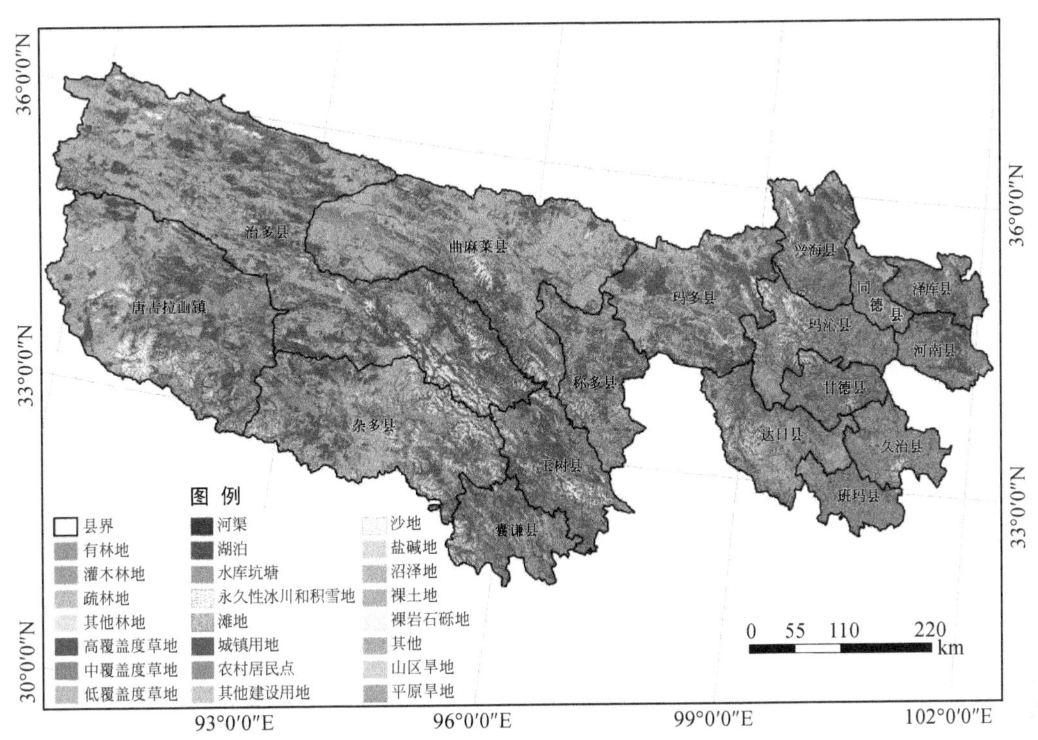

图 2-1　2012 年青海三江源区土地利用/土地覆盖现状图

53 099.99 km^2，占区域面积的 14.876%（图 2-2）。

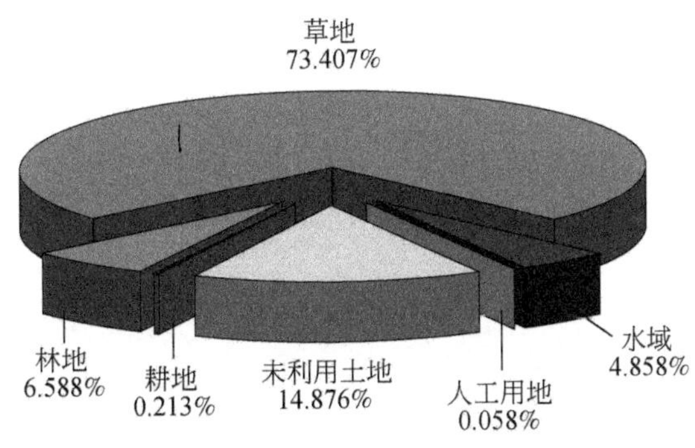

图 2-2　2012 年青海三江源区土地利用/土地覆盖类型面积比重图

草地是三江源区最主要的土地利用/土地覆盖类型，占区域总面积的 73.41%，其中高覆盖度草地占草地总面积的 52.64%；中覆盖度草地占草地总面积的 17.50%；低覆盖度草地占草地总面积的 29.86%。

与 2011 年度相比，2012 年度三江源区各土地利用/土地覆盖类型面积均无明显变化，其中林地、草地、未利用土地面积均有所减少，分别减少了 0.02km²、55.69km²、0.11km²，耕地、水域、人工用地面积均有所增加，分别增加了 0.57 km²、35.84km²、19.31km²。

2.2.1.2 三江源区生态环境状况评价

利用2012年度三江源区土地利用/土地覆盖解译数据，结合土壤侵蚀图件、水资源、年降水量、二氧化硫（SO_2）年排放量、化学需氧量（COD）年排放量、固体废物年排放量等相关数据，依据中华人民共和国环境保护行业标准《生态环境状况评价技术规范（试行）》（HJ/T 192—2006），以三江源行政区划边界为标准，将三江源划分为17个评价单元（县域），计算三江源区各个县域的生态环境状况指数EI。其中，甘德县、河南县、泽库县、玉树县生态环境状况指数为EI≥75，生态环境状况为优；兴海县、同德县、玛沁县、久治县、班玛县、玛多县、达日县、称多县、治多县、囊谦县、杂多县生态环境状况指数为55≤EI<75，生态环境状况为良；曲麻莱县、唐古拉山镇生态环境状况指数为35≤EI<55，生态环境状况为一般，见图2-3。

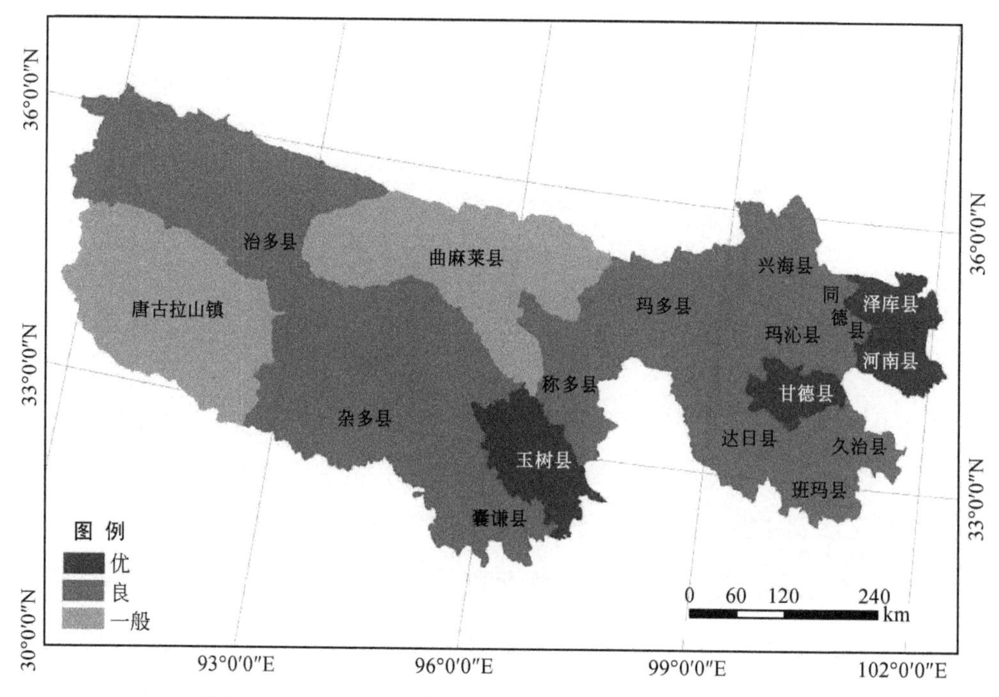

图2-3 2012年青海三江源区生态环境状况评价图

评价结果表明，2012年度三江源区生态环境状况以“良”等级为主；其中4个县域生态环境状况等级为“优”，占三江源区总面积的10.07%；11个县域生态环境状况等级为“良”，占三江源区总面积的63.49%；2个县域生态环境状况等级为“一般”，占三江源区总面积的26.44%，见图2-4。

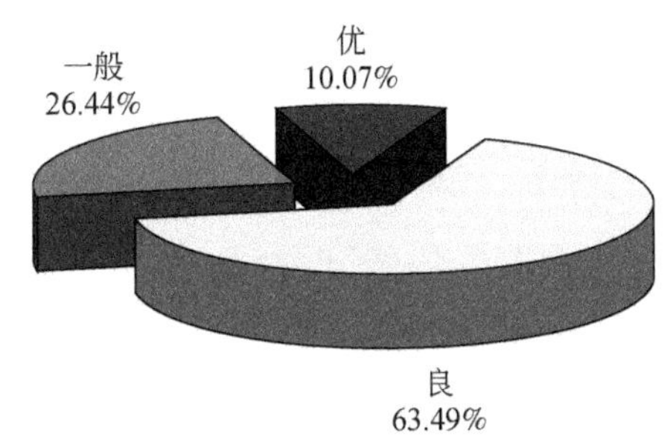

图2-4　2012年青海三江源区生态环境状况评价分级面积统计图

2012年度，河南县生态环境状况指数最高，达78.27，其次是泽库县、甘德县、玉树县，分别为76.35、75.97、75.91；唐古拉山镇生态环境状况指数最低，仅为50.3，其次是曲麻莱县，仅为51.94，其他各县生态环境状况指数介于65.49～73.3，见图2-5。

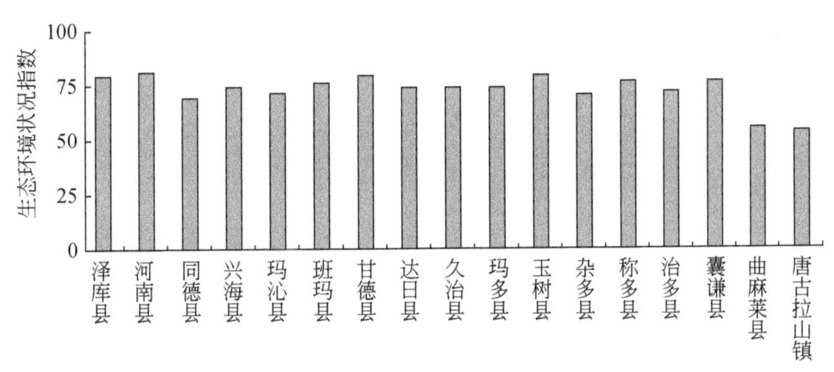

图2-5　2012年度三江源区各县生态环境状况指数对比图

与2011年度相比，整个三江源区除同德县生态环境状况指数略有下降外(下降幅度为-0.23)，其余各县（乡）生态环境状况指数均呈上升趋势，其中泽库县、河南县、甘德县、玉树县生态环境状况指数评价等级由2011年度的“良”好转为“优”。

2.2.2 地面监测结果分析

2.2.2.1 气象要素监测结果分析

(1) 年际变化特征分析

以2005~2012年为监测期，1961~2004年为监测前期，进行气象监测要素年际分析，分析监测气象要素的气候变化特征。

1）气温。1961~2012年三江源区年平均气温呈升高变暖趋势（图2-6）。监测前期，平均升高0.033℃/a，2000年前后至2012年，气温升高出现加速。监测前期，全区年平均气温距平约为-0.15℃；监测期，全区气温距平全部为正距平，平均约为1.12℃；经滑动-t检验和K-M检验，这种跃变是显著的。全区平均气温从0℃以下跃升到0℃以上的突变，给三江源区的冻土、积雪和冰川带来显著的影响，给三江源地区的气候和生态环境带来了深远的影响。

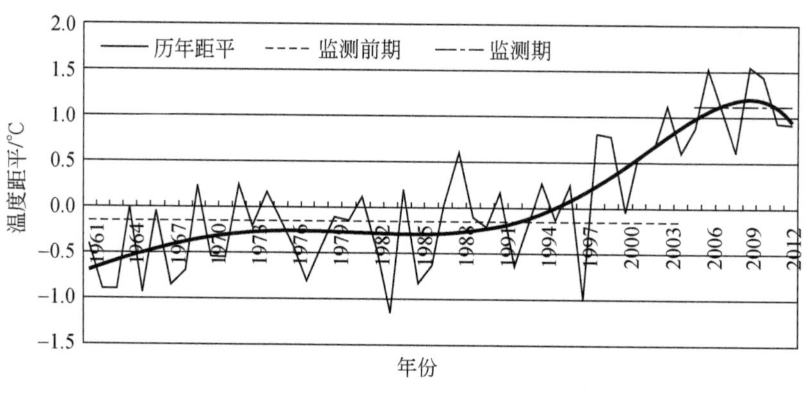

图2-6 1961~2012年三江源区年气温距平变化分析

2）降水。1961~2012年，三江源区年平均降水量呈增加趋势（图2-7），平均升高1.35mm/a，2003年以后，年降水量增加出现加速。监测前期，全区年降水距平百分率平均约为-1.8%，为略偏少；监测期，全区年降水距平百分率平均约为9.9%，为偏多一成。这种变化经检验同样是显著的。

3）日照。1961~2012年，三江源区年日照距平百分率的变化分两个阶段

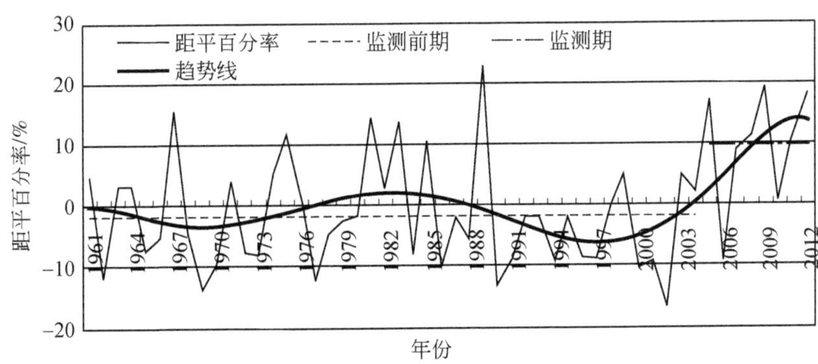

图2-7　1961～2012年三江源区年降水距平百分率变化分析

（图2-8），1961～1978年呈较快增加趋势，1978～2012年，呈逐渐减少的趋势；2003年以后，出现加速减少的现象。监测前期，全区年日照距平百分率平均约为0.4%，为略偏多；监测期，全区年日照距平百分率平均约为-2.0%，为明显偏少。

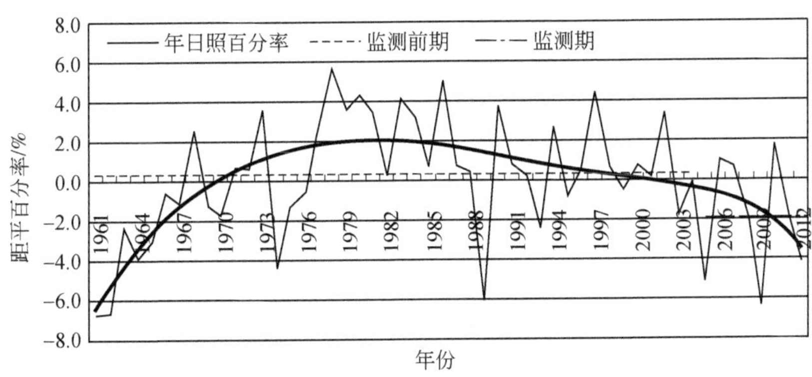

图2-8　1961～2012年三江源区年日照距平百分率变化分析

（2）气象要素监测期空间分布特征分析

1）黄河源区与长江源区气象要素的变化差异。以地形分水岭巴彦喀拉山为自然分界线，将三江源区的长江源区与黄河源区分开，分析监测期气象要素变化。结果表明（图2-9），监测期两者气温均偏高，幅度差别不大；降水两者均偏多接近一成，长江源区略微增加多一些，但不显著；日照黄河源区略偏少，而长江源区则偏少明显。

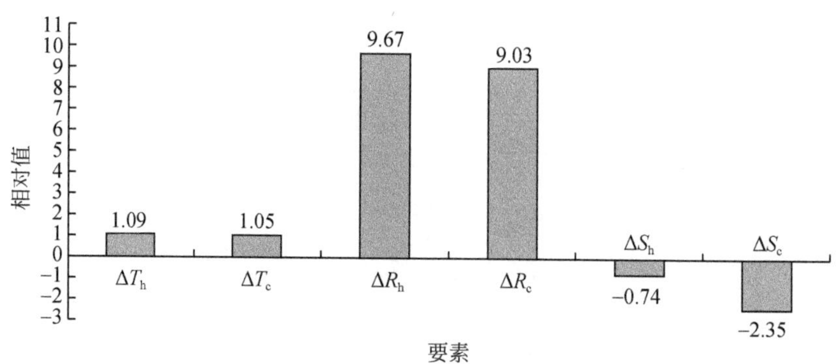

图 2-9 黄河源区与长江源区监测气象要素变化分析

注：h 为黄河源区的简称，c 为长江源区的简称，ΔT、ΔR 和 ΔS 分别代表区域年平均气温距平、年降水距平百分率和年日照距平百分率

2）三江源西部与东部气象要素的变化差异。三江源区从西到东横跨东经 90°～102°，以东经 96°为分界线，将三江源区分为东、西两个部分，分析监测期气象要素变化。结果表明（图 2-10），监测期两者气温均偏高，幅度差别不大；降水东部偏多 8.53%，接近一成，西部偏多 15.52%，比东部增加更为明显；日照东部略偏少 1.75%，而西部则偏少 2.52%，偏少更为显著。

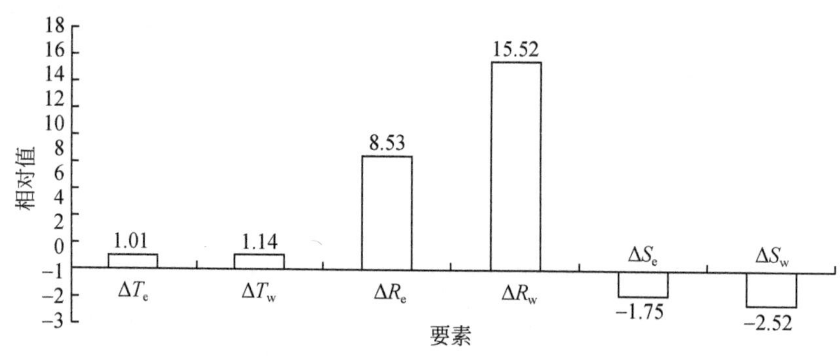

图 2-10 黄河源区与长江源区监测气象要素变化分析

注：e 为三江源东部地区的简称，w 为三江源西部地区的简称，ΔT、ΔR 和 ΔS 分别代表区域年平均气温距平、年降水距平百分率和年日照距平百分率

（3）小结

2005～2012 年，三江源地区气温显著偏高，降水偏多较为明显，日照则呈现减少的趋势。从空间角度分析，黄河源区与长江源区变化一致，西部较东部

变化更为显著。

2.2.2.2 水文水资源量监测结果分析

(1) 径流的年际变化

2005～2012年三江源区年径流深等值线分布与降水等值线分布基本一致，总的趋势是由东南向西北递减，最高值为澜沧江南部一带，平均径流深在400mm以上，最低值为三江源区北部一带，径流深在50～100mm。

2005～2012年三江源区径流距平自东南向西北逐渐增大，源头区径流量偏多程度最大，长江源区沱沱河地区径流距平达80%以上，楚玛尔河一带距平在50%～70%，澜沧江源头区、曲麻莱、治多县城一带、黄河沿站至吉迈站区间、兴海、同德县城一带，径流距平在30%左右，杂多、称多、达日、甘德、泽库县城一带，径流距平在10%左右，囊谦、玉树、班玛、河南县城一带径流距平接近0，径流变化不明显，黄河源区久治县、省界外四川、甘肃一带径流距平在-10%左右，径流量偏少。

(2) 年际蒸发

2005～2012年三江源区代表站中，直门达水文站、新寨水文站蒸发量与多年平均相比变化不大，上村水文站、大米滩水文站较多年平均有明显减少，分别减少了169.7mm和264.6mm。大多数站汛期（5～8月）蒸发量的比重较多年平均有所减少。三江源区降水量和低云量普遍存在增加趋势，降水天数也在增加，使得蒸发量呈减少趋势。

(3) 分区年际地表水资源量

三江源区2005～2012年系列平均地表水资源量为512.7亿m^3，其中，黄河源区165.8亿m^3，长江源区225.3亿m^3，澜沧江源区121.6亿m^3；与多年平均相比，整个三江源区地表水增加82.9亿m^3，其中黄河源区增加24.4亿m^3，长江源区增加45.8亿m^3，澜沧江源区增加12.7亿m^3。地表水资源量的增加主要与降水量增加、蒸发量减少有关（表2-1）。

表 2-1 三江源区 2005 ~ 2012 年平均水资源总量

（水量单位：10^8m^3）

分区		计算面积/km^2	河川径流量	河川基流量	水资源总量	产水模数/(万 m^3/km^2)
黄河	河源至玛曲	62 512	98.6	41.2	98.6	15.8
	玛曲至龙羊峡	33 081	56.8	25.3	56.8	17.2
	龙羊峡至兰州	5 335	10.4	4.97	10.4	19.5
	小计	100 928	165.8	71.5	165.8	16.4
长江	通天河	137 704	170.8	64.9	170.8	12.4
	直门达至石鼓	4 246	13.9	7.19	13.9	32.7
	雅砻江	6 794	15.2	9.20	15.2	22.4
	大渡河	9 648	25.4	7.93	25.4	26.3
	小计	158 392	225.3	89.2	225.3	14.2
澜沧江	沘江口以上	36 998	121.6	49.3	121.6	32.9
玉树藏族自治州		164 277	282.4	118.3	282.4	17.2
果洛藏族自治州		71 778	140.3	57.2	140.3	19.5
黄南藏族自治州		14 741	30.5	17.0	30.5	20.7
海南藏族自治州		14 132	18.2	5.92	18.2	12.9
唐古拉山镇		31 390	41.3	11.6	41.3	13.2
三江源区合计		296 318	512.7	210.0	512.7	17.3

2005 ~ 2012 年各年度中，2005 年、2009 年、2012 年水资源量较多年平均增加较多，分别增加 199.2 亿 m^3、206.8 亿 m^3、189.6 亿 m^3，2006 年较多年平均减少 69.5 亿 m^3，其他年份变化相对较小。

（4）径流系数

径流系数为某一时段的径流深与相应时段内流域平均降雨深度的比值，是反映流域产水能力的指标。从三江源区 2005 ~ 2012 年分区径流系数表（表 2-2）可以看出，2005 年、2009 年、2012 年三江源源区径流系数最大，分别为 0.42、0.39 和 0.40。各流域分区 2005 ~ 2012 年系列均值径流系数最大的为长江源区的直门达至石鼓及澜沧江源区的沘江口以上，径流系数均为 0.59；径流系数最小的为长江源区的通天河，径流系数为0.30。行政分区径流系数最大的为玉树藏族自治州，径流系数为0.38；径流系数最小的为海南藏族自治州，径流系数仅为0.29。与多年平均径流系数比较，黄河源区径流系数提高了0.01，长江源区提高了0.03，澜沧江源区减小了0.01；按行政分区看，除海南藏族自治州径流系数有所减小，其他各地均有所增加。

表2-2 2005～2012年三江源分区径流系数表

分区		2005年	2006年	2007年	2008年	2009年	2010年	2011年	2012年	2005～2012年平均	多年平均	径流系数变化值
黄河	河源至玛曲	0.38	0.27	0.28	0.28	0.38	0.33	0.30	0.36	0.33	0.30	0.03
	玛曲至龙羊峡	0.36	0.27	0.27	0.29	0.36	0.39	0.34	0.44	0.34	0.37	-0.03
	龙羊峡至兰州	0.58	0.33	0.24	0.30	0.35	0.35	0.36	0.42	0.36	0.26	0.10
	小计	0.38	0.27	0.28	0.28	0.37	0.35	0.32	0.39	0.33	0.32	0.01
长江	通天河	0.34	0.23	0.28	0.27	0.34	0.30	0.27	0.31	0.30	0.26	0.04
	直门达至石鼓	0.64	0.56	0.53	0.55	0.59	0.62	0.56	0.63	0.59	0.47	0.12
	雅砻江	0.52	0.33	0.36	0.38	0.43	0.33	0.32	0.43	0.39	0.41	-0.02
	大渡河	0.49	0.31	0.30	0.33	0.44	0.34	0.40	0.52	0.39	0.47	-0.08
	小计	0.38	0.26	0.29	0.29	0.36	0.31	0.30	0.35	0.32	0.29	0.03
澜沧江	沘江口以上	0.69	0.55	0.58	0.55	0.58	0.54	0.63	0.59	0.59	0.60	-0.01
玉树藏族自治州		0.45	0.32	0.37	0.36	0.40	0.36	0.35	0.39	0.38	0.36	0.02
果洛藏族自治州		0.41	0.29	0.30	0.31	0.42	0.35	0.34	0.43	0.36	0.35	0.01
黄南藏族自治州		0.45	0.29	0.25	0.28	0.38	0.44	0.34	0.48	0.36	0.32	0.04
海南藏族自治州		0.39	0.25	0.25	0.28	0.26	0.30	0.27	0.34	0.29	0.37	-0.08
唐古拉山镇		0.35	0.29	0.23	0.26	0.35	0.36	0.43	0.35	0.33	0.29	0.04
三江源区合计		0.42	0.31	0.33	0.33	0.39	0.36	0.35	0.40	0.36	0.35	0.01

（5）小结

近年来随着三江源自然保护区生态保护和建设工程的开展，绿地面积提高，使得相对湿度有一定程度的增加，降低了大气的蒸发潜势。2005～2012年水资源量的增加主要与降水量增加、蒸发能力减弱有关。三江源区2005～2012年陆面生态系统径流调节功能较1956～2000年有所提高。2005～2012年较

1956~2000 年河川径流量的稳定部分增加，生态系统持水能力有所提高。

2.2.2.3 草地生态监测结果分析

(1) 自然区域草地监测结果

各样点最大值出现年份的分布图（图 2-11）显示，自然区和工程区均在 2005 年和 2006 年出现第一个峰值，在 2009 年和 2010 年出现第二个峰值，呈现出 4 年的波动周期。值得注意的是，草地结构指标的第一个峰值比率较第二个峰值比率高，而草产量指标则相反。

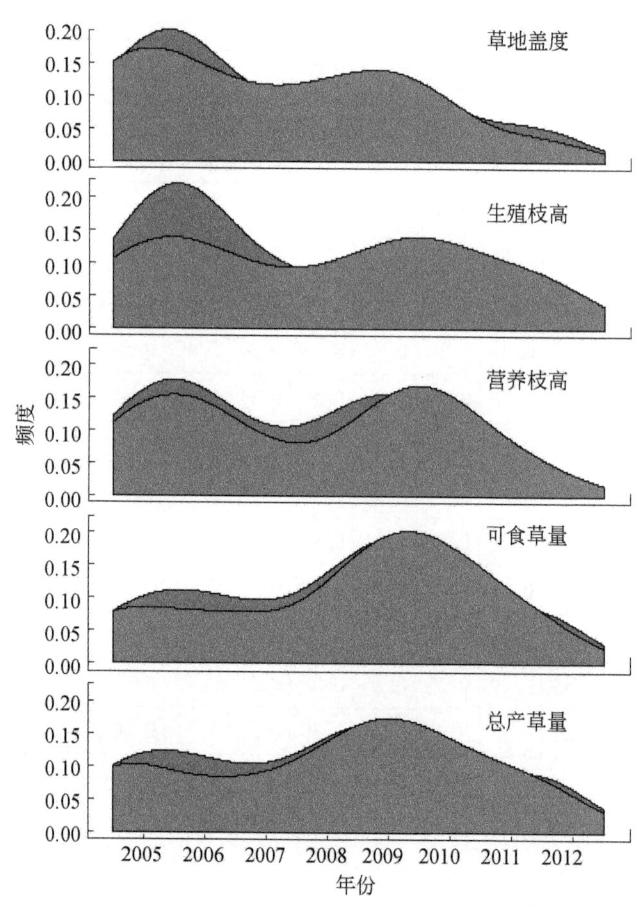

图 2-11　自然区和工程区各参数最大值出现年的频度分布

监测期后 4 年较监测期前 4 年增减率的百分比统计显示，自然区近一半的样点在结构指标方面呈现降低趋势，但 75% 以上的样点在产量指标上呈增加趋势。

2005～2012年的8年间，2005年和2009年的年降水量均超过530mm，其中生长季的降水比历年（1995～2004年）平均水平高出1～5成，并且两年的年均温均偏高，因而2005年和2009年为丰年。相反，2007年和2011年均出现春旱，降水较往年偏低1～3成，影响了草场返青，为欠年。因此三江源草地总体上呈现出以4年为周期的波动。

监测期后4年在草产量指标上较前4年高，而结构指标则较低，尤其突出表现在工程区。但需要指出的是草地盖度和草地高度的实际降幅并不大，其绝对值仍在较高水平上。

黄河流域的四类植被类型基本呈现出与上述总体变化趋势一致的年际波动，即在2005年、2006年和2009年、2010年出现两个数值高峰，其平均波动幅度多接近1倍；仅温性草原类的草产量和草地盖度呈现逐年增加的趋势，监测后期较2005年草产量平均增加2倍左右，盖度增加1倍左右。

长江流域的三类植被类型在群落结构指标上与总体变化一致，但高寒草甸类和高寒草原类的草地产量呈现逐年增加的趋势，尤其在监测初期的3年内增速很快，监测后期较2005年翻了两番。

澜沧江流域仅有高寒草甸类草地，其变化趋势与长江流域的高寒草甸类草地一致，即群落结构指标符合总体变化趋势，草产量指标呈增加趋势，后期较2005年翻了两番。

（2）工程区草地跟踪监测结果

各类工程措施有效地改善了草地结构、提升了草产量，且工程措施对草产量的提升效果较群落结构改善的效果好。各项工程措施中，补播和黑土滩治理的成效最为显著，对草产量的提升尤其突出，其中可食草量分别增加了4～5倍；两者对群落结构和产量的改善效果在实施后1年迅速凸显。建设养畜、鼠害防治的成效次之，可食草量增加1倍以上，草地盖度较对照点增大了0.5倍，但鼠害防治对草地高度的改善作用不明显；两工程措施在实施后初期即见成效，之后成效呈下降趋势，2010年后又逐渐增加。减畜禁牧的成效再次之，各年度的成效波动不大，较为一致。围栏建设的成效主要体现在可食草量和总产草量上，分别提升17%和12%，而草地结构呈轻微退化，在工程实施3年后初显成效，近2年又有所下降。

（3）小结

三江源自然保护区生态保护和建设工程实施以来，三江源草地群落结构和草产量总体上呈现周期为4年的波动，三江源草地的草产量在监测后期较前期显著增加。在自然区，各流域不同植被类型草地基本呈现与总体变化一致的波动规律。在工程区，补播和黑土滩治理成效最好，建设养畜和鼠害防治次之，减畜禁牧位列其后，而围栏建设的成效年际波动较大。

2.2.2.4 森林监测结果分析

（1）乔木林监测统计对比分析

1）样地郁闭度。2012年参加对比的所有样地的郁闭度（在样地西北至东南对角线测量乔木树冠垂直投影比例，测量样地郁闭度）与历年比较，各树种的郁闭度呈正增长趋势，但增长极为缓慢。据测算2005～2012年8年郁闭度平均增长为0.0068，其中工程监测样地增加0.0071，非工程监测样地增加0.0063。

2）样地乔木蓄积量（生物量）。运用平方平均法计算，2005～2012年监测站点乔木标准木蓄积量增长0.012 m^3。各树种的蓄积量呈正增长趋势，但增长极为缓慢。其中工程监测样地标准木蓄积量增长0.018m^3，非工程监测样地标准木蓄积量增长0.008m^3。

（2）灌木林监测统计对比分析

通过7年跟踪监测，结果表明三江源灌木林地年变化率较小，基本处于一种缓慢发展的动态平衡状态。

1）样地灌木盖度。对连续监测的48处工程站点数据进行的分析计算得出，灌木林盖度年平均增长1.8%；对28处非工程监测站点数据的分析显示，灌木盖度年平均增长1.0%。

2）样地灌木平均高。对连续监测的48处工程站点数据进行的分析计算得出，灌木林高度年平均增长2.48cm；对28处非工程监测站点数据的分析显示，灌木高度年平均增长2.10cm。

3）样地灌木生物量。根据2011年监测结果，对连续监测的48处工程站点数据进行的分析计算得出，灌木林灌木生物量增长36g/m^2；而对28处非工程监测站点数据的分析显示，灌木生物量平均减少7g/m^2。

（3）小结

2005～2012年，三江源地区监测样地中郁闭度、蓄积量、灌木盖度、灌木平均高、灌木生物量等主要观测指标呈现匀速增长态势。三江源自然保护区森林防火体系基本建立，森林防火能力明显提高；封山育林项目区植被逐渐进入恢复期，封育区水土保持和水源涵养功能增强；退耕还林工程区生态得到改善，退耕户生产生活条件得到改善。

2.2.2.5 环境质量监测结果分析

（1）环境空气质量监测结果

2005～2012年，三江源区环境空气中二氧化硫（SO_2）、二氧化氮（NO_2）均达到《环境空气质量标准》（GB 3095—1996）一级标准的要求，可吸入颗粒物（PM_{10}）/总悬浮颗粒物（TSP）变化较大，尤其是2010年可吸入颗粒物（PM_{10}）监测指标，基本在超过一类标准限值低于二类标准限值的值域范围，2011年、2012年各个监测点位监测结果均又回落至不超过一类标准限值的水平（图2-12和图2-13）。

（2）地表水环境质量监测结果与评价

2005～2012年，三江源区23个断面仅2006年玉树县隆宝滩湿地综合监测点与沱沱河大桥两个监测断面检测结果为Ⅳ类水质，Ⅰ～Ⅲ类水质比例大于90%，整体上地表水水质优，基本满足水环境功能区划的功能要求，适用于集中式饮用水源地及渔业生产、游泳区等用途。

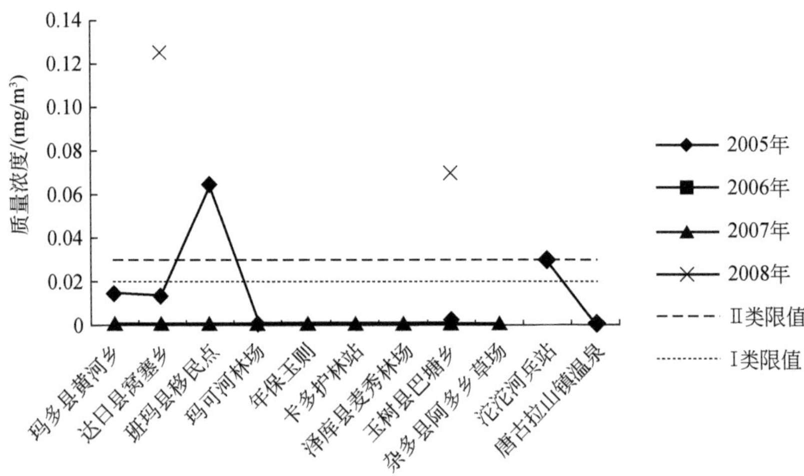

图 2-12 2005 ~ 2008 年三江源区环境空气中总悬浮颗粒物（TSP）变化趋势

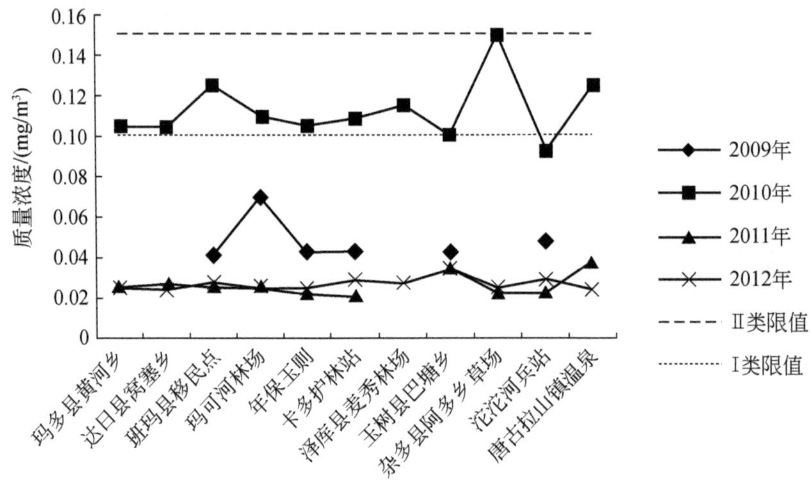

图 2-13 2009 ~ 2012 年三江源区环境空气中可吸入颗粒物（PM_{10}）变化趋势

（3）生活饮用水水质评价

2005 ~ 2012 年，三江源区饮用水水质监测单因子超标共计 8 次，超标项目为硫酸盐、硝酸盐、高锰酸盐指数。其中硫酸盐超过标准限值 5 次，分别在囊谦县、杂多县、唐古拉山镇；硝酸盐超过标准限值 2 次，分别在治多县、泽库县；高锰酸盐指数超过标准限值 1 次，为 2006 年称多县的监测结果。对人体健康影响严重的重金属类指标，未检测到超标。为密切关注三江源区饮用水安全，建议加密饮用水水质监测点位并增加监测频次。

（4）土壤环境质量评价

2005年、2008~2011年、2012年度三江源区360个土壤环境监测点位监测数据和土壤环境污染指数评价结果表明，三江源区域土壤环境状况整体良好，区域内土壤均处于清洁和尚清洁（警戒值）水平，土壤环境基本未受人为活动的扰动，仍保持环境背景值状况。

（5）小结

2005~2012年，三江源地区环境空气质量优，且保持稳定；地表水总体状况水质优，基本满足水环境功能区划的功能要求；土壤环境基本未受人为活动的扰动，仍保持环境背景值状况。

2.2.2.6 野生动物栖息地评价

（1）保护区主要动物群及分布

从生态地理角度划分，青海三江源自然保护区野生动物分为以下3个生态地理动物群。

高地森林草原动物群：主要见于玉树和果洛南部，河谷深切入高原内部，且多南北走向，受南来气流的影响较大。代表动物有马麝、白唇鹿、马鹿、狼、猕猴、小熊猫、野猪、水獭。鸟类有马鸡、血雉、石鸡、岩鸽、多种啄木鸟及多种食虫鸟。

高地草原及草甸动物群：主要见于玉树、果洛西北部高原，草原和草甸草原随海拔、地区、坡向而有明显变化。兽类主要有赤狐、藏狐、棕熊、石貂、艾虎、雪豹、藏野驴、白唇鹿、野牦牛、藏原羚、岩羊、喜马拉雅旱獭等。鸟类中石鸡、雪鸡、猛禽类、褐背拟地鸦、百灵、雪雀等相当丰富。在沼泽地和湖区有灰鹤、黑颈鹤、斑头雁、赤麻鸭、棕头鸥、鱼鸥、燕鸥、秋沙鸭等。

高地寒漠动物群：主要指保护区西部、可可西里山、唐古拉山地区。动物种类以有蹄类中的藏野驴、藏原羚、藏羚羊、野牦牛等最普遍，其次是狼、赤狐、高原兔、喜马拉雅旱獭及鸟类中的雁鸭类、鹰雕类比较常见，雪鸡、西藏毛腿沙鸡数量较多，草原鸟类如百灵、文鸟、雪雀等相当繁盛。

（2）重点野生动物栖息地质量评价

A. 野生动物栖息地的适宜性

在野生动物栖息地隐蔽性方面，玛可河保护区和麦秀保护区较好。与其他保护区相比，这两个保护区湿地景观破碎度较低、高覆盖度草地所占比重较高、林地面积所占比重较高，野生动物栖息地隐蔽性较好。而约古宗列保护区和昂赛保护区 5 种反映栖息地隐蔽性的指标均较差，野生动物栖息地隐蔽性较差。

在野生动物栖息地食物供给方面，年保玉则保护区和麦秀保护区较好。与其他保护区相比，这两个保护区植被净初级生产力（NPP）、食料地面积所占比重、河网密度均较高，野生动物栖息地的食物供给比较充足。而通天河保护区、东仲保护区和昂赛保护区 4 种反映野生动物栖息地食物供给状况的指标均较差，野生动物栖息地的食物供给功能整体比较差。

在野生动物栖息地人类干扰方面，多可河保护区和麦秀保护区的道路密度和毡房密度位居各保护区的前列，野生动物栖息地的人类干扰程度比较强烈，保护野生动物的压力较大。而扎陵湖—鄂陵湖保护区和当曲保护区的道路密度和毡房密度在各个保护区中位居较低的水平，野生动物栖息地的人类干扰程度比较弱，保护野生动物的压力不大。从各保护区野生动物栖息地的人类干扰看，麦秀保护区的核心区和缓冲区、多可河保护区的核心区、江西保护区的缓冲区和实验区、年保玉则保护区的实验区毡房密度最高，人类居住对栖息地干扰的强度较大，解决好上述圈层内牧民的搬迁问题，是保护野生动物栖息地生态环境的重要基础。而索加—曲麻河保护区的核心区、缓冲区和实验区、扎陵湖—鄂陵湖保护区的实验区、白扎保护区的实验区以及当曲保护区的实验区道路密度最高，人类交通活动对栖息地的干扰强度较大，通过一定措施减轻交通活动的强烈干扰，是上述圈层内保护野生动物栖息地生态环境的关键。

B. 野生动物栖息地完整性逐步提高

由于草原畜牧业基础设施建设工程的实施，三江源各地草原都有数量众多的网围栏将优质草场围住，禁止野生动物采食，这使得野生动物的分布空间越来越狭窄，对野生动物特别是大型有蹄类动物影响相当大。

围栏等草原设施的修建，隔离了野生动物的栖息地，使栖息地破碎和岛屿化，这样就隔断了各种群之间的基因交流，长期发展下去，将会导致野生动物种群遗传多样性的丧失和体质弱化。

为了保护野生动物种群，自青海三江源自然保护区生态保护和建设工程实施以来，三江源地区逐步撤除核心区内、野生动物主要栖息地和迁徙（移）通道上的围栏，恢复和重建野生动物栖息地，给野生动物提供足够的生存空间。评价显示，近来一些野生动物栖息地基本呈连续状分布，栖息地破碎化趋势在减弱，野生动物栖息地完整性逐步提高。

C. 野生动物栖息地面积逐步扩大

青海三江源自然保护区生态保护和建设工程实施以来野生动物栖息地类型的变化主要反映在荒漠类型、草地类型、水源与湿地类型和森林类型上，表现为水域与湿地面积扩张，荒漠逐步向草地转变，草地覆盖度增加，森林面积增加。生态类型的变化在一定程度上反映出，三江源地区野生动物栖息地正在逐步改善。

（3）小结

青海三江源自然保护区生态保护和建设工程实施以来，开展了湿地保护、退牧还草、人工增雨等项目，灌乔植被得以恢复，野生动物栖息地生态逐渐好转，野生动物栖息地质量在提高，种群数量在逐渐恢复和增长。

（撰稿人：李晓南、李发祥、郭映义高级工程师）

第 3 章

三江源区高寒草地生态系统可持续管理

【摘要】

基于合理利用天然草地资源，建植人工草、实现草畜平衡，转变草地畜牧业传统生产方式，创新草地畜牧业组织管理模式四大高寒草地生态系统可持续管理原则，建立“三区耦合”草地生态畜牧业发展新范式。根据高寒天然草地退化演替阶段和生态环境的不同，采用封育、松耙补播、施肥、防除毒杂草和鼠害防治等技术措施的集成，以快速恢复退化的草地植被和提高初级生产力，遏制退化草地的发展和蔓延。

由于三江源区传统畜牧业生产方式资源转化效率低下，通过多年的研究积累和实践，认为三江源区可持续发展模式及适应性管理未退化草地的放牧利用率控制在地上生物量的45%为宜，冬春和夏秋草场的适宜载畜量分别为4.75只/hm^2和4.30只/hm^2，提出如下三江源区草地生态畜牧业发展模式：“两段式”草地畜牧业生产方式，基于生态系统耦合理论的“三区耦合”模式，以发展生态畜牧业为目的的“以地养地模式”“资源利用倍增模式”，“120”饲草资源置换模式，“324”加速出栏模式，有效的生产组织模式。以上模式在三江源周边及腹地广泛推广应用，收效极其显著。只有尊重自然规律，制定科学发展规划，以草定畜、优化控制放牧生态系统，建立稳产、高产的饲草料生产及加工基地，发挥不同生产系统的优势，实现区域水平上不同生产系统的耦合，大力发展草地畜牧业新范式，方可实现三江源区高寒草甸的可持续管理。

3.1 高寒草地生态系统可持续管理原则

3.1.1 合理利用天然草地资源

青藏高原高寒草地生态系统是在全新世以来人类活动干扰下形成的。合理的放牧利用有利于草原的更新和植物物种多样性的维系，动物和植被在长期的进化中已形成了各自的防卫模式使得各自适应对方而形成了极为巧妙的协同进化，因此草地的合理放牧利用是必不可少的，选择适宜放牧强度和放牧制度等最优放牧策略将提高草地初级生产力，维护草地生态平衡，有效防止草地退化，然而长期过度的放牧利用无疑是草地退化的主要原因，过度利用不但使草地的第一性生产力破坏，也没有追求到最大的畜产品产量，所以科学地利用草地资源成为了草地畜牧业的最根本问题。

草地资源的合理利用可以概括为“草地资源限量，时间机制调节，经济杠杆制约”的原理，其思路主要为：在基于草地饲草生产力（资源量）、家畜需求量、季节性变化以及季节性差异等参数的基础上，确定草地可以放牧利用以及必须舍饲圈养的时间，建立以休牧时间为主要指标的可持续牧草生长的管理制度。其主要特点为：①根据植物生长发育节律，在草地放牧敏感期设定舍饲休牧期，防止对草地的破坏，这是“时间机制”的基本涵义；②以休牧期的家畜需草量为限制因子，督促生产者自觉储草备料，这与原管理方式以面积为主要限制因子的思路有根本性的不同；③依靠休牧期的长短，基于舍饲时购买的饲草料花费、设施和劳动力成本等经济因子的制约，促使生产者主动规划生产规模，确定饲养数量，这是“经济杠杆制约”的基础。通过这样一种行政监督和经济调节相互结合的监管方法，可以形成能够有效防止草地超载过牧而又不限制畜牧业发展的生产机制。

就全球天然草地的合理利用而言，通常人们认为草地的合理利用率为地上生物量的50%，即“取半留半”的放牧利用原则。当然这是针对未退化的草地或者牧草地上的生物量绝大部分可以被草食动物利用，不可食牧草的比例很小等前提而言。鉴于青藏高原牧草生长期短、自然条件恶劣，未退化草地为45%左右的牧草利用率最佳（周华坤等，2002）。通过高寒草场优化放牧方案和最优生产结构的研究认为，高寒草场地区藏系绵羊和牦牛的比例以3∶1、藏系绵羊的适龄母畜比例为50%~60%、牦牛的适龄母畜比例为30%~40%较为合理。

放牧强度实验表明（董全民等，2009；赵新全等，2011），三江源区的健康草甸草场年适宜放牧强度为1.54~2.52羊单位/hm^2，暖季草场和冷季草场适宜放牧强度分别为4.65~6.30羊单位/hm^2和2.30~4.20羊单位/hm^2。适度放牧可维持高寒草甸较高植物的物种多样性。放牧强度为3.6羊单位/hm^2时植物物种多样性维持在较高水平，大于或小于此最适值时，内禀冗余对高寒草甸两季轮牧草场植物群落多样性指数、均匀度指数和植物群落组成种种数的维持和调节作用减弱，组分冗余作用加强，植物群落的结构发生变化，稳定性下降（董全民等，2012）。

3.1.2 实现草畜平衡、遏制草地退化

草畜平衡是草原生态和草原畜牧业发展中的关键控制点，在草原畜牧业发展的不同技术阶段草畜平衡的具体内涵是不同的，分清楚草原平衡的不同技术阶段对于深刻理解草畜平衡的实质意义，对于把握建立在草畜平衡基础上的草原畜牧业的未来发展走势，从而为确立相关政策提供一个清晰而连贯的背景具有十分重要的理论意义。传统草畜平衡有三个不同的技术阶段。

第一个阶段是在自然生产力条件下草原放牧系统的草畜平衡阶段，主要内容是天然草场的生产力与牲畜饲养量之间的平衡，关注的关键问题是如何发挥天然草场的生产潜力，主要措施包括三个方面：①畜群结构的优化，即在家畜总头数保持不变，而每年出栏家畜数最多的状况从而实现单位面积草场的最大效益；②要有足够的储草量，因为丰年和欠年的草地产量相差很多，储草量大就可以有效降低灾年的损失；③实行划区轮牧，通过围栏控制下的有计划放牧

才能充分利用天然草场的生产潜力（贾幼陵，2005）。

第二阶段是在发展人工草地前提下的草畜平衡。从理论上讲只要加进人工种草这个外部因素，如果这个因素的数量没有限制的话，无论饲养多少牲畜，草原生态系统都可以保持平衡，也就是能够实现草畜平衡。然而在生产实践中人工种草并不可能无限增加，受限的因子很多，在高原地区主要受水热条件的限制。此外，地形、土壤发育程度及人工草地饲草的合理利用也是不可忽视的因素。

第三个阶段是营养平衡阶段，随着天然草原和人工草原潜力的不断发挥，在草畜的平衡关系中将出现新的也是最后一个制约因素，即营养要素的平衡。在天然草原中土壤中大部分氮素来自大气中的氮、家畜粪便的再循环以及动植物残体的分解，随着草畜平衡点的不断提高，长期放牧使草原的产出不断增加将导致土壤氮素水平的下降，而土壤氮素水平将成为制约草原生产能力的主要因素。

显然上述三个阶段体现了对草畜进行平衡控制的不同技术手段和水平，但这并不意味着三个阶段必须严格按技术水平高低递进，一方面大多数技术措施都会随着技术的进步而不断释放其本身的潜力，如畜群本身的生产效率可随着良种水平的提高和畜群结构的不断优化，提高划区轮牧和围栏的技术水平以及人工植被建植和利用技术、施肥技术本身等都可以随着技术进步的提高产生新的潜力；另一方面，不同阶段关键技术措施的交叉使用可以始终避免约束因素的出现而保证草畜平衡的实现。

从经济学的角度看这些关键措施也并不是使用得越多越好，措施的交叉使用还有一个共同的约束条件，就是必须符合经济合理的原则，每一种措施的采用都是有成本的，必须在维持草畜稳定平衡的前提下使单位成本的效益最高。这样各项技术措施作用的发挥，是指有条件的某项技术措施能不能采用、采用到什么程度，不是由技术本身的成熟程度或技术水平的高低来决定，而是由一定的社会经济条件来决定。

如果结合区域社会经济的全面发展考虑草畜平衡，主要是由人对草原经济价值的追求程度所决定的，因此草畜平衡的背后是人与草的平衡，当牧区社会经济发展到一定阶段或水平以后，特别是人口密度增加到较高水平、牧民的生活水平提高到一定程度后，草畜平衡的各项技术措施的作用在一定技术经济条件下得到比较充分的发挥后，草畜平衡的问题就转变为人草的平衡问题，草原管理的关键就不仅是管理载畜量的问题，也是管理“载人量”的问题。多年来在牧区推行草畜平衡成效不大的主要原因是牧区人口不断增长，而增加的人口要维持基本生活水平就必然要增加牲畜的头数。从这个意义上讲，草畜平衡实际上是一个复杂的系统工程，需要从科学、技术、社会、经济等各个方面综合考虑。

目前人们已经认识到解决高原地区草畜平衡的复杂性，在广大牧区实施生态治理工程时，出台了许多政策，如减人减畜，并取得了一定效果（赵新全和周华坤，2005）。在草畜生态系统中引入外部能量，施加人工措施提高草地载畜量，从而提高草畜平衡点，是实现草畜平衡的一条重要途径。从牧区和农牧交错区的具体情况看，牧区的人工种草主要指以生态恢复和饲草料基地建设为目的的人工草地，建设这种“以地养地”的模式是解决草畜之间季节不平衡矛盾的重要措施，也是保证冷季放牧家畜营养需要和维持平衡饲养的必要措施，农牧交错区的人工种草主要指目前实施的退耕还林（草）项目，加强饲草料产品的研发，同时加大力度推行四年一次的草带更新，大幅度提高耕地的利用率和饲草料的产量。

3.1.3 转变传统生产方式

实现生产方式的转变就是要利用高原不同生产系统的特点，利用生态系统耦合的原理，解决生产实践中各系统不同层面之间相悖的矛盾，包括：①经营方式要由粗放经营向集约经营转变，实现规模化经营、专业化生产；②饲养方式要由自然放牧向舍饲半舍饲转变；③增长方式要由单一数量型向质量效益型转变；④市场开拓要由局部小市场向国内国际大市场拓展。为尽快实现这些目标，目前工作的重点是：以饲草料建设为重点，切实加强畜牧业基础设施建设；大力推广舍饲半舍饲方式，加快推进畜牧业科技创新和应用；加大结构调整力度，促进产业优化升级；推进畜牧业产业化，提高畜牧业的综合效益。

高原地区从生产功能上划为草地畜牧业区、农牧交错区和河谷农业区。草地畜牧业区实施畜群优化管理，推行“季节畜牧业”模式，加强良种培育及畜种改良，在入冬前出售大批牲畜到农牧交错区和农业区，以转移冬春草场放牧的压力，充分利用农业区的饲草料资源进行育肥，实现饲草资源与家畜资源在时空上的互补。农牧交错区进行大规模的饲草料基地建设和加工配套技术集成，推行标准化的集约舍饲畜牧业，为转移天然草场的放牧压力提供强大的物质基础，将部分饲草料输送到草地牧业区，为越冬家畜实施补饲及抵御雪灾提供饲料储备。河谷农业区充分利用牧区当年繁殖的家畜种草养畜，进行农户小规模牛羊肥育，一部分饲草料进入牧区，农区、牧区的动植物资源产生相互作用效应，使其资源利用效益超出简单的相加价值，整体经营效益得以提高。根据高原地区各生产系统的特点和优势，从转变生产方式入手，重点解决好以下几个层面的耦合是草原草地畜牧业生产方式转变的关键：①不同生产层之间的系统耦合；②不同地区—生态系统之间的系统耦合；③不同专业之间的系统耦合。这三者的市场—生产流程新建构组成了新时代草地畜牧业方式转变的主要模式。

当前青海高寒牧区的草地畜牧业处于“超载过牧—草地退化—草畜矛盾加剧—次级生产能力下降”的恶性循环之中。为了改善高原的生态环境，基于生态系统耦合理论，应因地制宜地在三江源区不同生态功能区域通过“三区耦合”模式进行畜牧业生产范式推广（图3-1）。

建立稳定、高产的人工草地，加强冷季补饲，减缓系统间的时空相悖性是解决子系统间时空相悖的重要途径。通过人工或半人工草地的建植可以提高牧草产量5～10倍，弥补枯黄期牧草供需矛盾。在三江源区严重退化且难以自然恢复的退化草地上建植人工植被是可行的也是必要的，研究表明三江源区“黑土滩”退化草地总面积为7363万亩，其中滩地（坡度小于7°适宜于以生态恢

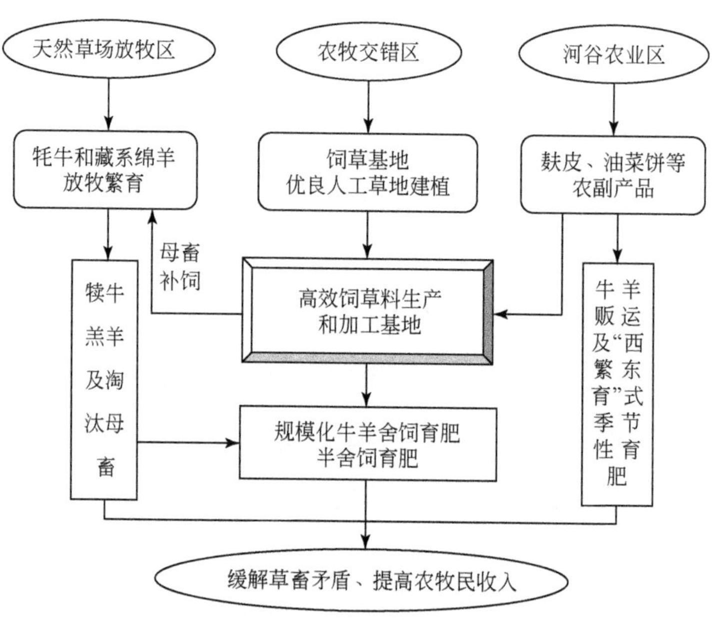

图 3-1　三江源区“三区耦合”模式示意图

复为目的建植多年生人工草地）“黑土滩”4683 万亩，可提供大约 200 万 t 青干草及 600 万 ~700 万羊单位冷季舍饲育肥草料（赵新全等，2011）。目前人工草地以冷季放牧利用为主，牲畜的践踏和牧草营养物质的自然损失大大减少了人工牧草应有的价值，建议在三江源四个州条件较好的地方，分别建立以青储、青干草、草颗粒及全价颗粒饲料加工的饲草料加工和集约化舍饲育肥示范基地。

3.1.4　创新草地畜牧业组织管理模式

加快发展农牧民专业合作社，推广现代化的组织方式。应建立和发展专业合作社，将生产要素进行集中经营。只有规模经营，才有规模效益，通过大力推广“公司+合作社+农户”和“牧场+合作社+农户”的联合经营生产形式，才能够带动产业的持续发展，降低养殖业风险。已建立的“公司+牧户”、“牧场+牧户”、“专业合作社+牧户”、“定居点+牧户”等多种生产经营模式，使草业、畜牧业和加工业等系统相互关联，传统草地畜牧业与生态畜牧业生产实现耦合，其采用先进生产技术和工艺组织生产，对已有生产技术和新技术进行有效组装，以养殖小区为载体，牧户肥牲畜为基础，按照利益驱动、合同制约和技术推进机制，将分散生产的农牧民组织起来。牧民在“自愿、民办、民管、民受益”的原则下成立不同形式、不同内容、不同规模的专业合作社，通过“传、帮、带”合同约定等形式自我发展，积极参与市场竞争。应对合作社成员在科技服务、原料购进和产品销售及启动资金方等方面给予支持和扶持，并负责组织对合作社草产品、畜产品以及有机肥等产品进行深加工和销售，为生态畜牧业发展提供新的途径。

制定优惠政策，鼓励农牧民种草养畜。应制定和完善有利于草业发展的相关政策。各级财政应增加投入，实施农田种草与种粮同等补贴政策，对退耕还草与退耕还林给予同样补贴。鼓励和扶持个体经济和外资投资建设牧草加工基地和畜牧业生产基地。

目前，中国科学院西北高原生物研究所、青海省畜牧兽医科学院和海北州科技局等科研和企事业单位，依托青海省重大科技专项“青海省种草养畜及有机畜牧业关键技术集成与示范（2009A1）”，基于在青海省海南藏族自治州、海北藏族自治州和黄南藏族自治州三大示范区开展的实验与示范，针对青海牧区不同生态功能区的特色和优势，服务于青海省畜牧业可持续发展的目标，以缓解草畜矛盾为手段，以提高经济效益为杠杆，创新性地提炼出了四种畜牧业减压增效的组织管理模式。

（1）种草养畜型：“牧场+牧户”国有牧场带动型生产服务模式

由龙头企业牵头组织牧民“志愿、民办、民管、民受益”下成立了分歧方式、分歧内容信息、分歧范围的专业协作社，海南藏族自治州采取了“公司+协作社+养殖小区+协作社社员”、“龙头企业+农牧户”、“公营农牧场+农牧户”等组织构造，在生态畜牧业发展中实施了国有牧场带动型生产服务模式，获得了很好的效益。经过“传、帮、带”合同商定等形式自我开展主动介入市场合作。协作社将种植、养殖户组织起来，构成分地区、分片、适当集合的养殖、养殖小区、公司和合作社，按小区组织服务、配送饲草料，统一经销饲草料和育肥产品，这种体制把公司和农牧户通过合作社联系在一起，充分表现了公司自立运营、分工协作、扩展影响、躲避风险，较过去“公司+农户”的形式又有了提高。由青海异源生物科技有限公司与海南课题组合作，有十户牧户参加这种模式，项目第一期利润为67.9万元。经过短期强度育肥，每日较自然放养状态的藏羊多增重225g，加速出栏周期。

（2）羔羊育肥型：“合作社+牧户”的羔羊产业化生产模式

2010年，海北示范区刚察县哈尔盖镇察拉村和海晏县三角城西岔村中的76户示范户中开展了羔羊育肥工作。每只育肥羔羊较天然放牧羔羊胴体重提高了2.88kg。共增加产肉量2.92万kg，平均日增重为158g，羔羊肉按市场价23.6元/kg计，共增加收入68.91万元，加上种草环节支出合计134.77万元。仅育羔羊肥羊一项收入与自然放牧相比，扣除科技项目投入及饲料等成本后，人均支出净增436元。项目对羔羊育肥采纳自然草场加饲草补充的技术，加速育肥出栏周期，海北州项目村羔羊平均出栏率为61.97%，比全州羔羊平均出栏率的46.13%提高了12.89%。并优化了畜群结构，加速了畜群周转，为将来通过成立羔羊育肥合作社实现“协作社+牧户”羔羊财产化生产模式提供了技术储备和模式。

（3）购草养畜型：以购草养畜为核心的整村推进生产模式

针对舍饲育肥中的详细环节组织牧民培训，这一生产模式在海南藏族自治州果洛移民新村实施。项目选定玛多县黑河乡果洛新村（地处同德县巴滩）和同德县北巴滩移民新村两个移民村为重点扶持示范村。组织示范户到青海省贵南草业公司牛羊育肥场观摩学习，进行饲喂和舍饲管理规范培训。为解决育肥中饲草料匮乏问题，为示范户无偿供给配方饲料加工机组并进行饲料加工。购置育肥用藏羊1200只，2010年每只羊的效益为71～107元，户均经济收入增加4000元左右。经过这种整村推进的消费形式，整个青海牧区达到一种减压增效的效应。

（4）有机养殖型：有机牦牛、欧拉羊有机畜产品增值消费形式

有机畜产品生产、加工与出售可追溯体系建设主要由有机牛羊饲养管理的文档记录体系、有机食品生产加工出售记录体系和有机畜产品可追溯平台三部分组成。黄南示范区在河南县建立了牧民有机养殖专业合作社，有机养殖规模牦牛 37 523 头，欧拉羊 57 656 只，并为有机养殖示范村的有机牦牛、欧拉羊佩戴可追溯耳标。2010 年生产有机牦牛肉 280t、有机羊肉 220t，合计生产有机肉产品 500t。有机产品价格 38 元/kg 比原料肉 28 元/kg 提高 10 元计，新增产值 500 万元。同时，企业收购的有机牛羊每公斤胴体重比普通牛羊提高了 1 元，牧民新增收入 50 万元。

3.2 退化高寒草地生态系统恢复治理模式

三江源区退化草地的发展和恢复必须和可持续利用的三江源区经济资源相协调。因此，进一步的发展必须以合理的生态原理为根本。按照草地退化的不同阶段，应该采取综合的方法降低虫害，减轻放牧压力来保护草皮层。利用生态学原理和生物学过程，放牧模式、放牧强度、家畜年龄结构、绵羊和牦牛的家庭牧场家畜结构都需要更进一步优化（周兴民，1996；李文华和周兴民 1998）。利用上述所说的各种治理策略，对不同种类的退化草地因地制宜地进行有效恢复（马玉寿等，1999；周华坤等，2003）。

图 3-2 阐述了在三江源区高寒草地的综合治理背景下退化草地的恢复演替过程（ Zhou et al. , 2006）。在重退草地上，通过松耙、耕作、补播、施肥及对啮齿类和杂草的控制等措施建设人工半人工草地。这些治理措施将使重退草地恢复到中退草地。通过鼠害控制、补播、施肥、围栏、减轻放牧强度等措施将使中退草地恢复到轻退草地。简单的一些措施，如围栏和减轻放牧强度将使轻退草地恢复到未退化状态。高寒草地和家畜的合理管理最终将使畜牧业健康发展。这些综合恢复的方法已经在青海省果洛藏族自治州的退化草地上推广应用了，并呈现出一定的效果（赵新全等，2011）。

3.2.1 轻度退化草地治理模式

轻度退化草地治理模式适应于退化草地的植被盖度大于 70%，在生物量组

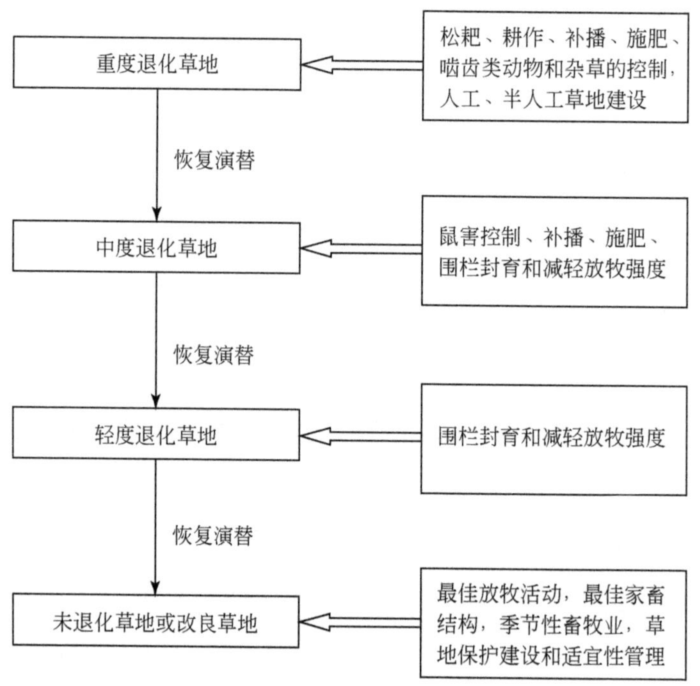

图 3-2　三江源区退化高寒草地的恢复演替

成中，杂、毒草所占比例小于30%。草皮层基本完好，依靠植物群落自我修复恢复植被。治理措施以灭鼠、季节性封育、减轻放牧强度、竖立鹰架为主。由于投入只有1～2元/亩，植被恢复比较缓慢，但由于摆脱或减轻了放牧采食压力，优良牧草比例上升、牧草生产力增高。短期效益不明显，长期效益好。治理后植被和草地生态功能得以逐步恢复，以放牧管理为主，投入少，适应于大面积治理轻度退化草地。

3.2.2　中度退化草地治理模式

中度退化草地治理模式适应于退化草地的植被盖度在30%～50%，在生物量组成中，杂、毒草占50%以上。草皮层破坏面积不大，应尽量保护草皮层和原生植被，以植物群落自我修复为主，人工恢复植被和增加优良牧草比例为辅，加速正向演替。治理措施以灭鼠、灭除杂草、施肥、竖立鹰架为主。中度退化草地仍可利用，但必须减轻放牧强度。治理后优良牧草比例达到80%以上，牧草初级生产力提高了1.9倍，可食牧草增加了11.6倍（190kg/亩）。同时，在保护原生植被和土壤结构的基础上，改变植物群落结构，提高优良牧草比例和牧草的盖度、生产力，加快恢复植被，修复高寒草地生态系统缺失的功能，促进草地向原生植被恢复。

3.2.3 重度退化“黑土滩植被”分类恢复模式

3.2.3.1 人工草地改建模式

人工草地改建模式适用于重度黑土滩退化草地的滩地类型。对坡度小于7°且具有一定面积的重度“黑土滩”退化草地，其地形平缓，适于机械化作业，在结合当地土壤气候条件的基础上，选择适宜的草种组合，采用建立人工草地的方式进行改建。

3.2.3.2 半人工草地补播模式

半人工草地补播模式适用于坡度小于7°的中、轻度“黑土滩”退化草地和坡度在7°～25°的中度和重度“黑土滩”退化草地。这类退化草地可在不破坏或尽量少破坏原生植被的前提下，选择适宜的草种，通过机械耙耱或人工补播措施建立半人工草地。其治理措施有“灭鼠+封育+补播”、“灭鼠+封育+补播+灭杂”、“灭鼠+封育+补播+施肥”、“灭鼠+封育+补播+灭杂+施肥”4种。

3.2.3.3 封育自然恢复模式

封育自然恢复模式适于坡度在7°～25°的轻度“黑土滩”退化草地和坡度大于25°的所有类型的“黑土滩”退化草地。这类“黑土滩”退化草地坡度陡，治理难度大，可通过10年以上的长期封育或加以人工措施使之逐渐恢复其植被。其治理措施有“封育”、“封育+灭鼠”、“封育+灭杂”、“封育+施肥”、“封育+灭杂+施肥”、“封育+灭鼠+施肥”、“封育+灭鼠+灭杂”、“封育+灭鼠+灭杂+施肥”8种。

3.3 生态畜牧业生产技术体系及管理模式

3.3.1 草地资源合理利用技术

制定合理的放牧强度是合理利用草地资源的基础，草地最佳放牧强度又称最大生产力放牧强度，是指既不造成草地退化，又可获得单位草地面积较大家畜生产力的放牧强度。以 3 岁生长牦牛放牧为例，平均体重为 120 ~ 140kg/头，折合 2.5 羊单位，而一头成年育成牛相当于 5 羊单位。牦牛体重及采食量的确定，依据放牧家畜不同生长阶段和不同生产状况的营养需求，按照以下公式计算放牧畜群的采食量：

成年牦牛的干物质采食量（kg）= 牦牛活重（kg）×2.4%

生长牦牛的干物质采食量（kg）= 牦牛活重（kg）×2.5%

怀孕母牦牛的干物质采食量（kg）= 牦牛活重（kg）×2.6%

该地区天然草地的牧草产草量于每年 8 月中下旬达到高峰期，牧草干重产量为 1800 ~ 2000 kg/hm^2。经过多年研究（董全民等，2005a，2006a）发现，其最佳放牧强度为：暖季草场为 0.93 ~ 1.26 头/ hm^2（4.65 ~ 6.30 羊单位/hm^2），冷季草场为 0.46 ~ 0.84 头/hm^2（2.30 ~ 4.20 羊单位/hm^2），年最佳放牧强度为 1.54 ~ 2.52 羊单位/hm^2。两季轮牧草场的最佳配置为暖季草场面积：冷季草场面积 = 1 ∶ 1.68。根据以上各指标综合计算，暖季草场合理的放牧利用率约为 40% ~ 60%，冷季草场合理的放牧利用率约为 70% ~ 80%。

在严重退化的天然草地建植多年生人工草地是退化草地恢复的措施之一，人工草地可以通过刈割来储存青干草，也可以作为家畜秋季育肥的放牧地。人工草地暖季的最佳放牧强度为 2.89 头/ hm^2（14.45 羊单位/hm^2），年最佳放牧强度为 4.19 羊单位/hm^2。根据放牧强度与牧草利用率的对应关系，暖季草场放牧利用率约为 60%，冷季草场放牧利用率约为 70%（董全民等，2005b，2006b）。

3.3.2 优质高产饲草料基地建设技术

通过建立饲草料生产基地，为畜牧业走舍饲、半舍饲和短期育肥提供了大量的饲草料来源，为发展优质高效的畜牧业创造了条件，对减轻了草场压力，有效遏制了草场恶化，缓解了畜草矛盾。发展畜牧业和保护草地生态环境相结合，促进项目区畜牧业可持续发展，是一条切实可行的致富途径（胡自治等，2000；赵新全和周华坤，2005）。充分利用项目区丰富的牧草资源，改变传统畜牧业的经营方式，引导农牧民群众进行舍饲圈养，减轻了天然草场压力，保护了草原生态环境，已经拥有了很好的物质基础。因此，紧紧抓住中央退耕还林还草政策和西部大开发战略实施的有利时机，建设饲草料生产基地是十分必要的，也是非常迫切的。

建植人工草地多年生或一年生人工草地，其产量可为天然草地的20～30倍，我们简称该模式为“120资源置换模式”。这种模式在三江源区海拔4000m以下、降水400mm以上的严重退化草地或者三江源东部的退耕还林（草地）上得到了广泛应用，以退化生态系统恢复更新为主要目的建植多年生人工植被可提供给家畜的可食牧草量相当于天然草地的20～30倍，在一定区域面积上可建成规模相当可观的饲草料生产基地。

优质高产规模化饲草料基地建设具体的生产技术体系由三江源区多年牧草生产和退化草地恢复治理的实践总结得到（马玉寿等，2006），已在该区域得到广泛应用。具体技术措施如下：根据当地的气候和土壤条件，以一年生牧草和及高产优质多年生牧草为主要种植品种（如燕麦、箭舌豌豆、无芒雀麦、老芒麦、中华羊茅、垂穗披碱草等）进行牧草种植。采用撒播或机械条播，总播种量为17.5 kg/亩。播前耕翻，耙耱整地，耕深30 cm左右。补播时间在5月中旬至6月中旬，需用化肥或牛羊粪作基肥，氮肥的施用量为30～60kg/hm^2，磷肥的用量为60～120kg/hm^2，氮磷比为1∶2。牛羊粪用量为22 500～30 000kg/hm^2。建立围栏、灭鼠、深翻、耙平、撒播种子和肥料、轻耙覆土镇压。播种时将各类种子按比例混合在一起。牧草生长至乳熟期即进行收割，采用机械收割。割后进行裹包青贮，草棚储藏。播后加强管理，采用网围栏封闭，严禁牛羊进地。收获宜在抽穗至开花期进行，刈后捆束、架储、严防霉烂。也可经霜后冻干，收割高品质的冻干草。

3.3.3 饲草草产品加工技术

通过现代化草产品加工来有效解决种草的出路和增值问题，使农牧民真正得到经济实惠，增加他们的经济收益才能提高参与生态建设的积极性，才能使国家生态建设的成果得以巩固；同时借助于高科技附加值草产品的产业化开发，提升企业科技创新能力，在国内外市场树立青海省良好的草业开发品牌形象。

草产品可分为五类：青干草捆、草捆青贮、草粉、草颗粒和草块（曹致中，2005）。

干草调制是把天然草地或人工草地种植的牧草和饲料作物进行适时收割、晾晒和储藏的过程。刚刚收割的青绿牧草称为鲜草，鲜草的含水量大多在50%以上，鲜草经过一定时间的晾晒或干燥，水分达到15%以下时，即成为干草（玉柱等，2003）。

牧草的收获与储藏是干草生产的重要部分，干草的生产和调制是实现草产品产业化的一个重要环节。影响干草质量的因素较多，如品种、收获时期、收获时的天气状况、收获技术及储藏条件等，而这些因素大多可以通过适当的管理措施加以调整与控制以提高干草质量。为了获得高质量的牧草干草，要适时刈割，一般在现蕾期和初花期为好。收获后牧草在干燥和储藏过程的损失较多，这些损失一般包括呼吸损失、机械损失、雨淋损失和储藏损失。

到目前为止，已开发的牧草草产品主要包括草粉、草颗粒、草块、草饼等（曹致中，2005）。其中，应用最为广泛的是草捆、草粉、草块和草颗粒。草捆是应用最为广泛的草产品，其他草产品基本上都是在草捆的基础上进一步加工出来的，目前青海省外销的草产品中80%以上都是草捆。草捆加工工艺简便，成本低，主要通过自然干燥法使牧草脱水干燥。其加工工艺为：将鲜草刈割（人工或机械刈割）后，在田间自然状态下晾晒至含水量为20%～25%。用捡拾打捆机将其打成低密度草捆（20～25kg/捆，草捆大小约为30×40×50cm^3），或者用人工方法将其运回加工厂，用固定式的打捆机将低密度草捆或干草打成高密度草捆（45～50kg，草捆大小约为30×40×70cm^3）。与此工艺配套的设备有：①切割压扁机；②捡拾打捆机；③固定式打捆机（二次压缩打捆机）。

草捆生产的工艺流程为：牧草刈割（人工或机械刈割）→自然晾晒（含水量为20%～25%）→捡拾打捆→二次打捆（含水量为17%～19%）→商品草捆→包装→入库。

草粉生产的工艺流程为：原料草（刈割或刈割压扁）→晾晒（水分含量40%～50%）→切碎→烘干→粉碎→草粉→包装→入库。

草颗粒生产的工艺流程为：原料草（刈割或刈割压扁）→切碎→烘干→粉碎→草粉→制粒（制块）→包装→入库。

草捆青贮根据储存方式可分为三种，即袋装草捆青贮、草捆堆状青贮和拉伸膜裹包青贮，草捆青贮生产工艺流程为：原料草（刈割或刈割压扁）→晾晒→捡拾压捆→拉伸膜裹包作业→入库。青贮饲料的收割期以牧草扬花期为最佳，收割时其原料含水量通常为75%～80%或更高。裹包青贮可直接机械完成，无需切碎；青贮窖青贮，应将饲草切成2～3cm。青贮前将青贮窖清理干净，窖底铺软草，以吸收青贮汁液。装填时边切边填，逐层装入，速度要快，当天完成。原料装填压实后，应立即密封和覆盖，而且压得越实越好，尤其是靠近壁和角的地方。

适时刈割：青贮饲料的收割期以牧草扬花期为最佳。此阶段不仅从单位面积上获取最高可消化养分产量，而且不会大幅度降低蛋白质含量和提高纤维素含量。

密封：原料装填压实后，应立即密封和覆盖，而且压得越实越好，尤其是靠近壁和角的地方。

青贮壕青贮实施步骤：建壕→备料→装壕→封顶→取用（玉柱等，2003）。

建壕：青贮壕应建在地势较高、地下水位较低、避风向阳、排水性好、距畜舍近的地方。

挖壕：壕按照宽、深 1∶1 的比例来挖，根据青贮量的大小选择合适的规格，常用的有 1.5m×1.5m、2.0m×2.0m、3.0m×3.0m 等多种，长度应根据青贮量的多少来决定。一般 $1m^3$ 可容 700kg 左右青贮料。壕壁要平、直。平即壕壁不要有凹凸，有凹凸则饲料下沉后易出现空隙，使饲料发霉；直是要上、下直，壕壁不要倾斜，不要上大下小或上小下大，否则易烂边。侧壁与底界处可挖成直角，但最好挖成弧形，以防有空隙而饲料霉烂。壕的一端挖成 30°的斜坡以利于青贮料的取用。

备料：凡是无毒、无刺激、无怪味的禾本科牧草茎叶都是制作青贮料的原料，青贮原料含水量应保持在 65% ~75%。青贮牧草应在 9 月初收割，含水量控制在约 65% 左右。备好原料后将原料用切草机或铡刀切成 3 cm 长，以备装壕。

装壕：将切短的原料均匀地摊平在青贮壕内，每装 15 ~20 cm 厚踏实 1 次，堆到高于地面 20 ~30 cm 便停止堆放。为了提高青贮饲料的营养价值，满足草食动物对蛋白质的要求，可按 0.3% 的比例在装填过程中均匀撒入尿素。

封顶：贮料装满踏实后，仔细用塑料薄膜将顶部裹好，上边用 30 cm 厚的泥土封严，壕的四周挖好排水沟。7 ~10 天后青贮饲料下沉幅度较大，压土易出现裂缝，出现的裂缝要随时封严。

取用：青贮饲料在装入封严后经 30 ~50 天（气温高 30 天，气温低 50 天）就可以从有斜坡的一端打开青贮壕，每天取料饲喂动物。

原料的含水率：青贮原料只有在适当的含水率时，才能保证获得良好的发酵并减少干物质损失和营养物质损失。含水率以 50% ~70% 为宜，以 65% 为最佳。

在青海省海南藏族自治州贵南牧场，中国科学院西北高原生物研究所开展了牧草青贮实验的研究和推广。采用的程序如下：割倒牧草（在燕麦乳熟期）；在田间稍加晾晒，使其萎蔫；搂成条；捡拾打成方捆，就地而置；集中拉运到揉搓机旁揉搓，取 EM 菌液 2kg，加红糖 2kg、水 320kg，在常温条件下，充分混合均匀，将制备好的菌液喷洒在 1000kg 揉搓过的饲草上，翻动搅拌均匀；再经包裹机将其用拉伸膜包裹后“品”字形交错码堆存放。冬季在室温下 20～30 天发酵后即可饲喂。牧草乳熟期刈割、揉搓后菌液的均匀添加以及饲喂前的充分发酵是优良牧草青贮利用技术的关键环节。

就青贮草+同种精料和青干草+同种精料育肥增重效果进行了比较，实验结果表明：青贮草的育肥实验组的育肥效果明显好于青干草实验组，使用青贮草的育肥实验组平均日增重 171.2 g，而使用青干草的育肥实验组平均日增重为 113.8g，青贮草育肥组每日可多增重 57.4 g；在为期 68 天的育肥实验期青干草育肥组共计增重 7.74kg，而青贮草育肥组总共增重 11.64kg，二者相差 3.9kg，依据 2009 年 14.6 元/kg 左右的市场价格计算可以增加 56.94 元的收入（图 3-3）。

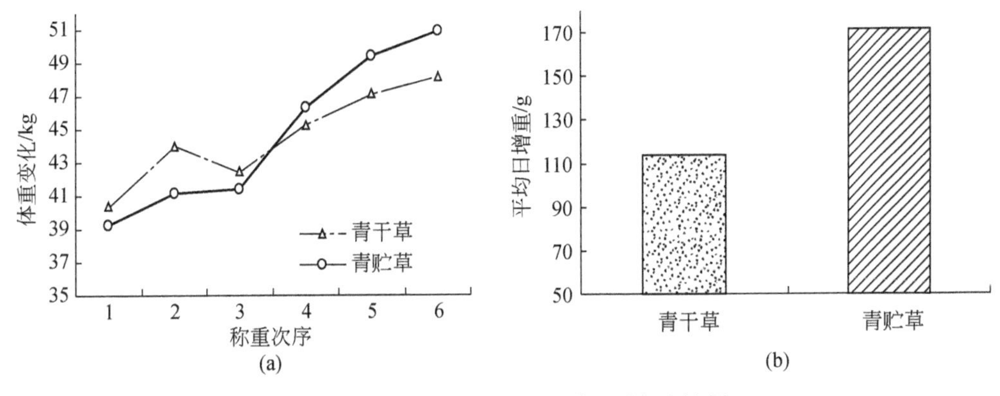

图 3-3　青贮草和青干草育肥增重效果

3.3.4 “两段式”草地畜牧业生产技术及模式

由于牧草生产与家畜营养需要的季节不平衡，降低了物质和能量的转化效率，浪费了大量的牧草资源。实行放牧+短期牛羊“两段式”畜牧业生产模式是解决草畜矛盾及季节不平衡、提高草地资源的利用效率及畜牧业的经济效益和实现草地畜牧可持续发展的主要方法（图 3-4）。

高寒牧区绵羊的育肥方法，归纳起来有三种：①放牧育肥。其为最经济的育肥方法，利用牧草丰盛的时候，放牧 80～90d，绵羊体重可增加 20%～30%，

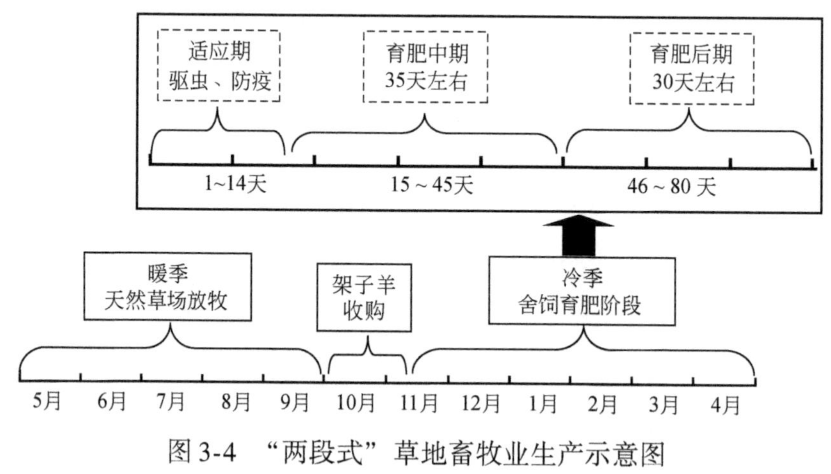

图 3-4 “两段式”草地畜牧业生产示意图

秋末冬初屠宰。②混合育肥。在秋末对没有抓好膘的绵羊，补饲一些精料，使其在 30～40d 屠宰。③舍饲强度育肥。羔羊舍饲育肥不受季节限制，其优点是在草场质量较差的时候向市场提供羊肉，从而获得较好的经济效益。近几年根据三江源农牧交错区的绵羊短期育肥的生产时间和效益，我们把该种模式简称为“324 绵羊短期育肥模式”，即产冬羔地区，当年羔羊在越冬前经过 3 个月的舍饲强度育肥，可达到传统自然放牧情况下 2 岁羊（24 个月）的体重，又称为“324”加速牲畜出栏模式。

近年来，颗粒饲料发展很快，其具有以下优点：保持了配合饲料的各种成分，防止因物理性状不同而在运输、储藏过程中造成的不均匀，防止动物挑食，减少运输中的体积，减少饲喂中的浪费，增加采食量。没有条件的地方可对精料（主要指谷物籽实）压碎即可。同时对粗饲料粉碎也有必要。根据营养学和生态学原理，利用青稞、油菜等秸秆及菜籽饼等农副产品进行配料加工，集中强度育肥，对当年羔羊在减重以前开始育肥，使其在两个月之内达到出栏标准，以减轻冬季草场的放牧压力，提高草地畜牧业生产效率。

总之，饲养周期长及牲畜出栏率低是制约高寒草地畜牧业生产的最大瓶颈，对当年羔羊实行全舍饲强度育肥或放牧加补饲育肥是解决这一问题的主要途径，广大牧区已建成了许多简易的和永久性的暖棚，为全舍饲及放牧加补饲奠定了物质基础。以上介绍的适合于高寒牧区及农牧交错地区的饲料配方、优化育肥制度及科学的喂养方法，可以实现以较少的饲草饲料换取更多的畜产品的目的，从而改变传统的粗放经营管理模式，使高寒草地畜牧业生产高效、稳定、持续发展。

3.3.5 养殖场废弃物资源化利用技术

随着三江源区饲草料基地建设及牛羊冬季育肥业的蓬勃发展，牛羊粪便的无害化处理技术显得越来越重要，它既符合资源循环利用的理念，又符合有机畜牧业的生产需要。利用现代生物处理技术，通过微生物的发酵作用，使畜禽粪便中的有机物转化为富含植物营养物的腐殖质，产生大量的热量使物料持续高温，降低物料的含水率，有效地杀灭病原菌、寄生虫卵及幼虫，使粪便达到无害化，清洁饲养环境，降低疾病危害。通过优势微生物发酵菌种的分离、培养、筛选和配比等研制出适合项目区牛羊粪便无害化处理的复合微生物发酵菌剂；并且进一步利用微生物发酵菌剂无害化处理牛羊粪便，验证无害化处理效果。复合微生物发酵菌剂的研究工艺是：微生物菌种分离→培养基选择→培养→筛选→发酵→载体吸附→干燥→复合微生物发酵菌剂。

未经过处理的畜禽粪便是一种污染源，但如果将其通过合理有效的方法进行处理，开发利用，可变废为宝，会成为一项重要的可利用资源。其中，通过应用微生物无害化活菌制剂发酵技术处理畜禽粪便是比较科学的、理想的、经济实用的方法，所产生的无害化生物有机肥是一种重要的肥料资源。利用微生物发酵菌剂通过微生物的发酵作用，使牛羊粪便达到无害化处理，同时，发酵后的粪便经过工厂化生产处理，可作为优质生物有机肥料应用，达到资源化利用的目的。有机肥料生产工艺流程如图 3-5 所示。

3.3.6 有机畜牧业生产技术体系

有机畜牧业是遵照一定的有机畜产品生产标准，在整个生产过程中不采用基因工程获得的生物及其产品，不使用化学合成的农药、化肥、生产调节剂、

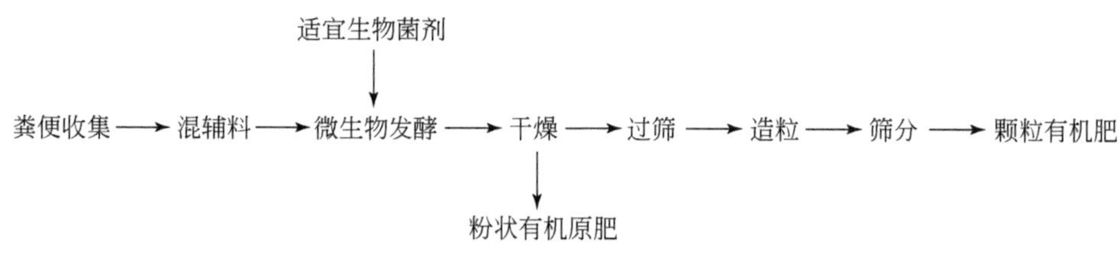

图 3-5 有机肥料生产工艺流程

饲料添加剂等物质，遵循自然规律和生态原理，协调种植业和养殖业平衡，采用一系列可持续发展的畜牧业技术以维持持续稳定的畜牧业生产体系的一种畜牧业生产方式。有机畜牧业生产遵从标准化、法制化、产业化和国际化四大原则。

青藏高原具有空气清澈、工业污染少等特点，是发展有机畜牧业生产最理想的地区之一。发展有机畜牧业，生产开发牦牛、藏羊有机肉食品，不仅拉长了产业链，提高了产品档次，为社会提供了安全、保健食品，保证了人民的身体健康，而且增强了羊肉的市场竞争力，有力地推动了地方经济的发展，可形成新的经济增长点，为省内外提供有机牛羊肉精深加工产品，进一步丰富人民群众的“菜篮子”，促进全省有机、生态畜牧业发展，增加地方财政和牧民群众的收入，对发展区域经济有重要意义。由于有机牛羊肉的生产、加工都需要良好的环境条件，基地建设要符合有机产品对大气、水质、土壤的要求，生产加工过程要尽量少用或不用化学合成物质，如饲料添加剂、药物等，运输要千方百计的减少包装品的污染，整个生产过程都要按照有机食品的要求和规定进行，牛羊疫病防治采用中藏药及微生态制剂等方法，牛羊粪便采用无害化有机处理，这些都有利于生态环境的保护，同时，有机养殖要依据草场的承受能力和牛羊的舒适度进行“定量放牧”，严格按照国际标准，对单位面积草场上的牲畜头数进行规定，转变了畜牧业靠头数提高生产效益的生产方式，通过提高单位草场面积的畜产品产值增加附加值，提高畜牧业生产效益，从而实现草地生态环境保护与可持续发展利用的目标。三江源区发展有机畜牧业生产应抓住以下几个环节。

有机食品的可追溯体系是食品质量安全管理的重要手段，是食品生产、加工、贸易各个阶段的信息流的连续性保障体系。一旦有机食品（商品）出现问题，能方便查找违规原因，控制原材料的风险度，可使需要回收的货物量最小化。

有机畜产品的可追溯是指对从最终产品（商品）到原料以及从原料到畜禽饲养的整个过程都保存相关的生产记录，即利用现代化信息管理技术，给每件商品（产品）标上号码并保存相关的管理记录，从而可以追踪到生产日期、原料来源记录、生产及加工记录、仓库保管记录、出货销售记录等等，根据原料记录又可以追溯到牲畜来源及饲养过程的所有信息流。

有机畜产品生产、加工与出售可追溯体系建设主要由有机牛羊生产的文档记录体系和有机食品生产加工出售记录体系两部分组成。

有机牛羊生产的文档记录体系主要由农事日志、外购物质记录、健康保护措施记录、生产性能记录、活畜出售记录等组成养殖历史档案记录，力争使每一头牲畜的饲养过程均有档可查，即有机养殖→个体佩带耳号→养殖历史档案记录→活畜出售。

食品生产加工销售记录体系主要是：活畜收购记录（来源、耳号等）→屠宰记录→加工包装标码记录→商品出售记录。

通过以上有机牲畜养殖、畜产品生产、加工、销售等档案资料的详细记录，达到建立有机畜产品生产、加工与出售的完善的可追溯体系的目的。图3-6为三江源区有机食品生产和加工系统总体架构图。

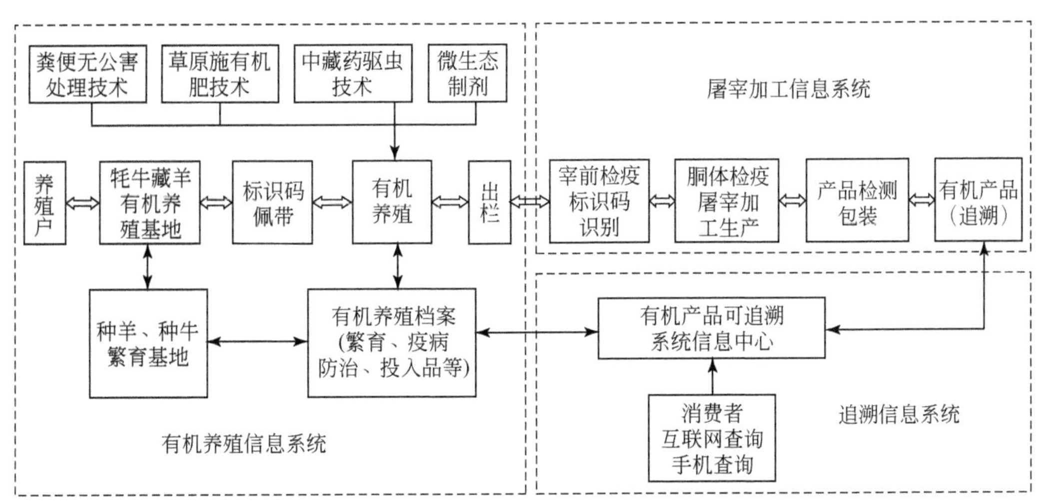

图3-6 三江源区高原藏羊、牦牛有机养殖技术路线示意图

（撰稿人：赵新全、周华坤、徐世晓研究员、赵亮副研究员）

第 4 章

三江源区生态移民的困境与可持续发展策略

【摘要】

在大量实地调研、政策研究和文献总结基础上，结合国内外有关三江源以及生态移民研究现状，分析了青海省三江源地区生态移民的特点和现状，指出了三江源地区生态移民面临的困难与存在的问题。认为移民文化素质普遍不高，生产、生活方式传统落后，后续产业培育效果不明显，生态移民技能培训滞后，迁入地小城镇基础设施薄弱，生态移民缺乏切实可行的政策支撑是三江源移民工程面临的主要问题与困难。据此提出了相关建议和解决措施。认为只有加快小城镇建设的发展步伐，加强移民的后期扶持力度，多渠道、多形式培育后续产业，实现生态移民的顺利转产，大力发展特色产业，建立完善的多元化生态补偿机制，加大培训力度，构建一套适合于三江源区的特殊生态移民支持政策，加强宣传，建立新的生态移民管理机制，才能实现三江源区生态移民的可持续发展。

随着全球气候变化与人类活动对地球环境影响程度的逐渐加深，生态移民作为一种非常重要的人口迁移现象越来越受到国内外政府部门和学者的重视（税伟等，2012）。国外对生态移民的相关研究起步较早，世界观察研究院的Lester于20世纪70年代首次提出环境难民一词（Goffman，2006），之后联合国环境规划署（UNEP）的研究员Essam于1985年首次定义了环境难民的概念（EI-Hinnawi，1985）。为避免“难民”这一提法所带来的争议，联合国难民署（UNHCR）于2007年提出了环境迁移人的概念并进行定义（Charnley，1997；Kimura，2010）。联合国大学环境暨人类安全中心（UNU-EHS）的一份研究报告中提出并定义了强制性环境移民的概念，该定义突出了由于环境原因而进行迁移的非自愿性，反映出环境变化在迁移过程中的重要地位（税伟等，2012）。我国的生态移民起源于影响到生态环境的项目工程移民，因环境逐步退化引起的移民始于20世纪90年代，任耀武等（1993）在试论三峡库区生态移民中首次提到了生态移民的概念。目前国内外学者已经对生态移民的相关方面进行了大量研究，其研究内容主要集中在对生态移民的政策（侯东民，2002；皮海峰和吴正宇，2008）、生态移民的必要性（东日布，2000；东梅等，2011）、生态移民的预测（Nicholls，2004）、生态移民的成效评估（徐红罡，2001；东梅和刘算算，2011）、存在问题及对策（徐红罡，2001）等方面；其研究区域主要集中于非洲和亚洲的发展中国家，国内则以三峡库区、沙漠地区、三江源区、北方农牧交错带居多（任耀武等，1993；陈洁，2008；东梅和刘算算，2011；税伟等，2012）；研究方法以定性研究居多，统计调查与实地研究相结合的系统性研究成果较少（张涛等，1997；东梅和刘算算，2011）。以上研究对生态移民的基础理论及应用研究进行了不断完善和深化。

我国的移民可划分为工作移民（或就业移民）、工程移民、生存移民和生态移民四种类型。国家或某一组织为恢复和保护生态环境会采取工程治理措施，对由此产生的移民群体实行有计划、有组织、有资金扶持的异地搬迁安置，称为生态移民。生态移民与前三类移民有相同点也有区别。与其他地区的移民不同的是，青海三江源自然保护区生态保护和建设工程的移民则属于自愿移民与工程移民相结合的生态移民，三江源区生态移民的主要目的是保护三江源区的生态环境，促进人与自然的协调发展。从长远发展来看，一方面，通过实行计划生育政策，控制人口过快增长；另一方面，通过推行人口迁移流动政策，进行人口的合理布局调整，尽快减轻这些地方人口增长的压力。从目前看，减轻人口压力，最紧迫、最有效的措施就是进行生态移民。即有计划、有组织地将三江源地区的人口向条件较好而又具备接纳能力的地区迁移，以杜绝人类在这些地区的过度开发活动，保持该地区生态系统的平衡。按照国家移民计划，青海省将三江源国家级自然保护区内居住的牧民整体搬出，停止在保护区内的生产活动，保护和恢复区域内的生态环境，这是一种适应客观规律的“主动退出”战略，是实施西部大开发战略的重要组成部分。为了加强三江源区的生态环境保护，从根本上改善区内广大农牧民的生产生活条件，中央和青海省政府决定在三江源地区实施大规模的生态移民工程。根据《青海三江源自然保护区生态保护和建设总体规划》，青海省三江源区在2004~2010年，对三江源18个核心区的牧民进行整体移民，计划涉及牧民10 142户、55 774人，涉及4个藏族自治州的16个县，力争在5年内将三江源核心区变成“无人区”。2004~2009年底，生态移民工程在青海省相关州县逐步展开，截至目前已安置7191户、35 956人，完成投资28 949.4万元，大多数安置在了自然、经济、社会条件相对较好的地方。为使区域内资源、环境、人口与经济社会实现可持续发展，必须深入分析三江源区生态移民的特点和存在的问题，并采取有效的措施，保障移民工作顺利实施。

4.1 三江源生态移民的实施及其效果

生态移民是三江源生态环境保护和建设工程的重要组成部分，是三江源生态环境治理和恢复的重要选择（陈桂琛，2007）。保护和建设三江源地区生态环境的核心和基础工程是生态移民，截至2007年年底，三江源地区已经建成了35个生态移民社区，近6万生态移民搬迁进城。生态移民工程实施以来，取得了一系列成效，逐步走上了“人口集聚—城镇扩张—发展经济”的“移民经济”模式，就近就地安置移民成为生态畜牧业、牦牛奶生产加工、欧拉羊繁育、牛羊育肥等产业的受益者，藏毯业、生态旅游业、住宿餐饮业、批发零售业、采集业、运输业及居民服务等环保型三产为新的经济增长点（白建军和谢芳，2007；青海经济研究院，2008）。主要表现在以下几方面。

4.1.1 推动了特色产业的发展

在移民工程实施过程中，三江源区随着减畜措施的实施，划区轮牧、季节性休牧正在推广，更有利于发展生态畜牧业。同时，由于畜牧业基础设施得到了很大改善，促进了欧拉型种羊繁育和牦牛奶基地的建设。如黄南藏族自治州泽库县智格日村利用暖棚发展育肥羊产业，全村86户牧户，户均养殖羊21只，暖季在100栋暖棚中种植蔬菜，有效增加了牧民收入（杜发春，2008）。

4.1.2 推动了城镇化进程

青海省三江源办和各州县三江源办在移民工程中坚持“人口集聚—城镇扩张”的发展模式，移民促进城镇化进程的作用已经凸显。生态移民过程中，有部分牧民移居到城镇定居，使城镇人口增加，并加速扩张。如黄南藏族自治州河南县县城改造工程，该县通过项目建设，吸引了531户3092名牧民到县城定居（杜发春，2008）。

4.1.3 推动了第二、三产业的发展

城镇人口增加拉动了社会消费的增长，不少移民开始从事零售业、餐饮服务业、运输业、摩托车修理和家庭小型农畜产品加工等行业，不仅自己的收入增加了，还拓宽了农畜产品的销售渠道，起到了连接市场的纽带作用。如泽库县的宁

秀乡宁秀村的移民，2006 年家庭总收入中经商、运输业、劳务收入占了 43.84%（乔军，2006）。据中国社会科学院的调查研究（芦清水和赵志平，2009），果洛藏族自治州玛多县异地搬迁生态移民的同德移民新村的 105 户藏族移民搬迁后，2007 年的主要收入来源中，劳务、副业和工资性收入占 38.6%。

4.1.4 推动了生产生活条件的改善

移民工程最直接的体现是使部分贫困人口稳定，解决温饱，甚至个别移民走上了发家致富的道路，同时移民区良好的基础设施和生活条件使靠天吃饭的状况得到扭转。移民区通水、电、路，广播电视、电话、教育、卫生等公共服务水平也有了很大提高，生活方便，文化生活比较丰富（乔军，2006）。

4.2 生态移民过程中存在的问题和面临的困难

芦清水和赵志平（2009）以黄河源区玛多县牧户调查为例，从牧户角度来看，通过牧户调查、遥感数据、自然要素和社会经济要素综合分析，认为移民牧户结构的特征使想要通过移民实现草地载畜量明显减少的目标难以实现，对生态移民的模式和效益提出了质疑，生态移民需要慎重考虑各个方面的因素。

4.2.1 对实施生态移民工程没有全面而深刻的认识

在多数人的观念中，生态只是自然灾害和人为祸害结果的简单代名词。对生态移民的总体认识仍停留于“异地安置”的概念（尹秀娟和罗亚萍，2006）。当前，牧区的生态移民建设普遍缺乏生态科学的理论指导，相关的各种“工程”不同程度地存在着盲目性和急躁性。

4.2.2 农牧民文化素质普遍不高

三江源地处青海省文化教育最落后的地区，牧民平均受教育程度不足三年，成人文盲率高达45%（陈洁，2008），大多数牧民不通汉语，信息闭塞，基本掌握不了其他生产劳动技能。河源移民新村的调查（张娟，2007；马宝龙和僧格，2007）显示，53户生态移民家庭被访对象中：文盲占37.7%，小学文化程度的占52.8%，初中以上文化程度的仅为9.5%。农牧民的文化素质低、劳动技能差，很难从第一产业转移到第三产业中，择业渠道非常窄，成为制约生态移民适应新环境的主观因素。

4.2.3 农牧民传统生产、生活方式是生态移民的难点

生态移民所涉及的问题是多种多样的，但经济仍然是移民建设的核心问题，对此应该有明确的认识。在生态移民中，改变牧民千百年来遵循的传统生产、生活方式是一件艰难的工作，这往往比教会一种生产技能更加困难。改变生态移民的传统生产、生活方式来适应新的环境是一大难点。

4.2.4 生态移民人口迁移和文化适应问题缺乏足够关注

从目前情况看，三江源地区大多数移民定居在一些小城镇周围，有利于民族人口的城镇化，但同时也引发出一系列问题（徐君，2008），一部分少数民族人口进城后，由于语言环境、生活方式、生产经营方式、人际关系等方面的突然变化，等待他们的是更多的意想不到的麻烦和困难。由于过分关注生态环境的保护和经济的发展，三江源生态移民工程并未就移民文化保护和发展做出相关规定，显然缺乏对生态移民原生态文化的足够关注。

4.2.5 后续生产生活面临困境，后续产业培育效果不明显

为推动三江源生态移民适应新生活，走向脱贫致富之路，青海省各部门采取了一系列积极措施扶持移民发展后续产业，拓展就业空间。但事实上，搬迁前牧民的衣食住行等基本能够自给，搬迁后所有这些都需要从市场购买，生活开支明显增加，单纯依靠政府补助生活，捉襟见肘。政府提供的饲料粮补助又是以户均为标准，对于家庭人口数多的牧户来讲，将无法满足基本需求。因此，生态移民后续生产生活问题突出（张娟，2007）。移民后农牧民家庭收入来源主要依靠补助和虫草采集业，大多数移民没有形成自己的主导产业。主要原因是选择移民点时没有结合特色经济进行研究和规划，移民的收入仍然依赖传统增收项目——采集业，所以在培育后续产业方面显得乏力。

4.2.6 迁入地小城镇基础设施薄弱，基础设施建设质量问题日趋凸现

三江源迁入地城镇基础设施尚不能满足现有居民的生产生活需求，再加上移民迁居后其矛盾将会更加突出。如玉树县隆宝镇是三江源生态移民安置的23个城镇之一，到目前为止，该镇镇区尚未解决通电、通水问题，暂时还达不到安置移民的条件（景晖和苏海红，2006）。三江源生态移民工程中，青海省及相关州县都建立了比较完善的机制严格监控移民定居工程的建设，但其中也不乏基础设施建设质量问题的出现（马宝龙和僧格，2007）。

4.2.7 优惠政策落实乏力，切实可行的政策支撑缺乏

为促进生态移民后续产业的发展，青海省有关部门曾下发通知，明确规定给予三江源生态移民一些优惠政策，如减免部分收费、组织各类技能培训、优

先考虑就业等一系列在理论上行之有效的措施，在扎陵湖乡生态移民群体的实践中，效果微乎其微。据调查（张娟，2007），在果洛藏族自治州河源移民新村的扎陵湖乡异地搬迁生态移民，53户生态移民家庭中参加机动车修理技术培训的累计只有23人（次），机动车驾驶技术培训的5人（次），地毯纺纱技术培训的19人（次），消防知识培训的5人（次）。原本积极的政府扶持政策被架空，政府的主导力量在生态移民的后续发展中被无端消解，造成的结果是原本缺乏后续发展动力支持的生态移民群体陷入了想发展而无力发展的困境。

4.3 改善三江源区生态移民生活和生产的对策建议

三江源区生态移民由游牧到定居、由草原到城镇是其生产生活方式发生急剧而深刻转变的过程。由于移民普遍缺乏基本生存技能、文化水平不高、语言交流困难、缺乏资本积累，要实现“迁得出，稳得住，富得起”，政府就必须以制度保障为主，建立长效机制，采取一系列措施支持移民发展。要实现生态环境保护和牧民致富的“双赢”，关键是牧民能否在新居住区致富，这是生态移民的关键，是影响三江源生态保护和建设成败的决定因素，也是保持社会安定团结的关键因素之一。所以，政府必须在提高生态移民的生活水平、改进生产方式、增加移民收入等方面下工夫，通过地方参与和政策导向使其走可持续发展之路。

4.3.1 制定科学的移民生态—生产—生活规划及其支撑体系

从生态保护与可持续发展的双重角度出发，针对三江源生态移民区草地生态系统的特殊性和生态—生产—生活的“三生”承载力，尊重自然规律和科学发展观，制定高寒地区移民保护生态、发展生产、富裕生活的总体定位、发展布局和发展目标，建立并完善三江源生态移民区生态、经济发展的支撑体系。制定与资源优化配置及生态环境建设相适应的生态型产业体系和产业结构调整与优化布局方案，并对建设方案的实施过程与效果进行动态监测与评估。建议建立三江源生态移民区移民工作实施效果的生产、生活和生态影响监测评价体系及动态调整体系。

4.3.2 调整产业结构，发展特色和后续产业

简单的政府补助的移民方式只能解决温饱问题，而加快发展移民区地域经济、培育移民后续产业、建立长效增收机制才能从根本上解决贫困问题。生态移民会带来一系列社会问题，妥善解决移民后续发展产业问题是移民能否“移得出、稳得住、留得住”的关键，也是影响未来生态移民工程顺利实施的关键。①要在以草为本、草地畜牧业安置为主的原则下，围绕舍饲圈养的养殖业进行多元化选择，发展草业、乳业、牦牛业、畜产品加工业、庭院经济、中藏药、藏毯、绿色食品和保健品、高原旅游业等。②要发展移民地区的特色农牧业与畜牧业经济。新移民村移民对产业发展还没有明确的目标，只有通过项目、技术等措施加以引导才可较快培育出规模化的特色产业，利于发展“一村一品”模式，从而促进县域和镇域特色产业体系的形成。因此，在后续产业以农牧业生产为主的移民工作中，要围绕特色产业基地和生态畜牧业等产业进行搬迁。在移民规划中要有产业发展规划，并通过整村推进、支牧资金项目等多种措施加以引导和扶持。移民后续产业扶持上，应着力抓好与扶贫开发整村推进、退耕还林、退牧还草、财政支农支牧资金项目、农牧业龙头企业等一系列项目的结合，通过这些项目的实施扶持移民后续产业。③要开发新兴产业，培育龙头企业。移民从事的主要产业是舍饲圈养的养殖业，政府对移入地产业结构要重新调整，要突出开发有地方资源优势和与生态环境友好型的特色产业。要以市场为导向，培育龙头企业。重点扶持畜牧业深、精加工企业的发展，按照“专业化分工，集约化经营，企业化管理”的要求，把一批辐射面广、牵动力大、带动性强的畜产品深加工企业，如雪舟、雪山、三普、雪峰、小西牛等适度迁移，使之成为促进产业发展的骨干力量，为畜牧业的产业化发展提供市

场支撑。在现行分户经营体制下，农牧业生产主体多而分散，缺乏有效的组织和分工协作，应对市场能力弱、风险大。政府应当积极引导牧民以股份制形式实现规模化生产，依靠龙头企业联结千家万户，实现小生产与大市场的有效对接。要帮助牧民转换生产经营方式，通过推动传统畜牧业向设施畜牧业转变，建立饲料和牧草人工种植基地，转换生产经营方式，由粗放型畜牧业向集约型生态畜牧业发展。

将移民转产与安置地社会经济状况实际结合起来。①设置既符合当地产业优势又符合牧民传统作业习惯和劳动技能的产业项目，政府可以资助引导牧民经营藏族民俗旅游点、藏饰品生产、畜产品加工以及藏药开发等，解决一部分生态移民的就业和增收问题。②组织各种免费培训班，帮助一些有文化、有资金来源的牧户从事运输、餐饮、服装加工等个体行业，政府所举办的这种培训要聘请藏汉双语的教师讲解，要有持续性，还要有针对性。③政府在资金扶助上应发挥积极作用。可以尝试建立小额贷款机制，对那些有发展愿望、拥有一定发展基础的牧户提供贷款，解决发展的启动资金。如中国科学院西北高原生物研究所在青海省海南藏族自治州果洛移民新村实施的以购草养畜为核心的整村推进生产模式是一个比较成功的案例。通过这种整村推进的生产模式，在整个青海牧区达到了一种减压增效的系统反馈效应，可以有效改善移民的生活，增加收入。

4.3.3　加快生态型小城镇建设

生态移民要在移入新区得到较快的发展，必须要加快小城镇建设，吸纳因生产生活方式的转变而分解出来的剩余劳动力。通过加强生态移民区生产、生活的基础设施建设，统筹规划、加快建设、促进小城镇的可持续发展。①建设和发展具有特色产业体系的生态型小城镇。三江源地区的小城镇建设要以产业化为依托，重点发展第二、第三产业。②建设和发展旅游观光型小城镇。三江源多数地区自然风光独特，悠久的历史和灿烂的文化造就了奇特的自然景观和人文景观，旅游资源丰富，“原生态、绿色、无污染”是其特点。有些属于精品旅游资源，随着社会经济的发展和人们生活水平的提高，人们对天然、原生态产品的追求持续上升，再加上青藏铁路和玉树巴塘机场的开通，这对于三江源地区的小城镇来说是非常好的机遇，应该大力发展观光型产业，开发当地的旅游市场，建立自己独特的旅游品牌，建设和发展以旅游为特色的小城镇。在城镇规划中应统筹规划好移民安置问题，在乡镇府所在地、已初具规模的集镇、交通枢纽等地增加移民安置数量，促进城镇化进程。移居到城镇的移民其后续产业应着力在第三产业方面培育和发展，鼓励他们自主创业，从事零售业、运输业，并积极引导到餐饮等服务业和建筑、农畜产品加工业上，提升城镇服务业等第三产业的发展水平，促进城镇经济社会快速发展。

4.3.4 建立完善的多元化生态补偿机制

按照“受益者补偿原则”，通过立法建立三江源区生态补偿机制是根本性的选择。三江源区生态补偿机制所形成的资金主要用于该地区的生态环境保护和建设，同时还要兼顾为该地区的生态环境保护和建设做出牺牲的当地农牧民，如大量生态移民的利益，为他们提供必要的社会保障制度，帮助他们发展有利于生态环境保护的新产业，从根本上解决他们的后顾之忧。政府应该建立生态补偿机制，通过转移支付、征收生态补偿费以及吸收一些社会捐助等方式治理保护三江源，切实改善移民的生产条件，提高移民的生活水平。只有移民的生产条件改善了，生活水平提高了，移民才会安心待在新区，三江源生态环境的恢复和保护才有真正的保障。所以必须探索建立一个由政府、社会、企业等各方面共同筹集补助资金的渠道和机制，改变现有户均补助饲料粮的标准，按户人口数或者按原有草场面积大小补助，并延长对三江源区生态移民的补助年限。

探索在三江源地区建立全国第一个“生态补偿机制综合试验区”。探索设立“三江源生态保护专项补偿基金”，走多元化筹集的生态补偿之路。将生态补偿机制转化为社会保障机制，对以公共服务均等化为目标的社会事业发展给予专项补助。

4.3.5 增强培训力度和劳务经济发展

转产农牧民的整体科技文化水平都比较低，基本上都没有接受过技能培训，没有一技之长，导致转产变业的难度非常大。因此，农牧民的就业培训工作显得非常重要。对农牧民的培训应主要由政府承担，这就要求政府要充分发挥其职能，加大培训力度。但是，培训工作不能盲目的进行，要有科学、完整的培训方案，要形成一个合理的培训体系，只有这样培训才会有效果，而一个完整的培训方案包括：培训需求分析、培训对象、培训经费、时间地点、培训内容、对培训者的培训和对培训效果的评估等内容。政府可以组织一些短期汉语扫盲培训班。聘请藏汉双语老师对移民进行培训。通过汉语扫盲培训，解决移民基本生活语言交流上的困境，消除移民与安置区居民之间交流的最大障碍，促进生态移民与安置区居民之间广泛开展互动交流。结合生态移民就业的实际需要，统筹安排三江源阳光工程、扶贫开发等培训项目。保持每年整合部分资金，坚持统筹兼顾、分层培训的原则，通过扫盲活动、职业教育、科技培训、技术示范等多种途径，有针对性地加大对生态移民的现代科技和实用技术培训力度，对生态移民进行草场保护与管理、舍饲育肥、暖棚蔬菜种植、奶牛养殖、畜疫防治等农牧业实用科技和农机具修理、汽车摩托车修理、土建技术、民族手工艺、民间演艺、驾驶技术、藏毯加工等生产技术方面的培训，不断提高生态移民的劳动技能和经营水平，使生态移民从单一的畜牧业经营逐步走向多元化经营之路，尽快适应新的生产、生活方式，实现生态移民的择业就业。同时，通过政府组织引导生态移民从事劳务输出，大力发展劳务经济。

4.3.6 加强移民子女教育，普及移民科学文化知识

生态移民的适应需要一个漫长、艰难的过程，可能是一代，或者几代人。所以，长远来讲，生态移民家庭的发展，重心在移民子女身上。因此，应当高度重视生态移民子女的基础教育，从起点上缩短与其他群体子女之间在受教育上的差距，促进移民子女一代较快地融入城镇定居生活。通过强化移民子女的基础教育，大力提高移民家庭子女社会化程度和素质。

同时需要加强下一代移民的全程教育，让适龄儿童全部接受义务教育，让移民的孩子能够上得起学、上得好学，加大异地办学的工作力度，小学教育以就地为主，改善教学条件，集中当地的师资力量，中学教育以送往外地培育为主，建立上下游帮扶机制，使源区的学生能到下游地区接受良好的教育。对15岁以下的牧民子弟根据年龄和受教育程度分别选送至经济相对发达地区的中学、小学、职业技能培训学校、中等专科学校等进行全程教育，将他们培养成知识型、专业型、管理型人才，减少对传统牧业生产的依赖性，成为民族地区经济发展的骨干力量。

4.3.7 构建特殊的生态移民支持政策

以往的生态移民大部分从农村到农村、从农村到城镇。直到20世纪90年代末，部分地区开始在牧区实施生态移民。其中大部分是从游牧到定居放牧、从半农半牧到农村或城镇。正因为如此，我国以往的生态移民政策主要是针对这些类型的生态移民。而像三江源牧区藏族群体的生产生活方式发生根本性转变的生态移民是很少见的。所以，三江源生态移民政策的制定不能套用现有较成功的生态移民政策，如那些通过政府3～5年的扶持就可以自立，通过短期培训就可以解决就业等措施对三江源区的藏族生态移民来讲，效果微乎其微。因此，构建一套特殊的生态移民政策十分必要。如该区藏族生态移民在享受国家

补助的时候，最好也纳入“低保”范围，政府为搬迁移民购买医疗保险等。尽量减少生态移民群体本身承担因搬迁而带来的潜在生产生活风险，解决其基本生存的后顾之忧，实现“稳得住”，为其寻求再发展提供基本保障。地方政府提供强有力的政策保障，一方面，健全和完善透明的、运作成熟的监控体系，加强定居工程建设的质量监控，严把住房建设和配套设施建设的质量关；另一方面，建立优惠政策落实督导制度，协调各部门利益，有效落实政府针对生态移民的一系列优惠政策，进一步加大对生态移民后续产业发展的支持力度。

同时，借鉴国家实行的发达地区对口支援不发达地区的战略和“手拉手”扶持策略，在大尺度区域内对三江源生态移民实行对口支援的帮扶对策，使移民的居住条件问题、就业问题和产业问题及子女上学问题得到有效解决，明显提高他们的生活水平，使之达到“乐不思蜀”的效果，从根本上解决三江源区生态移民生活保障和后续产业发展问题。

4.3.8 建立生态移民管理的新机制

生态移民工作要发挥长效就必须避免生态移民的回迁现象。所以，建立新的生态移民管理机制势在必行。①实行土地置换。按照一定的生产、生活标准以及土地和牧场的质量，用迁入地的土地和牧场置换迁出地的土地和牧场，在搬迁结束后，彻底结束移民与迁出地的关系。在法律介入的前提下，坚持土地置换，完善土地承包合同，有利于稳定移民，防止回迁，实现长远发展目标。②采取整体搬迁。目前的移民多采用的是“分散迁移—集中重组村落”的模式，移民缺乏归属感，从而影响生态移民工程的进行。所以，生态移民必须实行整体搬迁，以淡化移民“背井离乡”的感觉，使移民有归属感。③完善移民的属地管理。对移民要一视同仁，在子女上学等方面提供便利，以解决移民的后顾之忧，从而稳定移民情绪、稳定社会。青海省三江源办已在同德县巴滩地区，对果洛藏族自治州玛多县移民新村进行了生态移民管理机制方面的尝试，取得了显著效果，应当予以进一步完善和推广。

三江源生态移民适应安置区新的生产、生活环境的过程是影响未来生态移民工程顺利实施的关键，这必将是一个漫长的、艰难的、复杂的、系统的过程，这一过程需要政府、学界等的高度关注，需要聚集全社会的智慧和力量，并充分利用当地已有的自然、社会资源促进生态移民适应能力的不断提高，从而推进生态移民群体与安置区社会群体之间的融合进程，最终使三江源生态移民能实现“迁得出、稳得住、富起来”的根本目标。

（撰稿人：周华坤、徐世晓、赵新全研究员、赵亮副研究员）

第 5 章

三江源区生态补偿的标准、机制和实施方式

【摘要】

从三江源各种生态系统所提供的服务功能角度入手，根据千年生态系统评估（Millennium Ecosystem Assessment，MA）工作组提出的生态系统服务功能分类方法，考虑因子的可量化和可价值化程度，提出三江源地区生态系统服务功能价值评价指标体系，包括产品提供功能、支持功能、调节功能与文化功能。三江源地区生态系统产品提供功能价值为92.72亿元，支持功能价值为1972.78亿元，调节功能价值为1047.65亿元，三江源地区生态系统服务功能的总价值为3113.16亿元。

三江源区建议目前暂以水源涵养、水土保持、沙尘暴控制、生物多样性保护等方面来确定生态补偿地域范围。保护生态环境、提供生态服务功能的人群即为生态补偿对象。建议按保护（草地、林地）面积补偿、机会成本补偿两种方式来计算生态补偿标准。生态补偿的经费来源应当包括：①国家财政；②依赖三江源生态系统取得直接经济利益的企业，如水电、旅游等。尚需建立：①地方政府的评价考核指标；②集体和个人的评价考核指标。三江源区可实行动态生态补偿，将补偿资金与保护效果挂钩，实现生态补偿权责统一。应制定出台具体的补偿奖惩办法，使生态补偿形成制度，有法可依。

根据我国生态环境问题的特征和国家生态安全的需要，建立的生态补偿机制应遵循保护生态者受益，受益者补偿，受损害补偿原则，权利与责任对等的原则，全面统筹，和谐发展，并促进可持续的生产和生活方式的形成等原则。根据我国生态安全的要求，三江源区建议目前暂以水源涵养、水土保持、沙尘暴控制、生物多样性保护等方面来确定生态补偿地域范围。根据“保护者得到补偿”的原则，保护生态环境、提供生态服务功能的人群即为生态补偿对象。以生态保护的成本、生态保护成果收益以及生态保护区域的经济社会发展水平为基础确定建立生态补偿经济标准。建议按保护（草地、林地）面积补偿、机会成本补偿两种方式来计算生态补偿标准。遵循“谁受益，谁付费”的原则，三江源生态补偿的经费来源应当包括：①国家财政。国家财政应当作为主要支付者。②依赖三江源生态系统取得直接经济利益的企业，如水电、旅游等。根据三江源区生态补偿确定的原则与对象，生态补偿效果评价和考核的对象应该是受偿者，即纳入生态补偿范围的集体土地所有权和使用权者（直接受偿对象），以及生态补偿范围内的当地政府及居民（间接受偿对象）。需要在进一步研究的基础上，提出两项指标：①地方政府的评价考核指标；②集体和个人的评价考核指标。三江源区可实行动态生态补偿，将补偿资金与保护效果挂钩，好的多补，差的少补，经营不善的不补，实现生态补偿权责统一，促进行政主管部门的有效管理；同时激励受偿集体和个人切实履行其责任和权利以提高生态补偿的实施效果。应制定出台具体的补偿奖惩办法，使生态补偿的保护效果与权益责任真正实现统一，形成制度，有法可依。

本研究以三江源区为对象，运用生态学与生态经济学理论和方法，在以往三江源区生态系统类型与分布、生态系统结构和过程的研究基础上，研究三江源区生态系统的生态服务功能类型、生态服务功能评价指标与评价方法，评价三江源区生态系统服务功能价值，在总结分析国内外生态补偿实践的基础上，提出三江源区实施生态补偿机制的初步设想，为三江源区的生态保护与生态补偿提供科学基础。主要研究内容如下。

三江源区生态系统服务功能及其评价指标与生态经济价值评价方法：针对

三江源区不同类型生态系统，分析其生态服务功能类型，研究各类服务功能的评价指标与评价方法以及各类生态服务功能的价值评价方法，为全区的生态服务功能评价提供方法。

三江源区生态服务功能价值评价：以三江源区全区为对象，以三江源区生态系统空间分布为基础，全面评价三江源区生态系统服务功能及其生态经济价值，分析三江源区的年生态经济效益及其价值构成。

三江源区生态补偿机制与实施：在生态服务功能评价的基础上，分析国内外生态补偿的理论和实践经验，从生态补偿基本原则、范围、对象、经济标准、支付方式、资金来源、效果评价与考核办法以及配套政策与措施9个方面提出三江源区实施生态补偿机制的初步方案。

5.1 三江源区生态系统服务功能及其价值评估

生态系统服务功能是指生态系统结构和过程的形成和所维持的人类赖以生存和发展的环境条件与效用（Daily，1997），简而言之，生态系统服务功能就是人类从生态系统中获得的利益（MA，2005）。它不仅包括生态系统为人类所提供的食物、淡水及其他工农业生产的原料，更重要的是支撑与维持了地球的生命支持系统，维持生命物质的生物地球化学循环与水文循环，维持生物物种与遗传多样性，净化环境，维持大气化学的平衡与稳定，生态系统服务功能是人类赖以生存和发展的基础。

由于人类对生态系统服务功能及其重要性不了解，导致了生态环境的破坏，对生态系统服务功能造成了明显损害。生态系统服务功能的丧失和退化将对人类福祉产生重要影响，威胁人类的安全与健康，直接威胁着区域乃至全球的生态安全。生态系统服务功能研究已成为国际生态学和相关学科的前沿热点领域。

5.1.1 三江源区生态系统服务功能评价指标体系

本研究从三江源各种生态系统所提供的服务功能角度入手，根据千年生态系统评估工作组提出的生态系统服务功能分类方法（MA，2005），考虑因子的可量化和可价值化程度，提出三江源地区生态系统服务功能价值评价指标体系，包括产品提供功能、支持功能、调节功能与文化功能（表5-1）。

表5-1 三江源地区生态系统服务功能评价指标体系

评价项目	评价指标	计算指标	描述	生态系统类型	所需数据	评价方法
产品提供功能	食物	肉、粮食生产量	肉（牛、羊、猪）	草地，农田	分县牛、羊、猪肉等产量	市场价值法
			粮食（玉米、小麦、青稞）	农田	玉米、小麦、青稞等产量	
			果类（沙棘、白刺等）	森林、灌丛	水果产量	
	木材	采伐量	云杉、红杉、桦木、杨树、圆柏	森林	分县木材生产量	
	中药	产量	冬虫夏草、蕨麻、贝母、短管兔儿草、螃蟹甲、雪莲等	草地、湿地	分县各类中药产量	
	生产生活用水	城市农村用水量	城镇与农村生产生活用水量	河流、湖泊	分县人口数、人均用水量、工业用水量、农业用水量	市场价值法
	薪柴	用柴量	—	灌丛、森林、草地、农田	分县户均薪柴用量	市场价值法
	水电	发电量	水力发电量	河流	源区水力发电量	市场价值法
	旅游	旅游及相关收入	旅游资源类别	森林、草地、湿地、农田、荒漠、城镇、农村	旅游人数、交通费用、旅游收入	旅行费用法

续表

评价项目	评价指标	计算指标	描述	生态系统类型	所需数据	评价方法
支持功能	初级生产	初级生产力	森林、草地、湿地、农田、荒漠	森林、草地、湿地、农田、荒漠	运用各类生态系统生产力研究资料估算净生产力	影子价格法
	营养物质保持	主要营养元素总量	土壤与生物质中的N、P、K总量	森林、草地、湿地、农田、荒漠	各类生态系统生物量、元素含量，土壤N、P、K含量	影子价格法
	生物多样性保护	生物多样性保护	国家一级、二级保护物种的价值	森林、草地、湿地	国家一级、二级保护物种的名录、数量及分布	支付意愿法
	固碳	固碳量	生物有机体固碳，土壤碳库	森林、草地、农田、湿地、荒漠	各种生态系统的生物量、净生产力、土壤有机质、土壤容重、土层厚度	造林成本法，碳税法
	释氧	氧气释放量	植物光合作用过程中释放的氧气	森林、草地、湿地、荒漠、农田	各类生态系统净生产力	造林成本，工业制氧成本
调节功能	涵养水源	水资源总量	当地水资源使用量与水资源储量	森林、草地、湿地、农田	冰川总量、流出源区的径流量、湖泊、湿地的存水量。生产生活用水量	影子价格法
	土壤保持	土壤保持量	各类生态系统的固土量	森林、草地、湿地、农田	实际流失量与理论流失量。运用水土流失方程模拟计算	机会成本法
	大气环境	大气污染物降解	吸收降解SO_2、NO_x等大气污染物的量	森林、草地、农田、湿地	生产生活排放SO_2、NO_x等污染物量，煤、油使用量，空气环境质量数据	市场价值法
	水质净化	水污染物降解	降解生产生活排放的COD、N、P等水污染物的量	河流、湖泊与湿地生态系统	生产生活水污染物排放量，水环境质量数据	替代工程法

续表

评价项目	评价指标	计算指标	描述	生态系统类型	所需数据	评价方法
文化功能	休憩娱乐	景观资源	自然景观、文化景观	森林、草地、湿地、荒漠、冰川	自然、文化景观资源分布、规模	旅行费用法
	文化遗产	历史遗迹	—	—	—	支付意愿
	宗教价值	—	—	—	—	支付意愿

5.1.2 三江源区生态系统服务功能评价

5.1.2.1 产品提供功能

(1) 食物

根据2007年《青海统计年鉴》，三江源主要食物生产包括粮食生产和畜牧业生产，牧业是三江源地区的主导产业，也是最主要的一种土地利用形式，主要提供畜产品，每年提供肉类总产量104 859t。三江源地区耕地很少，全区耕地面积4.9万hm^2，主要作物有青稞、油菜、春小麦、马铃薯、蔬菜等，粮食总产量26 023t。该区有野生水果10多种，主要有中国沙棘、白刺、唐古特白刺、长刺茶、黑果茶等，可食用也作为酿酒的原料，水果总产量562t（表5-2）。三江源牧业总产值15.20亿元，农业总产值2.78亿元。三江源区生态系统提供的食物经济价值为17.98亿元。

表5-2 三江源地区各县（乡）农林牧业产量和收入表

县（乡）名	粮食总产量/t	水果产量/t	肉类总产量/t	农业总产值/万元	牧业总产值/万元	林业总产值/万元
治多县	—	17	4 571	—	12 775	—
曲麻莱县	—	22	4 683	—	11 599	72
兴海县	7 919	271	10 735	4 565	13 752	137

续表

县（乡）名	粮食总产量/t	水果产量/t	肉类总产量/t	农业总产值/万元	牧业总产值/万元	林业总产值/万元
唐古拉山镇	—	—	—	—	—	—
玛多县	—	7	2 283	—	3 621	—
同德县	8 123	20	8 798	4 115	14 157	973
泽库县	—	45	12 125	1 197	19 555	—
玛沁县	104	20	5 586	2 773	3 127	41
称多县	992	14	4 548	—	1 608	—
河南县	—	38	11 746	2 091	18 308	—
杂多县	—	19	5 091	—	34 112	—
甘德县	—	16	5 598	682	3 499	27
达日县	—	13	3 764	1 530	3 893	—
玉树县	1 443	20	8 856	—	3 628	—
久治县	—	12	4 758	983	3 998	—
班玛县	1 255	9	5 423	853	4 581	—
囊谦县	6 187	19	6 312	8 992	5 908	360
总计	26 023	562	104 859	27 781	151 977	1 610

（2）木材

三江源地区有林地面积22.2×10^4hm^2，疏林地面积4.9×10^4hm^2，灌木林地87.4×10^4hm^2，森林灌丛覆盖率3.45%。森林生态系统类型主要有常绿针叶林和落叶阔叶林，东南部和东部地区、囊谦县森林资源最多，有天然林82 954hm^2，灌木林179 053hm^2，用材树种资源丰富，有20多种，主要有川西云杉、紫果云杉、红杉、青杨、山杨等。根据《青海统计年鉴》分析，三江源提供的木材收入达到了1610万元。

（3）中药

三江源区中药材资源丰富，名贵的植物药材有冬虫夏草、贝母、大黄、雪莲、党参、姜活、柴胡、车前等，著名的藏药有短管兔儿草、匙叶翼首花、唐古特红景天、绢毛菊、螃蟹甲等。其中冬虫夏草尤为名贵，为知名产品，最高年产量达19t，蕨麻年产量可达200万kg以上，姜活的年产量在3万kg左右，贝母的年收购量在1万kg以上，沙棘的年常量可达50万kg。

根据实地调查和资料分析冬虫夏草的收购价格为 20 000 元/kg，蕨麻 3.6 元/kg，姜活 31 元/kg，贝母 1000 元/kg，沙棘 24 元/kg，每年三江源地区中药的收入为 4.10 亿元。

（4）生产生活用水

2007 年《青海统计年鉴》的统计结果显示三江源地区有人口 663 912 人，年人均用水量按青海平均量 442 m^3（2006 年中国水资源公报数据）计算，三江源地区年生活用水量为 $2.93\times10^8 m^3$。该区工农业年用水量分别为 3 亿 m^3 和 2.7 亿 m^3。

青海省生活用水及工业用水均价取 1 元/m^3，农业生产用水均价取 0.03 元/m^3，则供水总价值为 3.08 亿元。

（5）薪柴

薪柴的使用主要是当地群众生活、取暖所用，平均每户每天达 20kg 以上。三江源地区大约有 169 148 户，其中乡村户口占总户口的 70% 左右，每年需要的薪柴达到 8.5×10^4t，薪柴的价格按 500 元/t 计算，则三江源区每年提供的薪柴价值为 0.42 亿元。

（6）水电

长江源区水力资源理论蕴藏量共 122.04 万 kW，可能开发水利资源中可建水力发电站 11 座，装机容量 23.97 万 kW，年发电量 12.34 亿 kW·h；黄河水力资源主要蕴藏于河源区的干流段和较大的 6 条一、二级支流中，水力资源理论蕴藏量为 5.63 万 kW，总蕴藏量为 1351.76 万 kW，年发电量约 1.30 亿 kW·h；澜沧江源区水力资源理论蕴藏量为 202.40 万 kW。干流扎曲段水力资源理论蕴藏量 77.45 万 kW，可能开发水力资源装机容发量为 66.41 万 kW，年发电量 31.99 亿 kW·h。支流扎阿曲、阿涌、布当曲的水力资源理论蕴藏量分别为 3.87 万 kW、2.84 万 kW、4.90 万 kW。三江源地区可供开发的水电为 45.63×10^8kW·h。供电均价取 0.43 元/kW·h，则三江源地区年水力发电价值为 19.61 亿元。

(7) 旅游

三江源区生态旅游资源类型多、数量大、品位高、奇特性强。这里地域辽阔，除少部分河谷低地人口分布比较集中外，绝大部分地区人类活动极少，从而保留了原始、粗犷的自然面貌。三江源区独特的自然景观吸引着众多的游客来这里观光旅游，据青海省统计局数据显示，2007 年三江源地区接待国内游客 996.6 万人（次），较 2006 年增长了 23%；国内旅游收入 46.11 亿元；接待入境游客 5 万人（次），旅游收入 1590.64 万美元，实现旅游总收入 47.38 亿元。

5.1.2.2 支持功能

(1) 初级生产

初级生产指植物所进行的有机物生产，是维持生态系统结构与过程的物质基础，也是生态系统服务功能的物质基础。三江源地区森林、草地、湿地等生态系统年生产有机物10 203.12万 t（表 5-3）。其生态经济价值为 406.9 亿元。

表 5-3 三江源区生态系统净初级生产力

生态系统类型	面积 /hm^2	净初级生产力 /（g/m^2）	总生产力 /（$10^4 t/a$）
草甸	19 302 166	291.98	5 635.85
草原	4 370 577	599.97	2 622.21
垫状植被	840 440	149.93	126.00
灌丛	2 285 290	247.56	565.75
湿地	8 330	357.48	2.98
稀疏植被	1 984 233	149.93	297.49
桦树林	12 368	299.85	3.71
圆柏林	294 276	354.82	104.42
云杉林	1 008 528	837.58	844.72
合计	—	—	10 203.12

(2) 营养物质保持

生态系统通过生态过程促使生物与非生物环境之间进行物质交换。生态系统营养物质主要保存在生物体和土壤之中，生态系统中营养物质种类很多，为了研究方便，本研究中主要估计三江源生态系统中有效 N、P、K 的保持量分别为 2292.6 万 t，235.8 万 t，2257.9 万 t。以我国平均化肥价格为 2549 元/t 估算，森林、草地生态系统营养物质循环功能的价值为 1220.03 亿元。

(3) 固碳

生态系统通过光合作用和呼吸作用与大气进行物质交换，主要是 CO_2 和 O_2 的交换，即生态系统固定大气中的 CO_2，同时增加大气中的 O_2，这对维持地球大气中的 CO_2 和 O_2 的动态平衡、减缓温室效应以及提供人类最基本的生存条件有着巨大的作用。

以净初级生产力数据为基础进行评价，根据光合作用方程式，生产 1.00g 植物干物质能固定 1.63gCO_2、释放 1.20gO_2。由 NPP 估算得到生态系统的年总固定 CO_2 量为 1.66×10^8t，折合固定 C 量为 0.45×10^8t/a。

用造林成本法计算得到三江源地区生态系统固定 C 的生态经济价值为 117.41 亿元。

(4) 释氧

以初级生产力数据为基础进行评价，计算方法及所需参数与固定 C 相同。则计算得到总释放 O_2 量为 1.22×10^8t/a。释氧效益采用造林成本法进行评价，得到三江源释氧价值为 86.44 亿元。

(5) 生物多样性保护

三江源区有我国和国际贸易公约保护的珍稀濒危保护植物物种 41 种，有国家及青海省保护动物物种 101 种，参考《中国生物多样性国情研究报告》（中国生物多样性国情研究报告编写组，1997）的支付意愿法，估算保护多样性功能的总价值为 142.00 亿元。

5.1.2.3 调节功能

(1) 涵养水源

根据多年水文监测，三江源区总径流量为 622 亿 m^3，即三江源区每年向下游地区提供水源622亿m^3。若以水库建造成本1.67元/m^3来进行生态经济价值评价，可得到三江源地区生态系统涵养水源的价值为1038.74亿元。

（2）土壤保持

三江源地区的土壤受环境、地形、地貌等的自然因素的影响，土壤侵蚀敏感性高，生态系统对土壤保持具有重要的作用。根据三江源区影响土壤侵蚀的地形、土壤、降水等的因子特征，参考我国《土壤侵蚀分类分级标准》，水力侵蚀参数取强度水力侵蚀模数7000 t/（km^2·a），风力侵蚀参数取强度风力侵蚀模数8000 t/（km^2·a），即如果没有生态系统的保护，微度、轻度和中度水力侵蚀区的土壤侵蚀模数为7000 t/（km^2·a），微度、轻度和中度风力侵蚀区土壤侵蚀模数为8000 t/（km^2·a），以此来估计评价三江源生态系统土壤保持功能（表5-4），三江源区的侵蚀区域如图5-1所示。三江源区土壤保持量为2.88亿t，运用机会成本法，其生态经济价值为4.06亿元。同时，保持N、P、K营养物质分别为6.6万t、0.7万t、6.5万t，运用影子价格法，其生态经济价值为3.52亿元。三江源区土壤保持的生态经济总价值为7.58亿元。

表5-4 三江源地区不同生态类型土壤侵蚀量和土壤保持量

侵蚀类型	强度	面积/km^2	土壤保持量/（10^4t/a）
水力侵蚀	微度	30 924.8	20 101.1
	轻度	12 565.6	6 596.9
	中度	5 904.0	1 918.8
	强度	179.5	0
	极强度	30.5	0
	剧烈	11.3	0
风力侵蚀	微度	112.3	88.7
	轻度	120.1	79.8
	中度	13.8	5.8
	强度	20.4	0
	极强度	6 335.7	0
合计	—	—	28 791.2

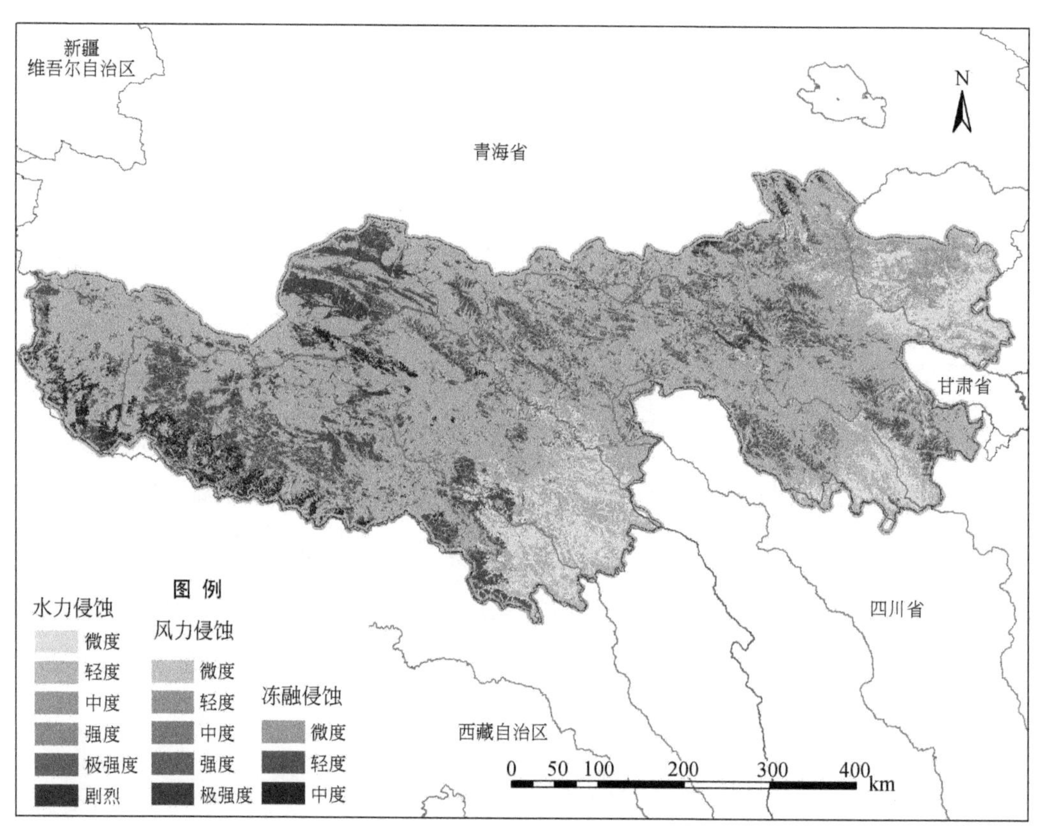

图 5-1 三江源区土壤侵蚀图

（3）净化环境

1）大气环境：生态系统净化环境的功能主要包括吸收污染物质、阻滞粉尘、杀灭病菌和降低噪声。三江源地区分布着众多的森林、草地和灌丛，可以吸收降解 SO_2、NO_x 等大气污染物，对净化环境起着重要的作用。三江源地区 SO_2 排放量为 129 850t，其中工业排放量和生活排放量分别为 121 204t 和 8646t，工业排放 SO_2 达标率为 52. 87%。

2）水环境：三江源区河流、湖泊众多，水资源较丰富，这就为工业废水和生活污水提供了良好的天然净化场所。据调查该地区废水排放总量为 19 407 万 t，其中工业废水和生活污水排放量分别为 7168 万 t 和 12 239 万 t，工业废水排放达标率为 48. 65%。

SO_2 的投资及处理成本为 600 元/t · a（中国生物多样性国情研究报告编写

组，1997）。工业废水和生活污水的投入及处理成本分别为0.8元/t和0.3元/t，则三江源地区各类生态系统净化环境的总价值为1.33亿元。

5.1.2.4 文化功能

（1）休憩娱乐

在三江源广袤的土地上，遍布着高山、大河、盆地、荒漠、雪峰、冰川、湖泊、沼泽和草甸。唐古拉山主峰各拉丹东雪山下面各拉丹东，海拔6621m，是一片南北长50km，东西宽15～20多公里的冰山群。冰雪覆盖面积达790km^2，发育有130多条冰川，形成长7km的神奇、壮观的冰塔林世界。囊谦原始森林分布在澜沧江两岸，四季常绿的峡谷和山峰组成了江河源头风光如画的诱人景色。百万亩原始林区和长江保护林形成了一道亮丽的风景，为种类繁多的飞禽走兽提供了生存的天堂。

（2）文化遗产

三江源地区与西藏的昌都、云南的迪庆、四川的康定统称为四大康巴藏区。千百年来藏族同胞在这高寒广袤的高原繁衍生息，在同严酷的自然环境斗争中，形成了彪悍、豪放、粗犷、爽朗的民族性格，创造了悠久的历史和灿烂的藏文化，为中华民族乃至人类的文明做出了重要贡献。三江源地区的果洛、玉树草原是格萨尔的故乡，在这片神奇的土地上，至今还保留着有关格萨尔的古迹、文物，歌颂着格萨尔的事迹。这里有文成公主庙、勒巴沟岩画、结石寺、白玉寺、格萨尔古迹、十世班禅大师故居、唐僧晒经台等众多的历史古迹和文化遗产。

（3）宗教价值

藏族全民信仰佛教，三江源地区藏传佛教寺院比较正规的约有340余座。占青海省藏传佛教寺院的54%以上，加上“日朝”（静房）、“号康”（修行处）、“拉康”（佛堂）、“贡扎”（修行院）等，数量惊人。人口不足6万的囊谦县，寺院就有70多座，藏族出家为僧的人占藏族总人口的10%～20%，藏传佛教对整个藏区社会、政治、经济、文化影响非常大。

5.1.2.5　三江源区生态系统服务功能综合生态经济价值

三江源地区生态系统产品提供功能价值为92.72亿元，支持功能价值为1972.78亿元，调节功能价值为1047.65亿元，三江源地区生态系统服务功能的总价值为3113.16亿元（表5-5）。由于受资料和数据的限制，尚未对文化功能的价值进行评估。

表5-5　三江源区生态系统服务功能价值评价

评价项目	评价指标	计算指标	物质量评价	价值量评价/亿元
产品提供功能	食物	肉、粮食生产量	104 859t	17.98
			26 023t	
			562t	
	木材	采伐量	—	0.16
	中药	产量	—	4.10
	生产生活用水	城市农村用水量	—	3.08
	薪柴	用柴量	8.5万t	0.42
	水电	发电量	45.63亿kW·h	19.61
	旅游	旅游及相关收入	996.6万人次	47.38
	小计	—	—	92.73
支持功能	初级生产	初级生产力	8 667.76万t	406.9
	营养物质保持	主要营养元素总量	—	1 220.03
	生物多样性保护	生物多样性保护	—	142.00
	固碳	固碳量	0.236亿t/a	117.41
	释氧	氧气释放量	16.83亿t/a	86.44
	小计	—	—	1 972.78
调节功能	涵养水源	水资源总量	622亿m^3	1 038.74
	土壤保持	土壤保持量	2.88亿t	7.58
	大气环境	大气污染物降解	62 328t	1.33
	水质净化	水污染物降解	19 407万t	
	小计	—	—	1 047.65

续表

评价项目	评价指标	计算指标	物质量评价	价值量评价/亿元
文化功能	休憩娱乐	景观资源	—	—
	文化遗产	历史遗迹	—	—
	宗教价值	—	—	—
总计	—	—	—	3 113.16

5.2 国内外生态补偿研究进展

生态补偿分为广义和狭义补偿。生态补偿从狭义的角度理解就是指对由人类的社会经济活动给生态系统和自然资源造成的破坏及对环境造成的污染的补偿、恢复、综合治理等一系列活动的总称。广义的生态补偿则还应包括对因环境保护而丧失发展机会的区域内的居民进行的资金、技术、实物上的补偿、政策上的优惠以及为增进环境保护意识、提高环境保护水平而进行的科研、教育费用的支出（吕忠梅，2003）。生态补偿是一种资源环境保护的经济手段，通过调整损害或保护生态环境的主体间的利益关系，将生态环境的外部性进行内部化，达到保护生态环境、促进自然资本或生态服务功能增值的目的，其实质是通过资源的重新配置，调整和改善自然资源开发利用、生态环境保护中的生产关系。

众所周知，生态保护是一种具有正外部性的社会经济活动，实施过程中会引发两种矛盾：一是较低的边际社会成本与较高的边际私人成本之间的矛盾，二是较高的边际社会收益与较低的边际私人收益之间的矛盾。在这两种矛盾的作用下，生态保护往往以牺牲部分人的当前利益来获取社会大范围的长远收益（Wells，1992；秦艳红和康慕谊，2007）。长期以来，一直存在着“环境无价、资源低价、商品高价”的价格体系，助长了资源开发者把开发造成的生态破坏的外部不经济性转嫁给社会，原料生产与加工企业凭借对环境资源的无偿或低价占有获得超额利润，环境资源的利用或破坏却没有得到应有的补偿。

生态补偿作为一项重要的生态保护和环境管制工具，在20世纪30年代就得到了应用，时至今日，这一工具在越来越多的国家、越来越多的工程中得到了应用（中国21世纪议程管理中心可持续发展战略研究组，2007）。建立生态补偿机制有助于利用经济手段和宏观调控管理方法促使生态环境资源的开发利用过程与一般商品再生产过程相结合，从而达到在整体上对全社会的生产活动进行宏观调节，对生态破坏、环境污染及生态功能的恢复与治理进行系统管理的目的。因此，国内外围绕生态补偿的理论与实践开展了大量研究，为生态补偿机制的实施奠定了基础。

5.2.1 国外生态补偿实践

5.2.1.1 生态补偿理论研究

生态补偿理论研究是实施生态补偿的基础，针对生态补偿的相关理论，国内外学者先后开展了大量研究，陈钦等（2006）对此进行了很好的回顾和总结，主要研究内容如下。

效用价值论是环境经济价值的基础。在西方发达国家，个人消费的偏好被公认为是至高无上的，个人在消费中被假定达到了效用最大化，但是受到条件的限制，即受到他们收入和任何先前已有财富的限制。个人偏好是一种影响效益评价和应该认真考虑的判断。按照效用价值论，目前，全球生态状况不佳，中国生态恶化趋势尚未得到完全遏制（陈钦，2006）。

公共物品的最优供给。庇古认为具有正外部性的物品要给予补贴，公共产品的最优供给将发生在公共产品消费的边际效用等于税收的边际负效用这样一点上（Pigou，1947）。这说明，个人对公共产品的需求实际上就是个人对公共产品消费边际效用的评价。

萨缪尔森在公共产品局部均衡模型中给出的“虚拟需求曲线”实际上就是个人对公共产品的评价，萨缪尔森认为这条“虚拟需求曲线”是政府通过调查和询问而得到的（陈钦，2006）。公共物品的消费都是非排他的，因而每个人对公共物品的消费量基本相同，但是每个人对公共物品的真实需求却因个人偏好和其他因素而有差别，这就意味着虽然每个人都可以得到相同数量的公共物品，但是每个人对公共物品的评价未必都相同。因此，每个人为公共物品意愿支付的价格可能是不同的。

公共物品的配置问题。从维克塞尔（Wicksell）开始，经济学家就开始从激励的角度研究公共物品的配置问题。19世纪末，欧洲的经济学家对公共财政问题展开了激烈的争论（陈应发和陈放鸣，1995）。坚持“受益原则”的经济学家认为，应该按照人们从公共物品中受益量的多少对他们进行征税或收费。相反，坚持“量能原则”的经济学家，应该根据人们财富的多少进行征税或收费。从19世纪80年代开始，一些经济学家开始利用边际效用概念和效用价值论研究公共物品及其融资问题，他们对18世纪本瑟姆、洛克和罗塞奥等人著作里坚持的“受益原则”进行拓展。

市场无法保障公共物品的最优供给。加勒特·哈丁（Garrett Hadin）1968年在《科学》杂志上发表了论文《公地的悲剧》(The Tragedy of the Commons)，说明了在竞争的环境中，市场无法保障公共物品的最优供给。

公共物品供给，集体行动的困境。对于公共物品供给，奥尔森（Olson）1965年提出了“集体行动的困境”（奥尔森·曼尔瑟，2003）：除非一个群体中的人数相当少，或者除非存在着强制或其他某种特别手段，促使个人为他们的共同利益行动，否则理性的、需求自身利益的个人将不会为实现他们共同的或群体的利益而采取行动。规模是决定个体利益自发、理性的追求是否有利于集团行动的决定性因素。比起大集团来，小集团能够更好地增进其共同的利益。

公共事务的治理之道。奥斯特罗姆的“公共事务的治理之道”认为在现实世界里，虽然有许多失败的例子，但是更多的是自主治理成功的例子，而且这些成功的例子有的已经持续了几百年甚至几千年。通过运用他自己设计的理论框架，奥斯特罗姆对成功的和失败的案例进行了经验分析。如果能满足一些条件，他认为人们完全能够“把自己组织起来进行自主治理，从而能够在所有人都面对搭便车、规避责任或其他机会主义行为诱惑的情况下，取得持久的共同利益”（陈钦，2006）。可见，奥斯特罗姆提供了公共物品可能的激励机制。

林达尔均衡。对于公共物品，林达尔试图通过一种新的定价方法来建立一个十分类似竞争性均衡的结果。林达尔根据受益原则分摊公共物品的成本。他认为，公共物品局部均衡帕累托最优的特征是，人们对既定公共物品的融资贡献应该等于他们从该公共物品中所得到的边际效用，或者人们所负担的公共物品成本的相对份额（税收或收费）应该等于他们从公共物品获得的边际效用（Baumol and Bradford，1970）。在林达尔均衡中，全部消费者面临相同数量的公共物品，而不是面临相同的价格；不是公共物品数量在所有消费者之间进行分配，而是公共物品的总成本在消费者之间进行分摊（由政府干预进行），尽量使每个消费者分摊的公共物品成本与该消费者对公共物品的真实评价（或偏好）成正比。因此，使所有消费者意愿支付的成本总和正好等于提供公共物品的总成本。因此，林达尔均衡的解就是在利润为零的约束条件下，使公共产品的收费采取与每个消费者的需求有关的方式，即与每个消费者对公共物品的真实评价相吻合。也就是说，根据不同消费者对公共物品的不同评价，分别收取不同的费用。哪个消费者的评价高，收取的费用就高；评价低，收入的费用就低（张军，1996）。

从理论上看，林达尔均衡是一个比较理想的方案，但是林达尔定价却有一个十分严重的问题（张军，1996），即要求每个消费者支付不同的价格，而且个人的价格只取决于他自己对公共物品的私人评价，因此，这里就有一个刺激或动力问题，怎样才能保证每个消费者诚实地报出自己对公共物品的评价并以此作为分摊公共物品成本的依据。如果没有其他配套办法，消费者很可能故意降低自己对公共物品的评价，从而达到减少付费的目的，甚至把评价值故意压低到零，使自己成为免费搭车者。林达尔没有解决这个问题。为回答此问题，经济学家们曾试图研究出能使理性投票人诚实地显示其偏好强度的方法，其中美国经济学家克拉克在1971年提出了一种投票机制，该机制设计了一个计量模型，能够测算出哪个人说谎。如果谁没有真实的投票，将不得不在投票的基础上支付一项额外的税收，这项额外税称为克拉克税，以此激励消费者自愿表达他们对公共物品的真实评价。克拉克税的主要特征是每个投票人真实投票总比不真实投票合算，它激励人们表露他们的真实偏好；利用克拉克税，对每个人显示他真实偏好而言是一个弱的优势策略。所以，在投票时，他们意识到可能会承担克拉克税，他们就不敢撒谎。设计克拉克税的目的不是为了收取公共物品生产所需的费用，而只是为了让人们显示他们真实的偏好。利用这个信息，就可得知消费者对公共物品的真实需求。这似乎是个理想的办法，但是可操作性较差，如果当事人多，交易成本很高；具有个人激励相容性，不一定具有群体激励相容性。不过，它为确定生态补偿标准提供了一种思路（陈钦，2006）。

通过公共部门干预将外部成本内部化。罗杰·珀曼等人认为森林具有多种用途，私人难以将所有的森林效益据为己有，因为其中许多是公共物品，即使消费排他性确实存在，而且也有相应的市场机制，市场价格也有可能低估这些公共物品的边际社会效益。在许多情况下，对森林公共物品的排他性消费是不可能的。因此需要公共部门的干预。

格里芬和斯多尔指出："在林业中，经济外部性是十分普遍的。"卡贝基指出："政府可以通过税收、规章制度、调整产权或其他方式干预市场以迫使制造外部成本的企业或个人将外部成本内部化。"

生态补偿理论研究为回答实施生态补偿的必要性、明确生态补偿的对象、确定生态补偿的内容和标准、提出生态补偿的途径等等提供了思路和依据。国内外以上述理论为基础，相继开展了许多案例研究。

5.2.1.2 国外生态补偿实践研究进展

与国内研究相比，国外生态补偿研究工作进展较快、所构建的生态补偿机制比较成熟。根据陈钦（2006）的总结，国外主要通过法律、政策、林业基金制度、征税市场补偿等途径实施生态补偿。

（1）法律规定补偿

日本《森林法》。日本保安林制度已有100多年历史，1882年日本第一部

《森林法》中称之为保存林，1896 年修改的《森林法》中将保存林改为保安林。保安林是日本林业体系中的重要组成部分，是为了国土保安、水源涵养、充分发挥森林的环境保护和美化功能、防止各种自然灾害发生而划分出来的森林种类，大致近似于中国的防护林，在环境保护方面发挥着骨干作用。保安林的确定、解除和经营管理均依据《森林法》的有关规定执行。据统计，1996 年日本确定保安林总面积 860 万 hm^2，占全国森林总面积的 34%（其中私有林占 17.9%），占国土总面积的 23%。在日本，林地和林木都是森林所有者的私有财产，神圣不可侵犯。因此，政府要想达到增进森林生态效益的目标，就必须对被制定为保安林的私有林的经济损失予以补偿。日本《森林法》第 35 条规定："国家对于被化为保安林的森林所有者，国家要补偿其由于被划为保安林而遭受的损失"。受损失者首先要提出补偿申请，由县政府审核后，通过适当方法给予补偿。能够获得补偿的保安林包括被划为禁伐或择伐的保安林；采伐年限在 50 年以上的保安林；森林所有者不是国家或地方公共团体的保安林；在过去未实施的《森林法》第 41 条规定的保安林（周金锋，2003）。但是对于以下情况不给予补偿：①采伐年限受限制却不产生损失的或明显被作为利用对象以外的保安林；②被划为保安林后，受益者与该保安林的森林所有者为同一单位或个人的保安林；③现已荒废或渐渐荒废的保安林。补偿措施包括两方面。第一，受益者负担。日本《森林法》第 36 条第一款规定保安林受益者要对所有者进行补偿。但是，在受益者负担的补偿金额极少的情况下不实行。保安林的受益者是指保安林利益受益物件的所有者。受益物件指：道路、铁路、发电设施、用水设施、农田、森林以外的其他土地、渔业及其他类似物件等。保安林受益者负担的补偿金额相当于其应补偿金额的 50%。第二，政府扶持措施。对于 50 年以上的林木，被禁伐或择伐的按被冻结的林木资产价值的 5% 计算每年的补偿金额（相当于补偿年利息）。在金融方面，根据农林渔业金融公库法第 18 条规定，保安林的贷款利率为 3.8%（林业一般公用设施贷款利率为 6.5%），期限最长为 30 年；森林培育经营资金，融资率为 100%（一般条件融资率为 80%）。在税收方面，根据地方税法第 73 条、348 条和 586 条，免除不动产取得税、固定资产税、特别土地保有税；根据租税特别措施法第34条、65条和70条，减少所得税、法人税、赠与税和遗产继承税；延纳保安林的土地遗传继承税和利息税。在造林财政补偿方面，一般性造林（人工林、天然改造林、抚育等）补偿40%（中央政府负担30%，地方政府负担10%）；特殊林地改良补偿70%（中央政府负担50%，地方政府负担20%）；复层林示范区造林抚育等补偿60%（中央和地方各20%）（李育才，1996）；修筑林道政府补偿60%。日本各地积极探索全民参与的生态补偿机制，征收水源税就是一种新的尝试。到目前为止，在日本47个府县中，已经有26个县开始着手制定开征水源税的具体办法。高知县是进展最快的一个县，该县于2003年4月正式开征水源税，向下游受益者（水源利用者）征收。

新西兰《造林鼓励法》。新西兰《造林鼓励法》规定，对小私有林主的造林成本给予45%的补助，1980年以前，政府的补贴标准为400新元/hm^2，1980年以后国会把补助费提高到600新元/hm^2。对于公司造林费用，可以在当期的收入中抵扣，这样就减少了应纳所得税（周金锋，2003）。

德国《联邦森林法》。德国公益林主要是国有林，由政府投入和补贴。德国公益林在20世纪70年代中期兴起并逐步占主导地位，联邦政府1976年颁布《联邦森林法》和1977年颁布《联邦自然保护法》，为公益林发展奠定了基础（周金锋，2003）。德国公益林兴起还表现在以“绿色就是生命”为口号的德国绿党的成立，绿党在短期内成为德国政治体制中的一支重要政治力量。德国黑森州的《森林法》规定：“如果林主的森林被宣布为防护林、禁伐林或游憩林，或者在土地保养和自然保护范围内颁布了其他有利于公众的经营规定或限制性措施，会对林主无限制地按规定经营其林地产生不利，则林主有权要求赔偿。”

芬兰《森林改造法》。1967年芬兰议会通过的《森林改造法》规定，设立由国家预算拨款的森林改造资金。这项资金只适用于支持小林主进行森林改造等林业活动。森林改造资金分为两部分，一是资助款；二是贷款和预付款。资助款是国家无偿投资，不同的地区和不同的林业工程项目，资助的比例也不同，如修建排水工程资助比例为55%，北部的拉普地区为70%。费用高于资助款的部分则由森林改造资金中的贷款或预付款解决，贷款和预付款需要偿还，年利率分别为3%和5%（芬兰一般工业企业的贷款年利率为9%～11%），期限为6～23年（李育才，1996）。

智利《森林法》。智利政府在1974年颁布了《森林法》，政府根据该法采取了一些措施：①财政补助。补助标准为造林费用和抚育费用的75%，造林费用标准每年由政府确定。必须事先呈报由林业工程师签字的造林设计书，事后经林业主管部门派人检查合格才能获得政府造林补助。②林地免税。其他用地每年都要按土地价值的5%～10%缴纳土地税（李育才，1996）。③对私人造林平均发放贷款145美元/hm^2，期限3～12年。

瑞典《森林法》。如果林地被宣布为自然保护区，那么该地所有者的经济损失由国家给予补偿（吴水荣，2000）。此外，20世纪90年代以来在环境保护热潮的推动下，阔叶林受到特别重视，得到的补助最多。

英国。英国1945年和1947年先后通过两个法案，规定了私有土地永远用于造林的两种补助方法。①甲种补助法：个人以其土地永远用于生产木材，政府每年补助其造林和抚育费用的25%。②乙种补助法。个人以其土地永远用于生产木材，政府对造林地一次性发给造林补助75英镑/hm^2（1984年调整为110英镑）。另外还发给抚育费用。甲乙两种补助法，造林者可以任选一种。1974年规定的丙种补助法规定：凡个人以10hm^2以上的土地永远用于生产木材、涵养水源、保护农田、净化空气者，对其造林费用给予补助，阔叶树比针叶树造林者享受高一倍以上的补贴额。此外，每公顷每年发放幼林抚育费3英镑，针叶林发放至25年，阔叶树发放至50年。对于小片造林（0.25～10hm^2），英国规定了特殊补助法。造林面积3hm^2以下的补助300英镑/hm^2；造林面积3～10hm^2的补助250英镑/hm^2。造林补助的75%于造林时发给，其余部分于5年后检查合格时发给（李育才，1996）。

原南斯拉夫塞尔维亚共和国森林法。原南斯拉夫塞尔维亚共和国森林法规定，当劳动组织、其他法人和公民的森林被宣布为防护林或特种用途林时，如果这一宣布剥夺或限制了对该森林的利用权或所有权时，森林所有者有权从事宣布防护林或特种用途林的联合劳动组织和其他法人处得到补偿。

奥地利森林法。奥地利森林法第十章规定，对有益于公共利益的森林经营和保护，政府给予资金上的扶持。具体扶持措施如下：①按照国家鼓励推行的有利于森林稳定的技术措施经营森林，给予扶持。即使是经营商品林的林农，只要采取先进的技术，按照接近自然的方式经营森林，都可以得到政府的资金扶持，政府补助资金为营林费用的45%左右。②采取有利于保护森林和提高森林多种防护功能的措施经营森林，因此而增加的经营费用，可以得到政府的补助。例如，为了不破坏林地土壤，采取择伐、索道集材等方式导致木材采伐成本增加的部分，由政府给予补偿。③降低森林采伐利用强度，造成收入减少的，由政府给予补偿。如实行限制性利用和禁伐的防护林，林主获得的补助额相当于正常采伐利用情况下所实现的利润。④森林生态效益谁受益谁补偿，森林生态效益的直接受益者需要对防护林经营项目承担部分费用。由于采取以上扶持措施，奥地利私有林主经营商品林一般只需负担55%营林费用，经营防护林仅需承担5%～40%的营林费用。此外，政府为了保护湿地，禁止在湿地上进行经营活动，根据湿地的不同等级，每年向湿地所有者支付1000～6000先令的补偿费；对于私人所有的风景林，政府采用购买方式，将它们变为国有林，然后设置专门的机构进行旅游开发和管理（周金锋，2003）。

（2）政府政策规定补偿

美国。1980年开始，美国进行了全国范围的水土流失调查，发现85%的水土流失发生在15%的区域。对这部分地区，水土保持服务机构做了三项工作：①帮助农民制定治理水土流失的计划；②说服、鼓励农民参与治理工作；③控制土地沙化，动员和支持农民将水土流失严重的农田变成林地，退耕还林。禁止把已栽植树木的林地再变为农田。1990年美国再次进行调查，发现10年的治理已大见成效。对于水土流失地区的私人造林，经营者凡与政府签订合同的，如果能够遵守在一定时间内不砍伐林木的规定，联邦政府资助其造林的全部资金和管护费，但如果违约，经营者必须退还全部资助款。美国保护性休耕计划对每亩休耕土地每年补助47美元。大约60%的休耕地种草，16%左右造林，5%左右为湿地（陈钦，2006）；美国纽约 Catskill 集水区的造林项目和休耕项目共得到10多亿美元的补偿。另外，对于私有林自主经营，国家给予造林资助和指导。美国对私有林的资助资金是由国会批准纳入财政预算的。国有林事业经费由财政支付，实行“收支两条线”，采取相对优惠的林业税收政策。建立林业基金制度，主要包括造林补助金制度、更新造林信托基金制度、减免国有林固定财产税返还林业制度。

欧盟。欧盟国家实行退耕还林主要依靠优惠的补贴政策和税收政策，基本上没有制定政府计划。一方面，政府与退耕还林者签订长期合同（合同期通常为30年或30年以上），对退耕引起的损失予以足额补偿；另一方面，施行对造林者发放补助金和实施减免税政策，各国的补贴政策和减免税额不尽相同。上述政策能够实现退耕还林目标的前提是明晰的产权关系和合理的制度安排。在欧盟国家，农场主具有耕地的完整产权，是否退耕还林完全由农场主自己决定，政府只是通过税收和补贴政策影响农场主投资的预期收益，从而引导农场主选择退耕还林。也就是说，政府的优惠政策形成了农场的林业投资激励，使退耕还林成为农场主的理性选择。另外，农场主一旦与政府签约，其退耕还林的行为主要受合同约束，而不是来自政府的行政压力。

哥伦比亚。在哥伦比亚，水力发电和用水单位要从收入中提取固定比例的资金作为生态系统保护资金，支付给私人土地所有者用作水源管理。1974年开始对污染者和受益者收费，到现在已积累了许多资金；20世纪90年代初又从电力部门转移了1.5亿美元给当地环境机构，用于造林和流域管理（陈钦，2006）。

挪威。挪威政策规定，凡是完成了森林更新和土壤改良计划的林场主，国家给予1/3的补助；凡是私人在少林地区造林的，国家给予50%的补助费；凡是私人在多林地区造林的，国家给予33%的补助（李育才，1996）。

澳大利亚。澳大利亚政府于1984年制定了占土地总面积4.3%的热带雨林保护政策，其主要内容是严禁采伐利用任何热带雨林。为实施这一政策，联邦政府拿出220亿澳元补偿林主的损失。澳大利亚政府要求企业营造能吸收其生

产所排放等量 CO_2 的森林，但企业只需提供资金，造林则由林业部门完成，企业拥有森林的所有权，林业部门只负责经营。农田用水需交纳补偿费给政府，用于集水区公益林建设。

英国。为了鼓励营造公益林，英国农业部提出林地补助计划（The Woodland Grant Scheme），对于针叶林，补助标准为700英镑/hm^2；对于阔叶林，补助标准为1050～1350英镑/hm^2（陈钦，2006）。

此外，在加拿大，森林公园、植物园、狩猎场、自然保护区等以森林为主体的旅游部门，必须在其门票收入中提取一定比例补偿给育林部门。西班牙政府对联合体造林无偿补助50%，其余50%由政府提供利率为1%～4%的长期低息贷款解决；政府对私人造林负担10%～20%的造林费用（李育才，1996）。

（3）制定林业基金制度进行补偿

日本。日本国有林业事业特别会计基金来源于国有林收入，一般包括会计拨款、借款、发行公债和金融债券等，这项基金主要用于造林、抚育、治山等。另外，日本还建立了水源林基金，由河川下游的受益部门采取联合集资方式补贴上游的林主，用于上游的水源林建设。

法国。法国已划出41处自然保护区，6个国家公园，23个地区公园，约占国土面积的6.9%。法国建立的国家森林基金由政府管理，避免林业部门和受益部门直接打交道，从受益团体直接投资、建立特别用途税及发行债券三种方式筹集基金。另外，法国设有国民林业基金会，设立于1946年（李育才，1996），资金来源于林业税收，包括原木税率4.7%；锯材税率4.3%；纸及纸板（新闻纸除外）税率16%。这些林业税收的78%作为国民林业基金。1991年，为满足欧共体的要求，法国对林业基金的税基做了调整，锯材税率由4.3%降为1.3%，纸及纸板税率由16%降为0.12%。FFN主要用于向私人造林提供无偿援助、奖励或长期低息贷款以及发展林道建设和防火。

哥斯达黎加。哥斯达黎加于1991年成立了国家林业基金会，对受益者进行收费，并对公益林所有者进行补偿。资金主要来源于征收的化石燃料税、水电公司支付的补偿金和国际市场获得的碳贸易补偿等。收费标准为每吨碳排放收费 10 美元，水费附加 0.05 美元/m^3，森林生态旅游每人每日在住宿费中增收 1 美元。补偿标准依据土地利用的机会成本确定，通常高于放牧地的租金费。补偿标准为：造林为 530 美元/hm^2，连续补偿 5 年；对于天然林保护，每年为 205 美元/hm^2，共补偿5 年（校建民，2004）。5 年期间补偿资金 10.74 亿美元，总合同数为 4461 份，补偿森林面积为 28.3 万 hm^2（陈钦，2006）。

英国。英国也建立了林业基金制度，基金主要来源于：林业委员会销售木材的收入、国有林产品的销售收入和土地财产的租金收益；议会每年通过的由国库安排的资金；接收的捐赠；农业部取得的土地出卖、出租或交换其土地而取得的收入。基金主要用于国有林的更新造林，对私有林也给予一定支持。

（4）征税补偿

巴西。在巴西，政府向部分行业征收约 25% 的税用于公益林建设。巴西自 1875 年以来，每年从企业应上缴国家的所得税中拿出 25% 用于造林补助（陈钦，2006）。

哥伦比亚。哥伦比亚在补偿资金的筹措上征收生态服务税，专门用于水流域保护（张涛，2003）。征税对象主要是电力部门和其他工业用水用户，发电能力超过 10 000kW 的水电公司按照电力销售总额的 3% 征收；其他工业用水户按照 1% 征收。

美国和瑞典。美国和瑞典征收 SO_2 税，瑞典征收 CO_2 税。

（5）市场途径进行补偿

根据 Landell-Mills 和 Porras（2002）对全球森林环境服务市场的回顾，国际上有 287 个森林环境市场化的补偿案例，其中森林碳汇 75 个，生物多样性交易 72 个，森林水文服务 61 个，森林景观交易 51 个，其他森林生态服务 28 个。

哥伦比亚考卡河流域灌溉者协会对所有林主增加流域水流量的行为付费。法国 Perrier-Vittel 瓶装矿泉水公司与水源地上游农民达成了改善农业耕作方式以确保供水质量交易的协议。在法国，雀巢矿泉水公司为集水区农民提供一定的经济补偿，以弥补为了保护水质而减少的收入。在厄瓜多尔，电力部门和自来水厂每年都要投入一部分资金进行公益林建设（校建民，2004）。在澳大利亚，灌溉者协会融资在上游造林，以减少水的含盐量。

(6) 国外生态补偿的特点及启示

1）政策稳定，操作性强。国外对森林的扶持和补偿主要通过立法形式固定下来，使林主有稳定的预期，防止未来不确定性带来的风险，尤其是政策风险；而且国外通过以下途径增强生态补偿的操作性：对生态补偿的法律规定比较详细，易于操作；生态系统付费有比较坚实的理论基础和法律依据，且执法严格；充分利用市场机制和多渠道的融资体系。

2）政府购买、市场机制、竞争机制、激励机制有机结合，推动生态补偿政策的实施。美国、巴西和哥斯达黎加三国成功实施了生态补偿政策。三国的经验表明：政府虽然是生态效益的主要购买者，但是竞争机制依然可以在公益林补偿政策实施过程中发挥重要作用。如美国主要利用竞争机制和市场机制，政府提供补偿资金购买生态效益，对农民退耕的机会成本进行补偿。实施过程中，美国严格遵循农民志愿的原则，充分利用市场机制、竞争机制和激励机制，在确定补偿标准时，美国政府采用竞标办法来确定与当地社会经济条件相适应的补偿标准，而不是由政府规定一个统一的补偿标准，此外，美国政府还给予退耕农民金融和税收优惠政策。哥斯达黎加也是利用市场手段来提高生态效益，利用在国际市场上转让温室气体排放权的方式筹集补偿资金，将从国际碳汇贸易中所筹集的资金大部分补偿给林主。

总的来说，市场和支付手段不能替代政府的管理法规，政府管理机制应采用市场的手段，而市场机制的运作也不能脱离政府的管理而存在。

3）多渠道融资，多方式补偿。国外主要采用公共支付体系、交易体系和自主协议等方式筹集生态补偿资金，后两者又可以归结为市场化筹资机制。国外融资和补偿的具体方式主要有：①采取扶持性财政政策，如国有林财政全额拨款、私有林财政补助、税收减免；②采取优惠金融政策，如在贷款利率、时间长度和额度方面给予优惠；③建立林业基金；④向受益者收取补偿费，如水费、电费、化石燃料税、旅游等；⑤通过市场交易，如碳交易。运用上述五种措施，西方发达国家基本达到了政策目标。

4）市场化机制比较健全。目前国际上流行的市场化森林生态效益补偿方式的实现需要一些条件：要求生态林有明确的权属，生态效益可准确计量，较低的交易成本等等。这些条件意味着要保证这种市场补偿方式的实现，国家应当具备相对完善的市场基础设施，否则市场补偿难以实现。发达国家在构建上述市场基础设施方面具有良好基础，并且许多国家一直积极鼓励群众参与，努力开拓国际市场。

5.2.2 国内生态补偿实践

国内生态补偿研究主要集中在三个方面：①补偿的理论基础和必要性。这个层面上的研究最多（孔凡斌，2003；张鸿铭，2005；黄立洪，2005）。②补偿模式。其主要集中在公共财政补偿途径这一框架内，用征收生态效益补偿费（张铮，1995；王学军，1996；李爱年，2001）或生态税（温作民，2002；邢丽，2005）的形式来进行补偿。③补偿标准的确定。主要把补偿标准与森林生态效益的价值核算问题紧密联系在一起。这些为进一步开展森林生态效益补偿的研究奠定了基础。

我国在区域性生态补偿和地方生态补偿两个层次上开展了大量的实践工作：①国家实施的大规模区域性生态补偿实践主要包括天然林资源保护工程、退耕还林工程和森林生态效益补偿基金制度；②地方生态补偿实践主要以政府干预为主要手段，重点围绕森林水文、矿产资源开发两个方面开展了一系列工作。与此同时，我国以森林生态效益补偿的市场化手段为依据，正在探索生态补偿途径。例如目前国内正在开展和拟开展的林业碳汇项目已经达到了7个，包括广西、云南、四川、内蒙古、河北、山西以及辽宁。

5.2.2.1 国家实施的区域性生态补偿实践

国家实施的大规模区域性生态补偿实践主要包括：天然林资源保护工程、退耕还林工程和森林生态效益补偿基金制度。

1）天然林资源保护工程。天然林资源保护工程主要解决我国天然林的休养生息和恢复发展的问题。工程涉及的范围为：长江上游地区以三峡库区为界，包括湖北、重庆、四川、贵州、云南、西藏6个省（区、市）；黄河上中游地区以小浪底库区为界，包括河南、山西、内蒙古、宁夏、甘肃、青海6个省（区）；东北、内蒙古等重点国有林区包括黑龙江、吉林、内蒙古、新疆、海南5个省（区）。这17个省（区、市）分布有天然林$0.73\times10^{8}hm^{2}$，占全国$1.07\times10^{8}hm^{2}$天然林的69%。

在1998~1999年工程试点阶段国家已投入资金1.017×10^{10}元的基础上，2000~2010年工程投入将达9.62×10^{10}元（其中中央补助7.84×10^{10}元，地方配套1.78×10^{10}元），合计总投入为1.064×10^{11}元。除大兴安岭林业集团公司国家全额补助外，其他省（区、市）中央补助80%，地方配套20%。

在总投入中，基本建设投资1.8×10^{10}元，占18.8%；财政专项资金投入7.82×10^{10}元，占81.3%。基本建设投资主要用于长江上游、黄河中上游地区封山育林、飞播造林、人工造林、种苗基础设施建设、森林防火及其他项目建设。封山育林每年210元/hm^{2}，连续补5年，飞播造林750元/hm^{2}。人工造林长江上游地区3000元/hm^{2}，黄河上中游地区4500元/hm^{2}。财政资金投入主要用于管护事业费、职工养老保险社会统筹费补助，企业教育、医疗卫生、公检法司等社会性支出补助，富余职工一次性安置费补助，下岗职工基本生活保障费补助以及地方财政减收补助等。截至2005年，累计完成营造林约$8\times10^{6}hm^{2}$，近$1\times10^{8}hm^{2}$森林得到有效保护，减少森林蓄积消耗$4.3\times10^{8}m^{3}$，安置分流富余职工6.65×10^{5}人，天然林资源得到恢复发展，林区经济结构逐步优化。

2）退耕还林工程。1999年，退耕还林工程进行试点，2000年颁布的《中华人民共和国森林法实施条例》第二十二条规定：25°以上的坡耕地应当按照当地人民政府制定的规划逐步退耕、植树种草。退耕还林工程主要包含水土流失、风沙危害严重的重点地区。试点范围涉及长江上游的云南、贵州、四川、重庆、湖北和黄河上中游地区的山西、河南、陕西、青海、宁夏、新疆、甘肃等12个省（区、市）及新疆生产建设兵团。退耕还林从1999年试点以来，到

2002 年工程全面启动，其范围扩大到湖南、黑龙江、四川、陕西、甘肃等 25 个省（区、市）和新疆生产建设兵团。1999～2005 年，国家累计安排的退耕还林任务 $22.93\times10^6 hm^2$，其中退耕地造林 $9\times10^6 hm^2$，宜林荒山荒地造林 $12.6\times10^6 hm^2$，封山育林 $1.33\times10^6 hm^2$。截至 2005 年底，中央对已经安排的退耕还林任务总的投资已经达到 1.03×10^{11} 元，其中在总的补助中包括日常开支补助、种苗补助费、粮食补助费。国家给农民补偿退耕后农民医疗、教育等必要日常开支，每公顷退耕地 300 元/年；退耕还林还草和宜林荒山荒地造林种草，由国家提供 750 元/hm^2 的种苗补助；每公顷退耕地补助粮食标准，长江上游地区 2250kg，黄河上中游地区为 1500kg。补助年限，先按经济林补助 5 年，生态林补助 8 年，种草补助 2 年。

3）森林生态效益补偿基金制度。2001 年，中央财政建立森林生态效益补助基金，专项用于重点公益林的保护和管理，试点范围包括河北、辽宁等 11 个省（区、市）。重点生态公益林是指生态地位极为重要或生态状况极为脆弱，对国土生态安全、生物多样性保护和经济社会可持续发展具有重要作用，以提供森林生态和社会服务产品为主要经营目的的重点防护林和特种用途林。重点生态公益林一般位于江河源头、自然保护区、湿地、水库等生态地位重要的区域。2004 年，中央森林生态效益补偿基金正式建立，其补偿基金数额由 1×10^9 元增加到 2×10^9 元，补偿面积由 $0.13\times10^8 hm^2$ 增加到 $0.26\times10^8 hm^2$，纳入补偿范围的由 11 个省（区、市）扩大到了全国（表 5-6）。

表 5-6　我国区域性生态补偿实践

项目	试点阶段	保护范围的划定	实施地区	补偿标准/［元/（$hm^2\cdot a$）］
天然林资源保护工程	1998～1999 年（2000 年正式启动）	未经人为措施而自然起源的原始林和天然次生林，人工林中划为防护、特用等公益林	包括长江上游和黄河上中游地区，由湖北、重庆、四川、贵州、河南、陕西、黑龙江、内蒙古等 17 个省（区、市）（工程涉及 $0.73\times10^8 hm^2$ 的天然林）	总投入：（1998～2010 年） 封山育林：210 飞播造林：750 人工造林：3000（长江上游地区），4500（黄河上中游地区）

续表

项目	试点阶段	保护范围的划定	实施地区	补偿标准/［元/（hm^2·a）］
退耕还林工程	1999 ~ 2001 年（2002 年正式启动）	25°以上的坡耕地应当按照当地人民政府制定的规划，逐步退耕、植树和种草。退耕还林工程主要包含水土流失、风沙危害严重的重点地区	范围涉及长江上游地区和黄河上中游地区的25个省（区、市）和新疆生产建设兵团（工程涵盖22.93×$10^6$$hm^2$ 退耕地）	总投入：1.03×10^{11}（1999 ~2005年） 日常开支补助费：300 种苗补助费：750 粮食：2250kg（长江上游地区），1500kg（黄河上中游地区）
森林生态效益补偿基金	2001 ~ 2004 年（2004 年底启动）	重点生态公益林林地中的有林地，以及荒漠化和水土流失严重地区的疏林地、灌丛地	在全国推广（涵盖面积为0.26×$10^8$$hm^2$）	总投入：5×10^9（2001 ~ 2005年） 补偿性支出：67.5 公共管护支出：7.5

中央补偿基金平均补助标准为每年75元/hm^2，其中67.5元用于补偿性支出，7.5元用于森林防火等公共管护支出。补偿性支出用于重点公益林专职管护人员的劳务费或林农的补偿费以及管护区内的补植苗木费、整地费和林木抚育费；公共管护支出用于江河源头、自然保护区、湿地、水库等区域的重点公益林的森林火灾预防与扑救、林业病虫害预防与救治、森林资源的定期监测支出。

5.2.2.2 地方实施的生态补偿实践

除了国家在区域尺度实施生态补偿实践以外。我国许多省、自治区、市、县等也在不同尺度探索了生态补偿的具体做法，以促进区域协调发展，加强生态环境保护。根据陈钦（2006）的总结，我国地方上开展的生态补偿实践案例及做法主要有以下几方面。

1）青城山是四川省著名的风景名胜区，是道教发源地之一。20世纪80年代中期，当地政府决定从青城山风景区门票收入中拿出15%交给林业部门，用于护林防火。1988～1991年11月底，林业部门从门票收入中共分到50万元。有了这笔资金后，林业部门就积极招聘护林人员，先后成立了4个护林组，3个护林站，1个林业执法队，并设立3个护林防火电台，乱砍滥伐明显下降。

2）辽宁省政府1986年颁布了《关于发布辽宁省征收林业开发建设基金暂行办法的通知》和《关于发布辽宁省水资源费征收管理暂行办法的通知》两个文件。从1998年开始，对省内采矿、造纸工业企业、药材、蚕茧收购企业等和拥有直接开发水资源的自备水工程的企事业单位、机关、团体、部队和集体、个体企业等征收林业开发建设基金和水资源费，决定从征收的水资源费中，每年拿出1300万元用于水源涵养林和水土保持林的建设。1998年辽宁省人民代表大会、省政府再次强调：生态效益补偿政策必须长期坚持下去，每年筹措2000万元的目标不能动摇。辽宁省对自然水厂和工业用水每吨征收0.01元，农业用水每捆征收0.001元，水电站每千瓦征收0.01元，对森林景点门票费加征20%，内陆水运企业每吨征收0.001元，用于森林和水资源管理。

3）浙江省从2001年开始每年公益林补助为3元/亩，2004年起每年补助费提高到8元/亩。2001年，浙江义乌市和东阳市达成协议，义乌市以2亿元人民币一次性购买东阳市横棉水库每年约5000万 m^3 水的永久使用权。

4）广西壮族自治区每年由财政从水电经费中拨出100万元用于全区的水源涵养林建设。

5）陕西省耀县规定，水利和水保部门每年在征收的水资源费总额中提取10%拨交林业部门，用于营造水源涵养林。

6）河北省承德地区是北京、天津的水源涵养林区，每年提供引水入津工程96.4%的水源和密云水库56%的水源，通过自发协商，北京财政每年补偿丰年县100万元，天津财政每年补偿丰宁县40万元。

7）内蒙古的临河，辽宁省的黑山、昌图，吉林省的长春等地对受益与防护林的农田，每亩征收0.5～1元的防护林生态效益补偿费，专款用于农田防护林的抚育管理和更新改造。

8）四川省决定从江河、湖泊、地下及水力发电等所征收的水资源费中划出15%～20%作为水源涵养林专项资金。

9）陕西省榆林地区由行署统一核发“煤炭育林基金稽查证”，由林业部门直接在矿区设点征收，专款用于营林。

10）广东省1994年颁布的《广东省森林保护管理条例》规定：各级人民政府每年从地方财政总支出中安排不低于1%的林业资金，其中用于生态公益林建设的不少于30%。1999年开始执行的《广东省生态公益林建设管理和效益补偿办法》又规定：“各级人民政府每年财政安排的林业资金中，用于生态公益林建设、保护和管理的资金不少于30%。省每年安排治理东江、北江、韩江水土流失经费中，用于综合治理水土流失的生物措施经费不少于25%。省每年从东深供水工程水费收入安排1000万元，用于东江流域水源涵养林建设。东江、西江、北江、韩江等生态公益林建设重点工程，列入升级财政预算内基本建设计划。政府对生态公益林经营者的经济损失给予补偿，省财政对省核定的生态公益林按照2.5元/（亩·a）给予补偿，不足部分由市、县政府给予补偿。”2000年补偿标准提高到4元，2002年省委、省政府决定从2003～2007年，广东省级生态公益林的补助标准由原来的4元/（亩·a）提高到8元/（亩·a）。

广东省曲江县水资源需求企业和水电站同意分别按0.01元/L和0.005元/kW的标准向农民支付补偿费。《广州市流溪河水源涵养林保护管理条例》第六条规定，对流溪河水源林实行效益补偿制度，对因划定水源林而影响经济收益的山林所有者或经营者给予补偿，补偿资金的筹集和补偿具体办法由广州市人民政府制定。广州市人大常委会通过了《广州市流溪河流域水源涵养林补偿保护管理的规定》，决定每年筹集1800万元作为流溪河流域水源涵养林的生态效益补偿费。1998年水源涵养林按照5元/（亩·a）的标准进行补偿。1999～2000年，生态公益林按4元/（亩·a）、水源涵养林按7.5元/（亩·a）的标准进行补偿。2001年起生态公益林、水源涵养林生态效益补偿标准提高到了10元/（亩·a）。

11）新疆维吾尔自治区党委、政府1997年6月发布的《关于加快林业改革和发展的决定》明确规定：建立森林生态效益补偿基金。基金征收范围和标准暂定为：①机关、团体、企事业单位的职工按月工资总额征收。300～700元的，每月征收1元；701～1000元的，每月征收1.5元；1000元以上的，每月征收2元。特困企业和人均收入低于当地生活费标准的职工免征森林生态效益补偿基金。城镇个体工商户以户为单位，按月纯收入定额计征。2000元以内的，每月征收5元；2000～4000元的，每月征收15元；4000元以上的，每月征收40元。②原油每吨征收1元，成品油每吨征收1.5元；非金属矿石每吨（方）征收0.05元；黄金矿石每吨征收0.3元，其他有色金属矿石每吨征收0.1元。③风景区、森林公园、自然保护区、狩猎场门票加价征收10%。④在林地采挖野生药材，按收入的3%征收。

12）黑龙江省人民政府颁布的《黑龙江省水利工程供水收费标准和使用管理办法》（黑政发〔1987〕18号）第8条规定：属于供水性质的水源工程从实收水费中提成15%，或按照实际供水量收费，每立方米收水费0.001元。

13）福建省财政对国家补助范围以外的生态公益林也进行补助，2001～2006年补助额分别为5720万元、3000万元、3400万元、5000万元、6515万元和8015万元，对于一级保护的省级公益林每年每亩补偿性支出从2001年的1.35元提高到2005年的4.5元。省财政计划2007年再增加补偿费1500万元。

14）1997年甘肃省出台的《甘肃祁连山国家级自然保护区管理条例》规定：从祁连山水源涵养林受益地区征收的水资源费总额中提取30%，从保护区内进行的科学研究、灾害处理、旅游等收入中提取2%～5%，用于保护区水源涵养林的保护和建设。

上述案例主要以政府干预为主要手段实施生态补偿，除此之外，我国以森林生态效益补偿的市场化手段为依据正在探索生态补偿途径。例如，目前国内正在开展和拟开展的林业碳汇项目已经涉及7个省（区），包括广西、云南、四川、内蒙古、河北、山西以及辽宁（表5-7）。

表 5-7 我国7个碳汇试点项目实施情况

试点区域	投资方	资金/万美元	造林面积/hm^2	单位面积投资/(美元/hm^2)	内容
内蒙古	意大利	153	3000	510	在第一个有效期完成后,自动延续新的5年有效期,2012年后,该项目产生可认证的CO_2减排指标归意大利所有
广西	世界银行 世界生物碳基金委员会	200	4000	500	广西已递交碳融资文件给世界生物碳基金委员会,申请碳汇造林再造林项目审核。在15年间吸收的碳减排指标归世界银行所有,15年后森林归广西所有
云南、四川	美国3M公司	300	—	—	按照国际规则设计和操作程序,结合森林植被恢复和生物多样性保护,进行林业碳汇试点示范项目。该项目计划发展森林多重效益,包括生物多样性、碳汇及社区发展。实施时间2005~2008年
辽宁	日本	18	—	—	营造防风固沙试验林,按照清洁发展机制(clean development mechanism, CDM)小规模造林项目设计要求,开展试验林林木生长及相关数据采集工作,通过分析得出林木吸收CO_2情况,把所造林吸收的碳汇作为排放权卖给日本企业,所得的收益用来继续营造防护林
河北、山西	荷兰、芬兰	—	—	—	荷兰、芬兰和有关国际组织与河北、山西省有关单位拟开展碳汇项目

资料来源:中国生态补偿机制与政策研究课题组,2007

5.2.3 国内生态补偿实践的特点

国内生态补偿实践呈现出以下特点:①从被动的政府资助向主动的自发补

偿转变。早期的生态补偿大多由政府和其他一些机构主导，导致出现了违背市场规律的补偿，造成补偿不足等情况。近来随着人们环保意识的加强，许多生态补偿项目已经向受益者直接支付给提供者的方式转变。②补偿的方式从“输血型”向“造血型”转变。目前生态补偿的方式大多为“输血型”补偿，很容易发生资金流不能持续的状况，不能从根本上解决生态服务功能提供者的生存与发展问题，生态环境的保护也就不能持续。因此，要从根本上解决生态环境的保护问题，就应该提供一种包括产业结构调整、提高社会福利以及政策扶持等“造血式”的补偿。

5.2.4　国内生态补偿面临的主要问题

1）生态补偿随意性大，国家没有统一政策。全国各地的补偿或补助政策随意性很大，有的年份多，有的年份少，稳定性差，这影响人们对未来公益林经营的预期。原因在于国家没有统一的政策，各地的补偿或补助政策取决于决策者的意志、公益林所有者和经营者的讨价还价能力及当地当年的财政预算状况。但是从总体上看，各地补偿费呈上升趋势。

2）政府单方决策为主导，利益相关者参与不够。目前，生态补偿对象、范围和标准的确定主要以政府决策为主，没有科学合理的核算体系与明确的解释。其实，生态补偿的资金来源、补偿对象、补偿标准等都直接涉及生态效益直接受益者和提供者的切身利益。到底该对哪些受益者征收补偿费，收多少；又该对哪些人进行补偿，补偿多少，怎样补偿，这些问题没有利益相关者参与协商，是不合理、不公平的。制定生态补偿政策时，应该建立生态系统服务功能保育者和受益者的参与机制。要广泛听取各利益相关者的意见，充分了解情况。在广泛听取各种意见的基础上集思广益、正确决策。这样的政策既可以兼顾民主与效率，又可以预防政策的偏颇与缺乏，从而保证政策的合理性、可行性，提高政策质量。可以通过听证制度来实现公众参与。但是，中国生态补偿政策制定时极少考虑生态系统服务功能保育者的意见。

3）土地权属不清，补偿范围与对象界定不合理。目前，地方普遍存在土地权属不清的问题，致使补偿金分配缺乏科学依据。公益林补偿过程中，补偿范围界线不清，对象确定不明确。

政府选择补偿或补助对象主要考虑用行政手段强行保护公益林，以补助管护人员为主，而没有考虑到应该补偿给林权所有者，由所有者自行管护。选择管护对象也没有经过村民同意，大部分是由村委会推荐管护人员，不是林主决定是自己管还是他人管，即管护费补助对象也不是由林主决定。

4）缺乏科学的核算方法体系。我国生态补偿理论和方法尚处于探索阶段，还没有建立一个公认、完善的核算方法体系，因此生态效益补偿存在技术制约。现在用的核算方法，大多直接利用国外的定价或方法，与我国社会经济现状脱节，这使得评价结果存在可信度低与可操作性差的缺陷，难以取得学术界、管理决策部门和公众的认同，因而也很难为管理与决策部门所应用。

5）筹资机制单一，“免费搭车”现象突出。现行生态补偿资金来源包括国家财政投入、地方财政投入和受益单位补偿等，但基本上来源于中央与地方财政拨款（公共支付体系），筹资渠道过于单一。受益者补偿以旅游和水资源利用单位补偿为主。政府没有为交易体系和自主协议的运作创造制度环境，没有发挥市场筹资机制的作用。如目前政府的公益林制度安排不利于公益林生态补偿的市场筹资机制的建立，如公益林禁伐政策、限额采伐政策等都是用来约束森林经营者的，于是，受益者就会产生机会主义行为：即使不付费，经营者也不能采伐公益林，采伐了便是违法；受益者意识到不付费也照样享用生态效益，所以就不会有付费的动机，使受益者“免费搭车”很顺利。

6）补偿标准一刀切，资金分配机制不健全。目前国家公益林生态效益补助资金平均5元/（亩·a），长江流域补偿标准一样；黄河流域也都是相同的补偿标准。平均主义的补偿标准对劣等地而言，补偿标准偏高；对于优等地而言，补偿标准偏低。未能充分体现优质优价，没有建立分级分类补偿机制，以至于拥有好的公益林的林主损失更大。如何合理、有效地分配补偿资金，形成一种公平和效率均衡的公益林保护激励机制至关重要。

7）补偿标准偏低，监测评估体系不完善。以目前的公益林补偿为例，5 元/亩的补助标准仅仅用于护林员的劳务费、森林病虫害和火灾的防护等费用，林农根本得不到任何补偿金。而在南方集体林区许多地方林地租金已经超过 5 元/（亩·a），中央现在补助 5 元/（亩·a）不够付林地地租。另外，生态补偿实施之后缺乏连续的监测机制、信息反馈机制和后评估。

8）生态效益市场化机制不健全。目前国际上流行的市场化森林生态效益补偿方式的实现受制于一些条件，如要求生态林有明确的权属、生态效益可准确计量、较低的交易成本等等。这些条件意味着要保证这种市场补偿方式的实现，国家应当具备相对完善的市场基础设施，否则市场补偿难以实现。目前，中国森林生态效益市场化手段处于探索阶段，出现了一些零星的生态效益市场交易的案例，主要是流域水文服务交易和碳汇贸易等方面。对于建立森林生态效益市场的主体、对象、范围等都没有进行深入、系统的研究。

5.3 三江源区生态补偿机制

5.3.1 生态补偿现状与问题

5.3.1.1 三江源区生态保护要求及其影响

根据国务院已批准的《三江源国家级自然保护区》功能区划范围，三江源自然保护区功能分区为：核心区面积 31 218km^2，占自然保护区总面积的 20.5%；缓冲区面积39 242km^2，占自然保护区总面积的 25.8%；实验区面积 81 882km^2，占自然保护区总面积的 53.7%。

（1）核心区

保护区共划分核心区 18 个，面积 31 218km^2。核心区内现有人口 43 566 人。核心区设定时主要思路如下。

1）有利于保持典型自然生态系统的完整性和自然性。

2）有利于为主要保护对象创造良好的生长、栖息和繁衍环境。

3）远离和避开城镇、工矿企业、交通干道、定居点、农业区和人口较密地带。

4）以方便管护为目的，可以打破现有州、县行政界线和流域界线。

在所有核心区中，主体功能为保护湿地生态系统的核心区分别占核心区个数的42%，面积的54%，其次依次为野生动物、典型森林与灌丛植被。

在空间布局上，中西部以野生动物类型为主，东部以森林灌丛类型为主，湿地类型主要区划在源头汇水区和高原湖泊周边。

（2）缓冲区

在每个核心区周边以及核心区之间，依据受干扰程度和保护对象特性的不同，划出了一定范围的缓冲区或缓冲带。缓冲区总面积39 242km^2，占自然保护区总面积的25.8%。缓冲区内现有牧业人口54 254人，区划时主要思路如下。

1）有利于缓冲保护区内外对重点保护对象的干扰或破坏。

2）动物类型核心区周围的缓冲范围要大，并尽量用缓冲区保持相邻核心区的联系。

3）有效分隔交通干线、工矿企业、城镇和牧民定居点对核心区的影响。

（3）实验区

核心区和缓冲区以外的大范围区域为实验区，总面积81 882km^2，占自然保护区总面积的53.7%，基本包括了条件良好的所有秋冬草场和部分夏季草场。实验区内现有人口约125 270万人，区划时主要思路如下。

1）有利于区域社会经济发展和农牧民生产生活。

2）有利于退化生态系统的恢复与治理。

3）有利于对零散分布的保护对象进行有效管护。

4）尽量考虑社会经济发展所要求的路、水、电、通信等基础设施项目布局。

保护区生态保护和治理工程项目建设布局以核心区为中心，从里向外分为三个层次。第一层为核心区，是严格保护区域；第二层为缓冲区，是重点保护区域；第三层为实验区，是一般保护区域。实验区域是保护和经营二者相兼顾的区域。因此，不同功能区有着不同的保护要求。

核心区主要任务是保护和管理好典型生态系统与野生动植物及栖息地。以封禁管护为主，禁牧、禁猎、禁伐和禁止一切开发利用活动，通过封禁管护等措施恢复林草植被。由保护区为主负责管理和建设，建立完善的管理体系和巡护制度。

缓冲区主要任务是缓冲或控制不良因素对核心区的影响，对轻微退化的生态系统进行恢复与治理。缓冲区内以草定畜、限牧轮牧，通过封禁管护等措施恢复林草植被，同时作为科研、监测、宣传和教育培训基地，由保护区和各级政府、各行业主管部门共同负责管理与建设。

实验区主要任务是作为核心区与缓冲区的自然屏障，大力调整产业结构、优化资源配置、开展退化生态系统的恢复与重建，发展生态旅游等特色产业和区域经济，促进社会进步。全面实施以草定畜项目，重点实施退牧还草、退化草地治理、森林植被保护与恢复、湿地与野生动物保护、能源建设、水利建设以及科研监测等项目，对超过天然草地承载能力的人口实行生态移民，对天然草地承载能力以内的人口实行集中聚居，减少草地的牧压，促进草地自我恢复。集中建设管理、执法、科研、宣教以及生产、生活服务等基础设施。主要由地方各级政府指导和协调区域的社会经济发展，按照符合环保与生态要求的产业政策或社会经济发展规划安排建设项目。

不同功能区的保护要求也对区域社会经济带来一定影响，主要影响方式包括生态移民和减畜：①生态移民。规划移民 10 140 户 55 773 人，规划投资约 6. 31 亿元。为搬迁户建住房、畜棚、暖棚以及相应的水、电、路、教育、卫生等基础设施配套。2004 ~2009 年度生态移民工程国家累计下达专项投资 39 036 万元，移民人均投资 8000 元，计划安置 9496 户 48 796 人。截至目前已安置 7191 户 35 956 人，完成投资 28 949. 4 万元。②减畜。

5.3.1.2 三江源区生态补偿现状

目前三江源区生态补偿方式主要有以下几种。

1）饲料粮款。其包括三种类型，一是有证户（草场使用证）的整理搬迁，如将果洛藏族自治州扎陵湖乡整体搬迁至果洛藏族自治州玛沁县大武镇，其补助标准较高，每户每年可领到8000元的饲料粮补助费；二是有证户的零散搬迁，即按照“集中安置，牧民自愿”原则将部分地区的部分牧民搬迁（多数为牲畜数量比较少的牧民），每户每年可领到6000元的饲料粮补助费；三是无证户的搬迁，每户每年可领到3000元的饲料粮补助费，以草定畜粮食补助每年每户3000元。

2）燃料费。自2008年开始发放取暖及生活燃料补助。鉴于三江源地区冬季采暖时间长、移民搬迁后取暖及生活燃料缺乏以及现行燃料补助标准较低的实际，需要进一步提高生态移民户取暖及生活燃料补助标准，2009年，玉树藏族自治州、果洛藏族自治州地区生态移民户每户每年取暖及生活燃料补助从1000元提高到2000元；黄南藏族自治州、海南藏族自治州地区生态移民户每户每年取暖及生活燃料补助从500元提高到800元。

3）国家其他生态补偿。退耕地还林（草）工程、天然林保护工程（补偿标准1.75元/亩）、生态公益林补偿（补偿标准5元/亩）、封山育林工程（补偿标准2元/亩）。

前两项补偿主要是退牧还草工程实施的补偿方式。

5.3.1.3 三江源区生态补偿面临的问题

（1）后续支撑产业的滞后影响生态移民的生活质量

搬迁入住的牧民绝大多数是贫困户，无良好后续产业做支撑，群众增收难度相当大。一方面，虫草采集的收入占移民收入比重较大，但虫草采集季节性强，随意性大，收入极不稳定；另一方面，在发展后续产业上缺少资金，办法不多，而且生态移民们居住的都属异地搬迁无土安置的移民村，既无发展的生产资料

——土地或草场，又远离城镇，缺乏劳务输出和从事第三产业的市场，群众增加了创收成本，并产生畏难情绪不愿外出，缺乏勤劳致富的闯劲。

(2) 群众文化素质较低、新环境适应能力弱

群众移民文化素质低，劳动技能差，适应能力弱，短期内很难适应新的环境。群众对于作物种植、牲口饲养、手工艺品制作等基本技能掌握不够、不愿意积极学习，使得群众在新的环境下不能尽快适应，不能逐步转变新的生产、生活方式。此外，生态移民子女九年义务教育能得到保障，但中、高等教育阶段学费昂贵，使生活贫困、缺乏收入来源的生态移民家庭无法承受。

(3) 补助标准偏低

原定8000元的饲料粮补助款随着社会经济的发展和物价的上涨，已不能保障群众的基本生产生活，燃料费补助也无法满足群众的采暖要求，而且一旦国家停止对生态移民的各项补助，群众将无法在此生存。生态移民中部分牧民群众只能依靠低保艰难度日，但由于低保覆盖面不广，难以做到应保尽保，无法有效解决生活困难群众的生活保障问题。

(4) 移民人口及户数增加影响了生态补偿效果

移民新村随着人口增加、婚嫁等情况的变化，会出现数量不小的新增户(以河源新村为例，6年时间新增87户，搬迁时总户数为150户)，但这些新增户得不到批准认可，无项目住房和饲料粮变现补助，他们的住房和生活保障存在极大的困难。

5.3.2 生态补偿基本原则

生态补偿机制在经济理论上就是实行生态保护经济外部性的内部化，让生态建设和生态者能享受到其成果带来的经济利益，并让生态保护成果的受益者支付相应的费用，从而通过制度设计实现生态功能这一特殊“公共产品”的生产者与使用、消费者之间的公平性，保障生态功能的投资者得到合理回报，激励“生态服务功能”产品的可持续生产。

根据三江源地区生态环境问题的特征和国家生态安全的需要，建立生态补偿的机制应遵循保护生态者受益、受益者补偿、全面统筹、和谐发展，并促进可持续生产和生活方式的形成等原则。

1）生态保护者受益原则。也可称之为“谁保护、谁受益”，由于生态保护是一种具有很强的外部性的经济活动，如果对生态保护者不给予必要的经济补偿就会导致普遍的“搭便车”行为，引起生态资源的过度利用，使生态保护失衡。解决办法是对产生外部经济效应者提供相应的经济补偿，使生态保护不再是政府的强制性行为和社会的公益事业，而是成为投资和收益相对称的经济行为，能将生态保护成果转化为经济效益，鼓励人们更好地保护生态环境。

2）受益者补偿原则。通俗地说“谁受益，谁付费”，这是市场经济社会的普遍原则。但是，由于受益主体常常很难确定，或受益主体为一个国家或区域的所有（或大多数）公民，因此政府应成为补偿或付费的主体。如三江源区是长江、黄河和澜沧江的重要水源地，使用水源的居民及地方政府应支付水资源保护费。

3）受损害补偿原则。由于生态保护中可能会发生保护生态者直接或间接受到经济的损害。如三江源区是水源保护区，所以不能发展某些产业、不能放养或限制牲畜的数量，由此造成的经济损失应得到生态补偿。保障居民生活水平和社会发展不应为生态保护而受到不利影响。

4）权利与责任对等的原则。生态补偿的目的是实现生态系统保护，从而提供持续的生态系统服务功能，生态保护的效果是衡量生态补偿政策实施效果最重要的方面，因此在生态补偿政策设计过程中，必须明确受偿者在得到补偿之后生态保护的责任、范围、面积，将权利与义务统一起来，使生态补偿切实发挥作用，最终达到生态保护的目的。

5）全面统筹，和谐发展原则。由于生态功能的空间分异规律决定不同地域的生态系统具有不同的生态功能。通俗地讲，三江源地区具有极重要的生态服务功能，如对水源涵养、水土保持、生物多样性保护等具有很重要的作用，必须予以保护。由于对这些地域进行生态保护将制约当地居民的发展，而这些具有重要生态功能的地域往往位于经济落后和贫困的地区，因此，在生态补偿中，应将当地生态保护、居民的发展和解决贫困化问题结合起来，统筹安排，和谐发展。

6）生态补偿与促进可持续生产生活方式的形成相结合原则。针对三江源自然保护区，生态补偿应帮助当地居民建立新的与生态保护目标不冲突的资源利用和经济发展方式和生活方式，如引导发展第三产业、发展圈养牧业等等。

5.3.3 生态补偿的范围与对象

5.3.3.1 生态补偿范围

根据国务院已批准的《三江源国家级自然保护区》功能区划范围，三江源自然保护区核心区和缓冲区为生态补偿的主要范围，其中核心区面积 31 218km^2，占自然保护区总面积的 20.5%，核心区内现有人口 43 566 人；缓冲区面积 39 242km^2，占自然保护区总面积的 25.8%。

5.3.3.2 生态补偿对象

根据“保护者得到补偿”的原则，保护生态环境、提供生态服务功能的人群即为生态补偿对象。

首先，根据《三江源国家级自然保护区》保护要求，确定保护的地域范围。其次，分析当地居民生产和土地利用与保护要求的矛盾，确定保护地域内依赖受保护生态系统生产与生活的居民。三江源受到生态补偿的对象应是当地农牧民。果洛藏族自治州的班玛县、玛沁县、达日县、久治县、甘德县、玛多县，玉树藏族自治州的治多县、称多县、玉树县、囊谦县、杂多县、曲麻莱县，海南藏族自治州的同德县、兴海县、贵南县、共和县，黄南藏族自治州的河南县、泽库县，格尔木市的唐古拉镇实施三江源自然保护区生态保护与建设工程中形成的生活困难的生态移民是生态补充的重点。

5.3.4 生态补偿经济标准及其确定方法

三江源自然保护区生态移民补偿标准使用牲畜机会成本法、草场机会成本法以及地区发展差异法进行核算，其核心分别是移民所拥有的牲畜、移民所拥有的土地权、不同地区发展差异，以期为科学合理地确定生态移民的生态补偿标准提供参考。

5.3.4.1 确定方法

(1) 牲畜机会成本法

生态移民工程使得牧民失去了原本可以每年连续带来收入的牲畜（以羊单位计），对其造成了经济损失，即机会成本，生态补偿应能弥补这些经济损失，每年的补偿标准 C 可以表示为

$$C = n_p \times A \tag{5-1}$$

式中，n_p为牧民每年宰杀（即产生经济效益）的羊单位数；A 代表每个羊单位的经济效益。其中，n_p具体推导过程如下。

假设牲畜的群落动态没有年际变化，则牲畜总数恒为 n，牲畜中母畜的比例恒为 c，母畜中有生育能力的母畜的比例恒为 p，母畜繁殖的成活率恒为 e，每只可生育的母畜每年繁殖后代数为 n_1。由于第一年出生的小羊第二年就有生育能力且假设不宰杀无生育能力的牲畜，从而在利益最大化的前提下（即在种群总数保持不变的条件下每年的宰杀量最大），每年有生育能力的母畜数目=上一年有生育能力的母畜数目+上一年无生育能力的母畜数目-上一年宰杀的母畜数目，即

$$n \times c \times p = n \times c \times p + n \times c \times (1 - p) - n \times c \times p \times e \times n_1 \times c$$

故 $p = \dfrac{1}{1 + c \times e \times n_1}$，从而

$$n_p = n \times c \times p \times e \times n_1 = \frac{n \times c \times e \times n_1}{1 + c \times e \times n_1} \tag{5-2}$$

式中，n 为牲畜总数；c 为母畜比例；e 为繁殖成活率；n_1 为母畜每年繁殖数。

（2）草场机会成本法

牧民除了自己放牧牲畜之外，还可以不放牧而将自己拥有的草场出租于他人放牧，而由于生态移民工程使得牧民失去了可供出租的草场，对其造成了经济收入的损失，即机会成本，生态补偿标准应能弥补这些经济损失，每年的补偿标准 C 可以表示为

$$C = r \times S \tag{5-3}$$

式中，r 为牧民出租草场的平均价格；S 为牧民原本所拥有的草场总面积。

（3）地区发展差异法

与其他的生态补偿项目不同的是，生态移民工程将居民整体搬迁到异地。本研究中，三江源自然保护区的建立使得山区的牧民整体搬迁到远离山区的城镇中居住，使得牧民在全新的环境中失去了全部原有经济收入的来源，更严重的是由于在新环境中劳动技能的缺失，牧民要面对远高于移民前的生活成本压力，生态补偿应该考虑这种差异。具体而言就是至少保证牧民在搬迁后的收入不低于新居住地当地的平均水平。在用该种方法计算生态移民补偿标准时，本研究以果洛新村和河源新村这两个移民新村为例，即补偿标准能够弥补上述两个移民新村的人均收入和新村所在果洛藏族自治州人均收入之间的差额，因而，每年的补偿标准 C 应该是

$$C = (I_a - I_b) \times N \tag{5-4}$$

式中，I_a为移民新村所在的自治州人均年收入；I_b为移民新村的人均年收入；N 为生态移民总人数。

5.3.4.2 数据来源

2010 年 9 月，走访青海省果洛藏族自治州政府、三江源移民办公室、林业局等相关部门并进行座谈，获取了三江源自然保护区建设规划、实际移民数、退牧还草的实施面积、牲畜减畜量、牧民出租草场的价格、全州人均收入统计报表等相关资料；走访果洛新村、河源新村两个移民村的村委会，并与村民进

行座谈，收集的资料包括两个移民村人均收入统计报表、牧民搬迁前出租草场的价格、牧民们搬迁前后的经济结构等基本资料。汇总所有数据，确定各方法所需参数（表5-8）。

表5-8　确定生态补偿标准的相关参数

编号	方法	参数	参数描述	数据来源
1	牲畜机会成本法	n	减少的牲畜数目（以羊单位计）	根据《三江源自然保护区总体规划》（下简称《规划》）确定①
		c	母畜的比例	走访牧民和相关工作人员，确定该比例为0.5
		e	母畜繁殖后代的成活率	走访牧民和当地相关工作人员，确定该比例为0.57
		n_1	每只可生育的母畜每年繁殖的后代数	走访牧民和相关工作人员，确定该值为1②
		A	羊单位的经济效益	根据《规划》确定③
2	草场机会成本法	R	牧民出租草场的平均价格	走访牧民及相关工作人员确定④
		S	牧民原本拥有的草场总面积	根据《规划》确定⑤
3	地区发展差异法	I_a	移民新村所在的州县人均年收入	汇总各地统计资料确定⑥
		I_b	移民新村的人均年收入	汇总各地统计资料确定⑦
		N	生态移民的总人数	根据《规划》确定⑧

注：①按照《规划》，计划减少的牲畜数目为3 184 000羊单位；②每只可生育的母畜每年只能繁殖1只后代，且成活率为e；③按照《规划》，单位羊单位的经济效益为200元/羊单位；④每年的草场租金为1.35元/亩；⑤按照《规划》，核心区和缓冲区的草地总面积为7723.02 km^2；⑥根据河源新村及果洛新村所在的果洛藏族自治州2009年的人均年收入，确定I_a为2429.5元；⑦根据河源新村以及果洛新村2009年的人均年收入，确定I_b为381元；⑧按照《规划》，三江源自然保护区的实际移民人数为55 773人

5.3.4.3　生态补偿标准

(1) 三江源地区生态保护要求及牧民的损失

三江源自然保护区的建立有一系列的生态保护要求，如通过恢复天然草地、综合治理退化草地、保护森林植被、封山育林（草）等一系列措施来保护生态系统，使区域草地退化、沙化得到治理和恢复，高寒草甸、高寒草原、严

重退化草地的植被覆盖度得到提高；实行以草定畜，减轻天然草地的放牧压力，缩减超载牲畜；同时施行生态移民让牧民集中定居，在天然草地上保持牲畜、人口在合理承载能力范围内。

在实现生态目的的同时，保护区的建立也给牧民带来了一系列的损失。依据《规划》，整个三江源地区共完成退牧还草 9658.29 万亩，封山育林 452.04 万亩，退耕还林（草）9.81 万亩，并且缩减 458 395 万羊单位的牲畜保有量，需实际搬迁生态移民 55 773 人，10 140 户。退牧还草使牧民失去了可供出租的草场，缩减牲畜使牧民失去了有直接经济价值的牲畜，封山育林（草）和退耕还林也都对牧民的经济收入有一定的影响，但经济收入的影响绝大多数来源于牲畜和草场的机会成本；同时保护区的建立也使得原本拥有牧场的牧民移居到城镇，要承受更高的生活成本。

（2）生态补偿标准的确定

综合考虑牧民经济收入来源、牧民损失的牲畜数量、牲畜经济价值等因素，以牧民损失的牲畜为载体，依据表 5-8 和式（5-1）、式（5-2），采用牲畜机会成本法确定的每年生态补偿标准为 1.41×10^8 元；对 10 140 户生态移民而言，生态补偿标准为 1.39 万元/（户·年）。

综合考虑牧民经济收入来源、牧民损失的草场总面积、草场出租的价格等因素，以牧民损失的草场为载体，依据表 5-8 和式（5-3），采用草场机会成本法确定的每年生态补偿标准为 1.04×10^8 元；对 10 140 户生态移民而言，生态补偿标准为 1.03 万元/（户·年）。

综合考虑牧民搬迁前后不同居住地发展水平差异、牧民自身限制等因素，以搬迁前后地区的人居收入差异为参照，依据表 5-8 和式（5-4），采用地区发展差异法确定的每年生态补偿标准为 1.14×10^8 元；对 10 140 户生态移民而言，生态补偿标准为 1.13 万元/（户·年）。

（3）生态补偿标准确定方法比较

本研究分别采用牲畜机会成本法、草场机会成本法和地区发展差异法来确定生态补偿的标准，结果稍有不同，不同方法载体不一样，特点也不一样（表

5-9)。牲畜机会成本法的计算过程是在理想状态下进行的，从而能在合理的范围内使核算出的机会成本最大化，同时不同自然条件产生不同类型的草场，承载不同的牲畜数，从而核算出不同的补偿标准，故该法能有效避免补偿标准偏低的现象，最大化考虑利益相关者的损失，并且在一定程度上综合了不同地区自然条件的异质性。草场机会成本法中草场的租金是根据牧民实际出租的价格确定的，在一定程度上反映了供求双方的关系，避免了单方面定价的现象。地区发展差异法基于生态移民项目的特殊性，充分考虑了不同区域的经济发展差异，有效保障牧民们从较贫困的山区搬迁到相对较发达的市镇之后的生活。

表 5-9　生态补偿标准确定方法比较

方法名称	原理	补偿标准	特点	适用对象
牲畜机会成本法	机会成本理论	1.39 万元/(户·年)	最大限度弥补牧民的直接经济损失，与利益相关者联系紧密，综合了自然条件异质性；但未考虑牲畜可能出现的年际动态（如疾病），且需要的数据量大	适用于大规模的放牧区或林区，但要求研究区域内受偿者经济收入来源方式异质性很小
草场机会成本法	机会成本理论	1.03 万元/(户·年)	计算过程简单，可操作性强，反应一定的供求关系；但未考虑自然条件的空间异质性，即不同品质不同类型的草场是“一刀切”的处理	在土地利用方式单一、空间异质性小的区域应用很方便，但在空间异质性较大的大范围区域内的应用受限制
地区发展差异法	地区经济条件差异	1.13 万元/(户·年)	充分考虑了不同地区经济发展的差异；但是补偿的标准偏低，仅达到当地平均水平，几乎是最低标准，未考虑牧民进一步发展的可能性，而且与牧民由于保护区建立所承受的损失没有太多关联，与生态效应没有任何相关	在生态移民工程中能有较广泛的应用性，尤其是在情况复杂、受偿者无固定收入来源的地区

5.3.5　生态补偿方式

5.3.5.1　对当地居民

根据管理权属，以家庭为单元核实所保护的生态系统面积，采取资金补偿。

5.3.5.2　对集体、机构

根据管理权属，以村或农场、林场等实体机构为单元核实所保护的生态系统面积，确定生态补偿的数量，采取资金补偿。

5.3.5.3　对所在地域的地方政府

补偿方式包括：财政转移支付；生态保护、生态恢复投入。基础设施建设投入。道路、学校、医药等。

5.3.6　生态补偿资金来源

三江源所提供水源涵养、生物多样性保护、防风固沙三类重要生态服务功能的受益者包括我国东西部的广大地域，甚至全国乃至全球。遵循“谁受益，谁付费”的原则，三江源生态补偿的经费来源应当包括：①国家财政。国家财政应当作为主要支付者。②依赖三江源生态系统取得直接经济利益的企业，如水电、旅游等。

5.3.7　生态补偿效果评价与考核办法

生态补偿机制涉及的部门多、领域广、利益关系复杂，现有生态环境管理体制下的目标责任体系和监督管理体系还不能满足建立生态补偿机制的需求，因此必须在统筹全局、全盘考虑的条件下，明确三江源区生态补偿的主体和对象，设立科学合理、具有现实可操作性的评价考核指标与标准，制订实施跨部门合作的评价考核方法，积极有效地运用评价考核结果才能促进三江源区生态补偿的健康发展。

（1）评价对象

根据三江源区生态补偿确定的原则与对象，生态补偿效果评价和考核的对象应该是受偿者，即纳入生态补偿范围的集体土地的所有权和使用权者（直接受偿对象），以及生态补偿范围内的当地政府和居民（间接受偿对象）。

从可操作性来看，对当地政府的考核是最易实现的，其次为集体土地的所有权和使用权者，对得到间接损失补偿的居民主要是普惠性的补偿，这部分人对受偿区生态系统服务功能一般没有直接的投入和维护，故不应纳入考核的范围，通过强化宣传教育来提高生态保护意识。因此，从三江源区生态补偿的具体对象来看，评价对象有两类，一类是受偿区地方政府；另一类是补偿土地的管护者。

（2）评价指标与标准

三江源区生态补偿实施效果评价考核指标的确定涉及政府和个人两类评价考核对象，不同的评价考核对象评价考核指标不同。需要在进一步研究的基础上，提出：①地方政府的评价考核指标；②集体和个人的评价考核指标。

（3）考核办法

与受偿区市县政府签订年度环保责任目标，签订目标责任书。评价对象依据目标责任书履行相应的权利和义务，年终接受评价实施部门的考核。

生态补偿实施效果评价是生态补偿管理中的一个重要环节，不管评价主体针对评价对象采取什么样的评价方法，评价目的都是通过对评价结果的综合运用，规范生态补偿资金的使用管理，作为下年度生态补偿金额的发放依据和处罚依据，依据考核结果实施动态补偿，以推动生态补偿的有效实施。

参考国内已有生态补偿机制省份的成功经验，三江源区可实行动态生态补偿，将补偿资金与保护效果挂钩，好的多补，差的少补，经营不善的不补，实现生态补偿权责统一，促进行政主管部门的有效管理；同时激励受偿集体和个人切实履行其责任和权利以提高生态补偿实施效果。制定出台具体的补偿奖惩办法，使生态补偿的保护效果与权益责任真正实现统一，形成制度，有法可依。

5.3.8 生态补偿配套政策与措施

国内外对生态补偿机制的研究相对较多，但对于生态补偿的配套机制研究主要集中于税制、投融资制度等。目前我国生态补偿的实施途径以国家财政支付为主，配套措施是对国家、地方政府财政支付外的生态补偿机制的有效补充，可以是各地根据本地区具体情况制定的相应配套政策和措施，能够起到多层次、多角度、多方面完善生态补偿的实际内涵，起到优化生态补偿机制的作用。同时，完善生态补偿制度的法规、制定相应的鼓励、约束政策等是促进生态补偿顺利实施的保障。根据三江源区实际情况，提出对直接权益损失性补偿的配套政策，以及对补偿区域内地方政府和居民因生态保护而丧失发展机会的间接权益损失所采取的配套措施。主要包括以下几方面。

（1）制定完善的保障生态补偿长效实施的配套法规政策

生态补偿在国内已有不少探索经验和实践案例，但作为一种涉及各方面利益、需统筹资金和调控管理、影响作用面广的长效机制，首先必须将生态补偿上升到法律层面，构建制定生态补偿的法律规定体系，以保证生态补偿稳定、持续地实施。加强立法，配套完善相关生态补偿政策，为建立生态补偿提供法律依据，也是建立和完善生态补偿机制的根本保证。配套政策应具有激励性和约束性，主要解决两方面问题：①在以政府为主导的补偿模式下，鼓励、调动市场经济参与补偿活动，使资金来源多样化，促进保护与补偿平衡。②对生态补偿的实施和管理提供法规政策保障，限制约束不利于生态补偿的行为发生。在国家层面，需要从宪法、专项法和行政规章等层次构建生态补偿法律法规体系，如制定《生态补偿法》。

（2）完善有利于生态保护的财政转移支付制度

在现行生态转移支付的基础上，进行适当调整。①在测算指标中综合考虑生物多样性保护、水源涵养、水土保持、产业发展机会丧失等相关因素。②改进支付制度，形成动态激励机制。考虑市县区内保护面积比例超过三江源区平均水平的市县；生态保护工作力度大，对生态示范区建设成效显著的市县等加大补助。增加对限制开发区域、禁止开发区域用于公共服务和生态环境补偿的财政转移支付，逐步使当地居民在教育、医疗、社会保障、公共管理、生态保护与建设等方面享有均等化的基本公共服务，同时可避免扩大地区不平衡的利益格局。③根据补偿主体财力的增长，相应提高生态转移支付资金总额，形成生态补偿的长效机制。④加强对市县生态补偿转移支付资金的监管，出台资金管理办法。生态转移支付资金作为一般财力性转移支付资金，由市县统筹安排使用，应严格规定市县政府对生态转移支付资金的使用用途，重点用于生态环境建设与保护、农村社会事业发展，不得将资金用于非生态保护及相关建设活动。

（3）建立民生性的生态补偿措施

对于受偿区居民因生态保护而丧失的发展机会和经济利益的损失，采用居民民生补偿方式。这是一种对受偿区所有居民的普惠性补偿。目前，国内其他地区现有的生态补偿实践主要是采用财政转移支付的方式，生态补偿资金主要投向受偿地区的基本建设、社会保障、农业和教育等领域。尽管受偿地区居民整体受益，但一般没有对个体居民进行直接补偿，由于没有直接受益，广大的个体居民缺乏保护生态环境的积极性。

结合民生问题，创新生态补偿模式，将补偿资金重点用于医疗、养老、教育等涉及民生方面的补偿，可优先考虑医疗与教育，逐步推进到农村社会养老补偿。引导受偿区公众增强保护生态环境的自觉意识，逐步改善受偿区民众的生产生活条件，确保受偿区民众享受基本的公共服务和生活保障。补偿资金按年度下拨到市县财政。由市县财政行政主管部门支付给市县社会保障部门，用于支付居民的医疗、教育等个人应缴部分。

（4）对重要生态功能区的基础设施建设与产业扶持

通过政策倾斜、优先等方式，加大对三江源区基础设施建设的投入，将现在的扶贫和发展援助政策向补偿地区倾斜和集中发挥生态补偿的作用。如保证三江源区城镇、乡村生活污水、垃圾处理、环境监测等环保基础设施建设等等。

政府通过合理的产业扶持，运用“项目支持”或“项目奖励”的形式，将补偿资金转化为技术项目安排到三江源区帮助发展替代产业，或者对无污染产业的上马给予补助以发展生态经济型产业。把生态补偿转化成为当地的生态保护建设项目，鼓励当地居民承担生态保护建设项目，通过项目真正提高当地居民的收入，以增强落后地区的发展能力，形成造血机能与自我发展机制，使外部补偿转化为自我积累能力和自我发展能力。

（5）建立差异性政绩考核机制

一直以来，在我国的领导干部政绩考核中，经济指标是党政干部政绩考核的主要依据，注重经济总量和增长，以地区生产总值和人均 GDP 来衡量，过分地强调了经济指标而忽视了经济发展、环境保护和社会可持续发展的协调。在生态补偿政策中，应创新建立差异性的政绩考核机制。所谓差异性政绩考核即在现行市县政府经济社会发展考核和领导干部政绩考核中综合考虑环境保护与地区经济社会发展的差异，通过衡量不同地区在生态服务功能方面贡献的差异，将环境建设与生态保护的成效和贡献纳入指标体系中，不单纯考核地区生产总值、人均 GDP、经济发展的速度、财政收入增长幅度等经济指标。这种地区的差异性，要求对市县政绩考核中相同的目标设置不同的权重和系数，体现政绩考核标准的差异性和特殊性。

（撰稿人：欧阳志云研究员、郑华副研究员）

第 6 章 三江源区生态经济发展的支撑体系

【摘要】

三江源区发展生态经济既需要洁净的生态环境作为基础，同时还必须选择适宜的生态产业、建设完备的公共服务体系、加强科技人才保障、建立高效的体制机制，形成三江源区生态经济发展的支撑体系。本章围绕三江源区生态经济发展的产业支撑、公共服务支撑、人才支撑和制度支撑四大体系问题，深入分析了各自的发展现状，指出了存在的主要问题和面临的困难，提出了加快发展生态产业、建立公共服务体系、加快人才培养、完善体制机制制度方面的对策建议。

三江源区地处青藏高原腹地，是长江、黄河、澜沧江的发源地，生态环境脆弱，生态地位重要，保护生态环境的任务十分艰巨。与此同时，三江源区又是我国重要的少数民族聚居区和经济欠发达地区，发展经济、改善民生是维护当地社会稳定和实现民族团结的根本保证。然而长期以来，在传统经济发展方式作用下，经济发展常常以破坏生态环境为代价，保护生态环境又不得不以牺牲发展为成本。特别是在近几十年里，经济发展与当地生态环境甚至陷入一种恶性循环，超载放牧、乱采滥挖导致生态环境严重退化，出现大量生态难民。如何破解这一难题，实现三江源区生态环境与经济发展的良性循环，我们认为，发展生态经济是唯一出路。三江源区高海拔下的独特高原地貌和高温差下的冷凉气候条件，为发展特色农牧业和生态旅游业提供了得天独厚的有利条件，纯天然、无公害的草场与没有化学污染和工业污染的大气、水源、土壤、生物等是发展生态畜牧业的天然净土。当然，在经济全球化和市场竞争日趋激烈的大背景下，生态经济的发展既需要洁净的生态环境作为基础，同时还必须选择适宜的生态产业、建设完备的公共服务体系、加强科技人才保障、建立高效的体制机制。可以说，三江源区发展生态经济既具有迫切性和可行性，同时又是一项系统工程，离不开产业、基础设施、公共服务、科技人才、体制机制等方方面面的支撑和保障。

6.1　三江源区生态经济发展的产业支撑

新中国的成立特别是西部大开发以来，三江源区经济社会得到了前所未有的发展，但受环境、资金、技术、人才等制约，三江源区经济发展水平依然较低，自保护生态环境而停止开发矿产资源之后，仅以出售动植物资源和初级产品为主的资源性产业对其经济的拉动作用十分有限，财政自给率仅为5%左右，人均国内生产总值不到青海平均水平的1/2，不到全国平均水平的1/3，尚处于社会主义初级阶段的较低层次和传统经济阶段。据有关部门统计，由于草场退化严重，据三江源区草场承载力计算，目前仍然超载约733万羊单位。由于经济发展缺乏内在持久的增长动力，加之为维持区内生态系统的良性发展而正在实施的减人减畜工程使区内农牧民收入急剧减少，当地城乡居民的收入水平以及享受教育、卫生、文化等公共产品、公共服务的水平与全国差距越来越大，经济发展与生态保护之间的矛盾更加凸显。

作为全国重要的生态安全屏障和青海省重要的生态功能区，中央政府和青海省对三江源区生态保护与建设的支持力度不断加大，但要实现三江源区人与自然、经济与社会和谐的可持续发展，实现广大农牧民群众的脱贫致富，还必须培育一批促进地方经济发展的产业作为支撑，需要依托独特的自然资源和气候条件，大力发展生态产业、增强自我发展的能力才能真正实现三江源区的生态系统平衡、社会文化的进步、畜牧经济的发展和民生的改善。因此，应根据三江源区不同区域的生产力空间布局和产业政策，对三江源区资源要素禀赋及对现有产业、潜在产业进行挖掘和整合，将生态畜牧业、生态旅游业、民族手工业和汉藏药材产业培育为三江源生态经济的重点产业。

6.1.1 生态畜牧业

生态畜牧业是将动物及其生存的环境和人类的社会活动作为一个有机整体，根据生态学、经济学系统工程和清洁生产的思想、理论、方法，使畜牧业生产向高产、优质、高效和稳定协调的方向发展。三江源区地处相对封闭的青藏高原，并以高寒草地生态系统为主，畜牧业是广大牧民赖以生存和发展的基础产业，更是当地经济发展的支柱产业。长期以来，受粗放低效、靠天养畜的生产方式以及气候条件变化的影响，超载过牧和草场退化成为三江源区畜牧业发展中的突出问题，不仅生态环境呈现出明显恶化趋势，牧民的生存也受到直接威胁。而大力发展以三江源特殊性和生态—生产—生活承载力为前提的生态型产业体系，发展生态畜牧业，不仅能有效发挥三江源区纯天然、无公害、无污染的洁净高原畜产品优势，还能通过建立各类合作组织和加快草场流转解决草畜矛盾和生态压力，从而解决长期以来难以解决的人、草、畜三者间的矛盾，是保护生态环境前提下既减轻草场压力又提高畜牧业效益的最佳发展路径。

6.1.1.1 三江源区生态畜牧业现状评价

三江源区畜产品资源丰富，且特色鲜明、接近自然，符合市场消费水平升级和多样化的要求，具备开发和培育有机产品、绿色产品的资源基础。为恢复草地生态动能和提高畜牧业效益，2005 年以来，青海省先后在三江源区实施了天然草原植被恢复与建设、草场围栏、天然草地退牧还草等一批重大工程，并于 2008 年初在河南县、治多县和玛沁县开展了“以保护草原生态环境为前提、以科学合理利用草地资源为基础、以推进草畜平衡为核心、以转变生产经营方式为关键、以组建合作经济组织为切入点、以实现人与自然和谐为目标”的草地生态畜牧业建设试点，两年来的实践取得了一定成效。一是通过采取逐步减畜和种草舍饲等措施，初步实现了以草定畜、草畜平衡的发展目标。二是将提高牲畜个体生产性能和群体品质、加快畜群结构调整为重点，加大畜种改良和本品种选育工作力度，适龄母畜比例显著提高，牲畜品种和畜群结构得到了优化。三是在减畜的同时，通过分类组群，将当年计划出栏的非生产畜（羯羊和淘汰母羊）和当年羔羊单独组群育肥，加快畜群周转速度，畜牧业生产效益得到了显著提高。四是由合作经济组织牵头，对劳动力和生产资料进行了合理化整合分配，经济结构、产业结构以及就业结构得到优化，使牧民得到了多元化的收入保障。如河南县获得了由中绿华夏有机食品认证中心颁发的有机牛羊产品、贸易、基地三个“通行证”，成为了我国面积最大、牲畜头数最多的有机畜牧业生产基地，其畜产品将以高出普通牛羊肉 20% ~30% 的价格进入全国高档市场。五是成立了由牧民自愿参加的专业合作组织，并在畜牧业发展、牧民增收、生产经营方式转变方面发挥了重要作用，牧民组织化程度得到了显著提高。如 2010 年由果洛藏族自治州、青海省贵南草业开发有限责任公司和青海省牧草良种繁殖场、青藏高原绿色肉食品公司共同签订了生态畜牧业产业经营协议书，标志着三江源区以整体、协调、循环、可持续为目标的高原生态畜牧业在起步较好的基础上，开始向产业化迈进。六是在牧民自愿的基础上，以合作社为平台，实行股份经营、集中经营、联户经营模式，从而有力地带动了以草场、牲畜、饲草料地等为主的畜牧业资源整合，加快了草原使用权的流转，提高了牧民组织化程度，促进了适度规模经营的发展。2009 年，玉树、果洛两州育活了各类仔畜 151.41 万头（只），年末存栏各类牲畜 440.08 万头（只），尽管为保护生态进行了减畜，存栏数下降了 3% 左右，但第一产业仍完成了增加值 198 423 万元，同比增长了 6% 以上，取得了经济效益和生态环境改善的双赢，初步探索了具有青海特色的生态畜牧业建设模式。

三江源区生态畜牧业发展试点村的探索为解决草畜平衡、实现草地畜牧业的可持续发展积累了一定经验，但这些成效仍然是试点性和初级的，与实现三江源区可持续发展还相差甚远，目前尚存在诸多难题。一是草场退化趋势与单一产业结构形成的畜草矛盾突出。尽管实施了三江源生态保护与建设工程，但三江源草原退化、沙化、鼠害等问题仍然没有得到根本遏制，畜草矛盾仍然突出。二是冷暖季草场不平衡问题突出。由于牧草生产的季节不平衡，冷季牧草供应不足，牲畜越冬体重损失大，造成了牲畜“夏壮、秋肥、冬瘦、春死”的恶性循环，并成为三江源区畜牧业发展中的瓶颈问题。三是基础设施滞后与消费市场边缘的双重瓶颈制约。三江源水源涵养区生产生活条件长期滞后，投入和政策扶持的长期不足，设施配套跟不上畜牧业发展的要求，牛的出栏率仅为 18% ~20%，羊在 25% 左右。四是缺乏组织化转型与产业化发展的基本要素。实行草场承包制后，原来自然状态下的草原生态被分割零碎而无法进行传统的四季大轮牧，不利于草地的休养生息，也制约了向现代畜牧业的组织化、产业化转型，牛羊肉、乳制品的转化率极低。五是生态补偿与管理等体制机制因素影响深远。由于缺乏完善的生态补偿激励机制和适合高原畜牧业集约化生产的经营管理办法和措施，导致了草地超载现象普遍。

6.1.1.2 三江源区生态畜牧业发展的思路及建议

人类社会本身的持续存在和发展以及自然环境的支撑力是可持续发展的两

个基本前提。因此，三江源区生态畜牧业要在保护生态环境前提下，选择以草场轻度承载、牧草供应有余、市场纯天然有机畜产品为特征的发展模式，建成生态作用突出、绿色有机无污染的天然畜产品生产区，从而走上生态安全、人与自然和谐的畜牧业可持续发展之路。

在发展目标上，生态畜牧业建设是一个长期发展与不断完善的过程，必须根据不同区域、不同发展阶段确定不同的阶段性目标，在三江源核心功能区内严格减人减畜，强化生态系统的自然修复功能；而在缓冲区条件较好的区域实行以草定畜和划区轮牧，切实减轻草场压力，大力发展以牦牛、藏戏绵羊为主，犊牛、羔羊肉为补充的优质畜种，并发展设施、半设施畜牧业，开展牛羊育肥。在发展方向上，应充分发挥三江源区内生态环境、草地资源、畜牧资源及政策支持等优势，以市场需求为导向，加快有机畜牧业绿色认证和基础建设，加强优良畜种的引进、培育和推广工作，优先在河南、泽库两县对畜产品进行深加工和综合利用，建立有机产品制造企业群体，并逐步扩大到三江源的其他区域。在发展重点上，一方面应根据生态畜牧业的生产原则建立符合有机原则的优质饲草料基地，满足传统畜牧业向可持续发展的生态畜牧业的转变，另一方面通过安排政府支农资金等支持和鼓励组建牧民合作社，依据合作社现实条件和发展需求，科学规划基础设施建设，合理调整产业布局，确保人、草、畜平衡发展。

6.1.2 生态旅游业

生态旅游是当前国际旅游发展的一种新型旅游形式。世界生态旅游学会认为生态旅游就是在自然区域里进行的、保护环境同时维持当地人福利的负责任的旅游。可见，生态旅游是集观赏、感受、研究、洞悉大自然于一体，又不破坏大自然的旅游形式，是以普及生态知识、维护生态平衡为目的的旅游产品，是保护生态环境和资源可持续发展的旅游方式。三江源生态旅游以“三江之源”水源地生态与环境体验、“康巴安多”藏文化原生态体验、“青南高原”

人与自然关系体验、“青南高原”户外运动与自驾车旅游为主体系列产品。以黄河源生态体验、长江源生态体验、澜沧江源生态体验、湖泊水生态、歌舞之乡采风、马背文化体验、宗教文化探秘、雪山冰川攀登探险、青南自驾游等为主打系列产品，涵盖了游、住、行、食、购、娱六方面的内容。依据《中华人民共和国国家标准·风景区名胜区规划》拟定的旅游资源分类体系，在全国普查而得的2大类、8中类、74小类风景资源中，三江源旅游区具有2大类、6中类、26小类。分别占全国相应类型的100%、75%和35.1%。由于三江源区内生态、探险、文化、宗教、科考等专项或特种旅游资源具有较强的垄断性和独特性，使其成为国内旅游景观类型多样、资源组合良好、研究价值大、具有重大开发价值的旅游富矿区。在生态环境允许的范围之内适度地开发三江源区具有强大市场吸引力的生态旅游资源，不仅能带动建筑、金融、通信、娱乐饮食等相关产业的发展，提供大量的就业机会，提高三江源农牧民生活水平，还能随着旅游这种跨越空间的文化交流与嫁接方式的长期进行创造良好的社会文化环境，对保护三江源区生态环境、促进社会经济全面发展具有重要的战略意义。

6.1.2.1 三江源区生态旅游业现状评价

自2000年成立了三江源国家级自然保护区以来，有着“千湖之地，江河之源”美誉的三江源区以其终年积雪不化的雪山、神秘的藏传佛教文化、多姿多彩的民族风情、自由栖居的野生动物、一望无际的绿色草原吸引了全世界的目光，三江源区各级政府将生态旅游列为工作重心，青海省旅游部门于2008年编制了《三江源地区生态旅游发展规划》，青海省也将投资18.42亿元用于建设三江源地区35个重点旅游景区内的旅游设施，着力打造集生态旅游、科学考察、探险旅游、宗教朝觐和风情旅游为一体的江河源型国际级生态旅游目的地。通过多年的努力，目前三江源区的生态观光、探险旅游、民族文化旅游等品牌已经逐步形成，旅游产品的市场知名度正在逐步提升，并随着交通、能源、市政、通信等基础设施的相继建成，三江源区的旅游接待能力获得了大幅度提高。2009 年，来玉树藏族自治州、果洛藏族自治州两州的游客人数达 19.93 万人（次），旅游总收入 9898.75 万元，同比增长 40% 以上。与此同时，极具地方民族特色的“民族风情园”和“牧家乐”等一批与旅游相关的经营实体正在逐渐兴起，旅游产业的带动作用开始凸显，不少牧民群众因此走上了致富道路。但鉴于极度脆弱的生态系统和难以再生的生态资源，三江源区内核心区以及可可西里腹地仍为限制开放区。

三江源区生态旅游业发展势头较好，但仍处于起步阶段，其生态旅游资源开发尚面临着诸多问题：①基础设施薄弱。三江源区地理环境复杂，交通线路密度低，公路等级低、路况差，通信落后，加之旅游资源分布相对稀疏，旅游路线长，空间跨度大，可进入性差，存在着“一流资源，二流知名度，三流开发，四流交通，五流经营”等问题，严重制约生态旅游资源的开发。②环境制约性明显。受高原高海拔的自然环境气候影响，不仅旅游日期短，旺季集中在 7 月中旬 ~9 月中旬的 2 个月内，而且对游客的身体状况也有一定限制，影响了旅游业的发展。③缺乏与旅游业配套的相关产业的发展。三江源区第三产业发展十分滞后，旅游的六大环节“吃、住、行、游、购、娱”存在着“小、散、弱、差”的状况，产业链条不完整，难以形成产业优势，制约着生态旅游业成为新的经济增长点。④市场化推进步伐缓慢。受制于经济发展水平，三江源区地方政府拿不出更多资金用于旅游业的资源普查、对外宣传和基础设施建设，特殊的地理环境更缺乏利用资本市场开发旅游资源的条件，加之人们的思想观念滞后，旅游管理方面的人才和宣传促销、导游人员奇缺，其发展速度远不能与迅速增长的游客需求相适应。⑤玉树灾后重建任重道远。玉树旅游业在三江源区具有重要地位，2010 年 4 月 14 日玉树特大地震影响了三江源区旅游业的持续发展，要在 5 年内实现将玉树藏族自治州府建设成为布局合理、功能齐全、设施完善、特色突出、环境优美的高原生态型商贸旅游城市的定位目标，任务十分艰巨。

6.1.2.2 三江源区生态旅游业发展的思路及建议

三江源区作为全国重要的核心生态功能区，原始性、真实性、神秘性和完整性以及自然属性和自然状态是其永葆吸引力的根本所在。因此，三江源区生态旅游之路应在其初生期和成长期主动把握趋势，发挥后发优势，积极介入管理，利用互联网上多媒体互动系统等现代信息技术推销生态旅游产品，抓紧制定有关管理规则，使这些管理和促销的新理念成为推动三江源区生态旅游走向世界的积极力量。

一是要紧紧抓住国家新一轮西部大开发战略以及支持藏区发展的历史机遇，充分利用国家给予的优惠政策及资金扶持，集中财力解决目前旅游开发中的重点和突出问题，推进基础设施建设，调整产业结构，从“吃、住、行、游、购、娱”等方面整体推进生态旅游业的发展。二是采取开发与保护工作同时启动、齐头并进的措施，积极寻找资源保护、文化继承与经济发展的最佳结合点，处理好游客容量与环境承载力的关系，拓展高端生态旅游市场，提质增效，因地制宜开发生态旅游产品，培育、壮大民族服饰、民族雕刻、藏毯加工、宗教用品等民族旅游商品。三是根据江源区生态旅游资源的空间分布，对内整合资源，科学布局，构建区域旅游网络体系，优先发展旅游资源良好、交通便捷等开发条件较好的著名旅游资源点，形成团簇状的生态旅游圈，带动旅游客源市场的形成与扩大，再逐步梯度转移到其他开发条件相对较弱的旅游景点；对外借鉴川、滇、藏三省区联合运作开发香格里拉的成功做法，进一步强化旅游合作，共同构筑旅游绿色通道。四是建立多元化的融资渠道，多方筹措开发资金，积极争取国内外资金投入，做好联合开发，共同受益，对于有条件的项目可以采取发行股票、债券等方式，筹集社会闲散资金。五是加大生态旅游宣传促销力度，注重引进和培养旅游管理人才，不断创新旅游宣传形式，增强宣传促销的针对性和实效性，积极培养一批专业化程度较高的旅行社以及相关旅游管理、导游、演艺人才，在三江源生态旅游产品的推广、营销和运营方面发挥作用。六是充分利用玉树灾后重建以及“玉树不倒，青海常青”在国内外的知名度，打造原生态三江源，让三江源区成为青藏高原上最具吸引力和经济价值的旅游目的地之一。

6.1.3 汉藏药材产业及民族手工业

独特的生态系统孕育了三江源区独特的生物区系，成为世界上海拔最高、生物多样性最集中的地区，被誉为高寒生物自然物种基因库。这里植物种类繁多，有80余科400属近1000种，仅野生药材就有上百种，如知名的药材有红景天、冬虫夏草、麝香、鹿茸、雪莲、贝母、大黄、藏茵陈、黄芪、羌活、牛黄、熊胆、干鹿角等。与此同时，三江源区少数民族人口众多，民族用品造业历史悠久，是三江源区重要的传统产业之一，主要生产藏毯加工、腰刀、民族服饰及宗教用品等。汉藏药材加工和民族手工业都是生态环保型的劳动力密集型产业，这些产业的发展将畜牧业、种植业与提供劳动技能培训等的教育服务业集结成一个紧密相连、有机互动的整体，形成一、二、三产业协同发展的产业链条，提高了三江源区的自我发展能力，增加了财政收入和城乡居民收入，增强了地方经济活力，不仅有利于当地的生态环境，还有利于传承国家非物质文化遗产和发挥地方传统优势。因此，大力发展汉藏药材产业及民族手工业对于保护三江源区生态环境、发挥特色发展新兴支柱产业和新的经济增长点都具有重要的实践意义。

6.1.3.1 三江源区汉藏药材及民族手工业现状评价

长期以来，三江源区工业发展十分缓慢，加之主体功能划分后禁止和限制开发区面积占到三江源区总面积的98.9%，从2005年起又取消了GDP考核指标，第二产业中工业基本处于空白或刚起步状态，工业生产非常薄弱。2009年玉树藏族自治州、果洛藏族自治州第二产业产值中，工业总产值仅为8.23亿元，占生产总产值的20.3%。长期以来，汉藏药材加工和民族手工业是带动当地牧民群众致富的亮点，牧民群众以采集药材为主要副业，尤其以冬虫夏草的采集为多。据统计，自2001~2007年底，累计有90万人次左右的农牧民群众赴三江源虫草产区采集虫草，累计产量达到6.14万kg，累计经济效益约11.36

亿元。近年来，为有效保护生态环境和做到资源的可持续开发利用，三江源区限制非三江源区农牧民群众在区内采集虫草，对合理保护与开发虫草资源、增加当地农牧民收入起到了一定积极作用。与此同时，发展中藏药材加工业和民族手工业成为当地政府努力的方向，围绕汉藏药材等生物资源加工，藏毯，藏袍、藏帽、围裙、藏靴、头饰等民族服饰，咔垫、氆氇、金银饰品、银雕木碗等民族用品，以及结合旅游业发展嘛呢石刻、羊皮画、藏刀等工艺品，不断促进民族加工业上档次、上规模，逐步成为繁荣民族工业、带动群众增收的新兴产业。

作为生态产业，汉藏药材加工和民族手工业的发展无疑是三江源区培育自我发展能力的最佳优势产业选择，实践中这些产业的发展尚存在不少困难和问题：①产业整体发展水平较低。原有国有性质的工业企业已被市场淘汰，目前多为民营企业经营，尽管相关产品在国内外都有一定知名度，但绝大多数企业规模小、比例低、产能低、生产方式和工艺流程较为落后，工艺传承、技术创新、产业升级缓慢，仍处于民间作坊式加工状态。②相关专业技术人员匮乏。无论汉藏药材加工还是民族手工业，其基本工艺的传授长期以来采用师傅带徒弟的形式，因市场竞争因素的影响，民间传承人的手艺不轻易传人，一定程度上制约了产业的传承和发展。③药用植物生长依赖于三江源区特殊的气候类型，具有极大的脆弱性。生态恶化使三江源区药用植物本身失去了正常生存和依托的环境，并影响了药用植物资源的正常再生，加之药用植物资源的需求量剧增和掠夺性开采，以及对藏药药用植物濒危状况的研究与了解不够，保护措施乏力，致使不少野生中藏药资源日趋稀少，影响了汉藏药材加工业的良性发展。④资金和信贷支持力度不够。由于资金投入有限，民营企业在车间建设、人员培训、市场开拓等方面也受到很大限制，加之产业工人培训不足使企业职工队伍不稳定，产品的数量和质量都难以得到保证。

6.1.3.2 三江源区汉藏药材及民族手工业发展的思路及建议

为进一步发展壮大汉藏药材加工业和民族手工业，针对三江源区实际，应分近期目标定位和远期思路进行推进。近期目标定位在着力实施与传承民族文化、发展生态旅游业、促进脱贫致富的有机结合，使文化、产业和机制相互促进形成良性发展。远期思路应着力于向产业集群化方向发展，并把它当做三江源区生态经济发展的战略举措。

一是积极建立三江源区特色产业创业园，加大招商引资力度，加强相关的基础设施及产业配套体系建设，培育生产加工中心、产业配套中心、贸易中心和研发中心，着力发展无污染的民间手工艺品加工、汉藏药材加工、旅游用品加工等产业，提升产业整体发展水平。二是提高品牌建设能力，加快品牌建设和申报工作，当地政府要营造有利于品牌成长、壮大的良好氛围，企业要发挥主体作用，增强品牌意识，大力开展技术创新和营销创新，充分依靠市场的客观评价机制，引领、推动知名自主品牌的诞生与成长。三是培养生产实用技术人才，大力发展职业技术教育，充分利用国内外科研机构和大中专院校，重点引进和培养急需的专业人才，借智借脑，不断提升专业技术人员的储备力量，确保汉藏药材及民族手工业的可持续发展。四是以科研项目的形式加大中藏药材药用成分分析、生物药剂配方与生产工艺等研究，建立濒危藏药材种植栽培保护基地，设立人工驯化研究项目，建立圈地保护、迁地保护基地，积极开展人工培植、推广种植和加工利用。五是加大资金扶持力度，拓宽融资渠道，除了积极争取国家扶持资金外，还可充分利用扶贫资金、行业资金和社会资金等建立汉藏药材及民族手工业发展专项基金，保障产业发展资金，尤其对群众自发的、家庭作坊式的手工业加工给予资金和信贷支持。

6.1.4　生态移民后续产业

要实现三江源区生态移民“迁得出，稳得住，能致富”的理想，政府应以制度保障为主，建立长效机制，采取一系列措施支持移民发展。生态环境和牧民能否实现“双赢”的关键是牧民能否在新居住区致富，这是生态移民的关键，是影响三江源区生态保护和建设成败的决定因素，也是保持社会安定团结的因素之一。

一要加大现有技术的集成、示范、推广应用，以草为本，在有条件的地方建立饲料种植基地，围绕舍饲圈养的养殖业进行多元化选择，发展草业、乳业、牦牛业、畜产品加工业，采用“公司+基地+农户”的股份制方式与生态移民进行合作，转换生产经营方式，推动传统畜牧业向设施畜牧业转变，由粗放型畜牧业向集约型畜牧业发展。二是加大科技投入，利用先进的畜禽基因分析技术，对藏獒进行科学研究和保护。收集纯种藏獒，建立基因库，建立藏獒基因鉴定标准，培育符合国际名犬标准的藏獒品系及规模化养殖。开展冬虫夏草原生境资源保育研究，冬虫夏草生理学、分子生物学和遗传学研究，虫菌感染机制及人工促繁研究，冬虫夏草产品质量控制和标准研究，实现虫草资源的持续利用。三是发展高原商贸旅游业、民族手工制品和服务行业等，吸纳剩余劳动力。

6.2 三江源区生态经济发展的公共服务支撑

三江源地区是“中华水塔”，是我国最重要的生态功能区之一，保护好该地区的生态环境无疑是三江源政府和群众的首要任务。与此同时，三江源地区也是我国重要的少数民族聚居区和经济欠发达地区，发展经济、尽快提高城乡居民的收入水平和生活水平无论是对保障三江源地区群众享受平等发展权和同步实现小康目标，还是对维护民族团结、社会稳定以及实现生态环境的长效保护，都具有重要意义。长期以来，由于经济基础、自然气候条件等多种因素的限制，三江源地区水、电、路等基础设施建设严重滞后，教育、文化、医疗卫生事业发展水平偏低，既影响着党提出的基本公共服务均等化目标的实现，也难以为当地经济发展和群众生活水平的提高创造良好的外部环境。因此，加强基础设施建设、加快公共事业发展、完善社会保障体系已成为三江源地区发展经济、改善民生的必然选择和重要保障。

6.2.1 加强公共服务体系建设对三江源生态经济发展的重要意义

公共服务是21世纪公共行政和政府改革的核心理念，也是我国行政管理体制改革和执政理念转变的重要内容。加强公共服务体系建设对三江源地区生态经济发展和民生改善具有重要意义。

6.2.1.1 公共服务的基本内涵

一般来讲，公共服务是指通过国家权力介入或公共资源投入，满足公民生产、生活、娱乐、发展需要的服务活动，主要包括加强城乡公共设施建设，发展教育、科技、文化、卫生、体育等公共事业等方面。根据内容和形式的不同，公共服务可以分为基础公共服务、经济公共服务、社会公共服务和公共安全服务等四大类。其中，基础公共服务是指那些通过国家权力介入或公共资源投入，为公民及其组织提供从事生产、生活、发展和娱乐等活动需要的基础性服务，如提供水、电、气，交通与通信基础设施，邮电与气象服务等。经济公共服务是指通过国家权力介入或公共资源投入为公民及其组织即企业从事经济发展活动所提供的各种服务，如科技推广、咨询服务以及政策性信贷等。公共安全服务是指通过国家权力介入或公共资源投入为公民提供的安全服务，如军队、警察和消防等方面的服务。社会公共服务则是指通过国家权力介入或公共资源投入为满足公民的社会发展活动的直接需要所提供的服务，如公办教育、公办医疗和公办社会福利等。

从狭义角度看，公共服务既不同于公共行政也不同于公共管理。公共服务是有国家行为介入的一种服务活动，而公共行政则是以国家行政部门即政府为主体的一种权力运作。公共服务可以使公民的某种直接需求得到满足，如教育和医疗保健。公共行政则是规范公民开展社会活动的行为以及公民的其他间接需求。公共服务可以由公民根据个人需要进行一定程度的选择，公共行政则要求公民必须接受。公共服务涉及的人与人之间的关系是平等的，公共行政则是自上而下的等级式体制。公立学校和公立医院等是专门的公共服务机构，政府则是专门的公共行政机构。公共服务与公共管理相比较，公共管理包括公共服务管理与公共行政管理两部分，公共服务管理属于公共管理的组成部分。其中，公共服务管理与公共行政管理是两种不同性质与形式的公共管理。如对公办教育或公立学校的管理属于公共服务管理，但政府对教育的执法与行政管理则属于公共行政管理。

近年，我国政府提出了基本公共服务均等化目标。所谓基本公共服务是指建立在一定的社会共识基础上，根据一国经济社会发展阶段和总体水平，为维持本国经济社会的稳定、基本的社会正义和凝聚力，保护个人最基本的生存权和发展权，为实现人的全面发展所需要的基本社会条件。基本公共服务包括三个基本点：①保障人类的基本生存权（或生存的基本需要）。为了实现这个目标，需要政府和社会为每个人都提供基本就业保障、基本养老保障、基本生活保障等。②满足基本尊严（或体面）和基本能力的需要，需要政府和社会为每个人都提供基本的教育和文化服务。③满足基本健康的需要。需要政府及社会为每个人提供基本的健康保障。当然，随着经济的发展和人民生活的水平提高，一个社会基本公共服务的范围会逐步扩展，水平也会逐步提高。

综合以上分析，再结合三江源生态经济发展实际，本报告所指的三江源生态经济发展的公共服务支撑体系主要包括基础设施建设、公共教育、公共医疗和社会保障等方面。

6.2.1.2 加强政府公共服务的积极意义

人类社会发展的本质是人的发展，基本公共服务是实现人的全面发展的必要条件和重要内容。其中，教育是提高人力资本存量、推动经济发展的基本途径。特别是义务教育是整个教育体系的基础，义务教育公平体现着个人成长的起点和未来发展机会的公平。教育落后将直接制约着个体技能的提升，人们不得不陷入“收入水平低→人力资本投资不足→谋生能力差→收入水平低”的恶性循环。公共卫生与基本医疗服务造福于人类，在国民经济和社会发展中具有独特的地位。对于个人来说，健康具有重要的本体性价值，是衡量人的素质的主要指标。从社会角度讲，健康是构成一个社会人口素质的基础。投资健康就是投资未来的经济发展，社会拥有了健康就是拥有了“财富”。基本社会保障是社会的“安全网”和“减震器”，构建规范稳定的基本社会保障制度有助于提高全体社会成员的生活质量、营造安定有序的社会环境。就我国现阶段而言，加强政府公共服务体系建设对于促进经济社会发展具有十分重要的意义。

第一，有利于缓解我国当前面临的各种突出社会问题。当前，我国建设社会主义和谐社会面临的最大挑战是地区间和城乡间发展不平衡、居民收入差距偏大、资源环境约束增加、内外需失衡、投资消费结构不合理等问题。这些问题又与我国当前存在的两对突出矛盾密切相关：①居民日益增长的公共服务需求与公共服务总体供给不足、质量低下之间的矛盾；②市场经济体制逐步建立完善对政府职能的新要求与政府职能转变缓慢之间的矛盾。公共服务是维护社会基本公平的基础，发挥着社会矛盾的“缓冲器”作用。因此，强化政府公共服务职能、加快改善我国公共服务状况有利于缓解我国当前经济社会中所面临的各种突出矛盾，顺利推进和谐社会建设。

第二，有利于健全公共服务供给的体制机制。当前在我国政府履行的公共服务职责中，没有形成可持续的财政支持体制，没有建立规范的政府分工和问责机制，没有形成地区之间和城乡之间资源的公平配置制度，因此严重影响了公共服务所提供的数量和质量，并制约了公共服务基本功能的有效发挥。加强政府公共服务绩效管理、强化各级政府和政府各部门的责任、促进政府间间接竞争机制的形成有利于健全我国公共服务供给的各种体制机制，引导各级政府逐步树立以公共服务为中心的政府职能观和绩效观。

第三，有利于公众参与公共服务的管理与监督。随着信息化水平和人民生活水平的不断提高，公众对公共服务需求越来越大、质量要求越来越高，对国家之间、地方之间公共服务的差异也越来越敏感，已经不再仅仅满足于知道政府在公共服务上花了多少钱，而是更关心这些支出取得了哪些效果，对公众的工作生活带来了什么切实的改善。从满足信息需求的层面来看，加快政府公共服务绩效评估并形成定期公开报告制度不仅为政府进一步改善我国公共服务提供决策参考，而且可以满足公众的信息需求，提高他们参与政府管理和监督的能力，进而推动决策的科学化和民主化，提升政府在公众心中的公信力。

第四，有利于提高公共资源整体配置效率。政府资源配置的职能不仅没有削弱而且还在不断加强。虽然2008年我国财政支出占GDP的比重仅为20.82%，但从政府实际能支配的资源和职能范围看，我国属于“大政府”国家。面对全球性政府规模不断扩张、政府掌控资源不断增强的趋势，改善政府管理，提高政府效率，特别是加强其核心职责——公共服务的绩效管理，有利于提高全社会资源配置的效率和改善国民整体福利。

第五，有利于提高政府的管理能力和国际竞争力。在经济全球化和一体化日趋深入发展的背景下，以跨国企业为代表的国际竞争逐步演变为国家间市场、企业、政府、资源等全方位的竞争。政府不再是传统意义上国际竞争的后台支持，而是直接走上了国际竞争的前沿舞台。政府作为资源配置的最重要的主体之一，其竞争力已经成为决定国家竞争力的重要因素。而政府竞争力又直接取决于其在资源配置中的管理能力和效率。因此，加快完善我国政府管理体制、确保政府的高效运行、充分发挥公共服务职能、不断提升政府管理效能和竞争力已经成为我国政府应对国际竞争的战略性选择。

6.2.1.3 加强公共服务建设对三江源地区生态经济发展的重要意义

三江源地区经济基础落后，气候条件恶劣，地理位置偏远，技术人才匮乏，严重制约着当地生态经济的发展。加强三江源地区基础设施、科教文卫、社会保障等公共服务体系建设对于改善当地发展环境、破解发展难题、助推生态经济发展速度具有重要意义。

第一，加强公共基础设施建设有利于改善三江源生态经济发展硬环境。三江源地区地域辽阔，基础设施建设成本高，建设周期长、见效慢，严重影响了民间资金投入的积极性，直接制约着当地生态经济发展条件的改善，一些地方生态经济发展必需的水、电、路等基础设施都无法得到保障。另外，三江源基础设施建设的长期性、微利性和公共性决定了该地区的基础设施建设难以通过市场途径解决，只能主要依靠政府财政资金，走公共基础设施建设道路。不仅如此，加大中央、省级财政对三江源地区公共基础设施建设的支持力度，还可以为当地企业带来更大的发展空间，为当地民众创造更多的就业机会，增强地区经济发展的活力，为生态经济发展储备更加丰厚的人力、物力和财力。

第二，大力发展基础教育和职业教育事业可以为三江源地区生态经济发展提供必需的人力资源保证。生态经济在很大程度上也可以说是一种高技术产业，对生产环境、工艺技术、操作规范和劳动者素质都有较高要求。而三江源地区现有劳动者普遍存在文化素质偏低、市场把握能力不足、接受先进生产技能的意识不强的特点，很难适应现代生态经济发展的要求。因此，进一步加强三江源地区的基础教育，大力发展职业教育，普遍提高当地群众的文化素质、科技素养和劳动技能，才能为当地生态经济发展提供必要的人力资源保障。

第三，大力提高就业、养老和医疗卫生等社会保障水平可以为三江源地区生态经济发展创造良好的软环境。三江源地区自然条件艰苦，生存环境恶劣，只有大幅度提高当地医疗卫生保障水平，全面建立社会养老保障体系，才能调动当地群众的积极性。放弃传统的畜牧业生产，着力发展收益较高但风险也较大的生态经济，才能吸引外地企业和劳动者到三江源地区发展创业，推动当地生态经济发展。另外，三江源地区是我国最重要的生态功能区，加大政府财政转移支付力度、不断完善当地社会保障体系、提高社会保障水平有利于实现当地生态环境的长效保护，可以为当地生态经济发展提供有力的生态环境保障。

6.2.2　三江源区公共服务发展现状

改革开放以来，特别是西部大开发以来，在国家的大力支持下，三江源地区基础设施建设力度不断加大，教育、医疗卫生和各项社会事业全面发展，城乡居民低保、医保和社会养老保障体系初步建立了起来，为该地区生态经济发展奠定了基础。

6.2.2.1 基础设施建设成效显著

西部大开发战略实施以来，三江源地区抢抓机遇，不断加大基础设施建设力度，建成了一批事关地区经济发展全局和广大农牧民福祉的交通、电力、通信、农牧、水利、生态、市政等基础设施项目，使当地经济社会发展的基础条件明显改善，生态经济发展有了一定的基础。2008 年，三江源地区公路通车里程达 12 544km，宁果公路、214 国道、109 国道等主干公路与各州府、县府及部分公路沿线乡镇连通形成了公路网，实现了州府到省会、州府到县城的路面为柏油公路，县城到乡的公路等级化，近 90% 的行政村通公路。随着一批道路、给排水、垃圾填埋场等项目的建设，拉加、称文、歇武、隆宝、扎多、柯曲、吉迈等一批新兴城镇屹立在草原上。各县城都已建立了卫星地面接收站，安装了程控电话，形成了邮电通信网络，电话、网络覆盖面不断扩大，区域信息化程度不断提高。此外，以“五配套”（即包括每户 80m^2 定居房、120m^2 牲畜暖棚、5～20 亩饲草料基地、20m^2 储草棚以及草场围栏建设）为重点的草原基本建设和以水利为中心的农牧业基础设施建设成效显著，农牧业生产的条件得到了较大改善。

6.2.2.2 社会事业全面发展

近年来，在国家的大力支持下，三江源地区的教育、医疗、文化等社会事业得到了较快发展，为改善民生、助推经济发展发挥了积极作用。截至 2008 年年底，三江源地区共有人口 71.4 万人，其中乡村人口 61.8 万人。全区共有普通中学 51 所，小学 361 所，中、小学专任老师分别为 1408 人和 4142 人，普通中学在校生人数 25 331 人，小学在校生人数99 219人，寄宿生比例达到 70% 以上。全区共有医院、卫生院 131 所，有卫生专业技术人员 1861 人，每千人有卫生专业技术人员 2.6 人。详见表 6-1。

表 6-1　2008 年三江源地区社会事业发展状况

地区	境内公路里程 /km	普通中学数 /所	小学数 /所	普通中学专任教师 /人	小学专任教师 /人	普通中学在校学生数 /人	小学在校学生数 /人	医院、卫生院数 /所	卫生技术人员数 /人
青海省	56 642	491	2 556	21 194	27 318	315 400	538 200	534	22 000
三江源	12 544	51	361	1 408	4 142	25 331	99 219	131	1 861
玛多	1 374	2	4	28	78	726	1 663	6	69
玛沁	1 389	2	13	88	321	2 257	5 432	9	130
甘德	968	2	6	63	174	1 196	3 380	9	89
久治	855	2	7	58	140	485	3 259	7	135
班玛	1 001	2	11	58	120	738	2 857	12	97
达日	1 217	2	11	41	178	836	3 629	12	67
称多	200	6	34	100	282	2 793	6 930	11	250
杂多	300	1	16	27	115	1 290	6 656	11	82
治多	300	1	13	29	126	396	4 309	2	126
曲麻莱	320	1	12	29	103	468	4 137	3	123
囊谦	257	5	57	160	302	870	9 418	4	145
玉树	156	7	57	279	597	4 829	16 736	9	110
兴海	1 174	5	34	112	430	2 050	8 408	10	141
同德	1 009	5	41	122	449	2 800	8 411	8	101
泽库	856	5	37	132	466	1 710	9 253	10	73
河南	1 168	3	8	82	261	1 887	4 741	8	123

资料来源：2009 年《青海统计年鉴》，三江源地区未包括唐古拉山镇的相关数据

2009 年，三江源地区各州县进一步加大了科教文卫事业的财政支持力度，各项社会事业发展速度进一步加快，成效更加显著。其中，玉树藏族自治州适龄儿童入学率达 98.6%，初中阶段升学率 86.1%，青壮年非文盲率 98.7%，“两基”（基本普及九年义务教育和基本扫除青壮年文盲的简称）人口以乡镇为单位覆盖率达到 65%，高考录取率达到 39%。全州藏语广播电视新闻采编 3600 余条，摄录文艺节目 2190 多条，累计播出时数 2098h，收听广播人口为 28.69 万人，覆盖率 83.56%，收看电视人口为 26.25 万人，覆盖率 78.78%。果洛藏族自治州学龄儿童入学率达 98.65%，比上年提高了 0.15 个百分点。牧

民子女入学率达98.45%，比上年提高了0.19个百分点。全州有广播站8个，电视转播台208个，广播覆盖率76.09%，电视覆盖率71.55%。黄南藏族自治州适龄儿童入学率达到99.4%，电视综合人口覆盖率达到84.36%。全年争取和实施各类科技项目18项，共投入资金7045万元，举办农牧民科技培训班36期，培训人数5332人（次）。海南藏族自治州“两基”人口覆盖率达100%，学龄儿童入学率99.43%，初中阶段入学率达到98%，青壮年非文盲率达98.25%。广播、电视覆盖率分别为89.5%和91.1%，比上年分别提高了0.4个和1个百分点。平均每千人拥有卫生专业技术人员3.75人，婴儿死亡率为14.59‰，孕产妇死亡率为0.49‰。

6.2.2.3 社会保障体系初步建立

社会保障体系是维护社会稳定的“安全阀”，是实现社会公平正义和民生改善的重要环节。近年来，三江源地区各州县高度重视社会保障体系建设，相继建立和完善了新型农村合作医疗、城乡居民最低生活保障、城镇居民医疗保险等社会保障体系。2009年，玉树藏族自治州享受城镇居民低保人数为10 019人，享受农村低保人数为36 300人，共有五保对象5915人，确定廉租住房2867户，参加新型农村牧区合作医疗人数达264 068人，参合率为86.2%，取得了良好的社会效益。果洛藏族自治州2009年末参加农村牧区合作医疗的牧民为12.77万人，参合率达98.88%，参加城镇居民基本医疗制度的有0.88万人，参合率为84.86%。全年有8809名城镇居民和18 300名农村居民享受政府最低生活保障。黄南藏族自治州2009年末参加基本养老保险的人数为8828人，参加城镇职工基本医疗保险的人数为21 427人，享受失业保险金的人数为348人，全年有1.15万城市居民和2.68万农村居民得到了政府的最低生活保障。海南藏族自治州2009年末参加养老保险的单位共461户10 882人，参加城镇职工基本医疗保险的人数为26 741人，参加城镇居民基本医疗保险的人数为37 619人，参保率为80.2%，参加新型农村合作医疗的农牧民人口达295 668人，参合率为99.2%，全年有29 042名城镇居民和33 000名农村居民得到了政府的最低生活保障。

6.2.3 三江源区公共服务存在的主要问题

虽然近年在国家的大力支持下，三江源区基础设施建设得到了较大加强，科教文卫事业取得了较快发展。但是，由于三江源区经济发展水平低，地方财力十分弱小（2008 年地方财政收入仅占财政支出的 6.3%），再加之地域辽阔、自然条件恶劣等诸多因素的限制，目前三江源地区政府公共服务的整体水平仍然较低，远不能适应当地生态经济发展和人的全面发展的需要。

6.2.3.1 基础设施落后面貌未能得到根本改观

三江源地域辽阔，地理位置偏远，良好的交通条件是其经济发展的必然要求。但目前，三江源地区仍没有铁路和高速公路，民用机场仅有玉树新建成通航的巴塘机场。在已建成的通州府、通县城公路中，还普遍存在路程远、路况差、冻害严重、修复不及时等突出问题。在西宁通往玉树藏族自治州结古镇的 800 多公里公路中，凡是在海拔 4000m 以上的路段都不同程度的存在冻融损害。在玉树抗震救灾期间，从西宁开往灾区的车辆绝大多数都无法在当天到达目的地。2008 年，三江源地区公路密度仅为 0.03km/km^2，还不到青海省公路密度的 1/2，不到全国公路密度的 1/10。在广大农牧区，三江源地区目前还有 123 个行政村（牧委会）不通公路，部分行政村（牧委会）虽有简易通村公路，但通达条件差，只能实现季节性通车。在通信设施方面，三江源的广大农村牧区除主干公路沿线外，大部分尚没有通信设施。在全区 1120 个行政村（牧委会）中，仅有 622 个村（牧委会）通电话，仅有 171 个村（牧委会）通有线电视。在电力基础设施方面，三江源地区绝大部分地区没有国家大电网覆盖，部分县城都只能依靠地方小水电实现季节性供电，广大牧区则主要依靠家用太阳能电池板满足部分照明和家用电器的用电需求。总之，基础设施条件差已成为当前制约三江源地区生态经济发展和农牧民生产生活条件改善的重要因素。

6.2.3.2 文教卫生事业不能适应经济社会发展需要

包括科教文卫在内的社会事业发展，不仅可以为经济发展提供必须的人才智力支撑，而且可以直接满足人的自我实现和全面发展的需要。长期以来，受客观条件、经济发展水平等多种因素的影响，三江源地区的社会事业发展极为落后，远不能适应当地经济社会发展的需要。在教育方面，三江源地区是青海教育发展最落后、义务教育普及程度最低、青壮年文盲率最高的少数民族地区，纯牧业县至今仍未实现“两基”（基本普及九年义务教育、基本扫除青壮年文盲）目标。由于人口分布密度小、气候条件恶劣，三江源地区许多地方上千平方公里才有一所小学，上万平方公里才有一所中学，大多数牧民子女不得不从小学就开始远离家人，在学校寄宿，学习生活极其艰辛。偏远地区的中小学条件艰苦，环境封闭，一些纯牧业乡和乡以下学校甚至连基本的用水、用电都无法保障，致使学校老师纷纷外流，师资匮乏问题突出。在医疗卫生方面，三江源地区医疗卫生条件极差，缺医少药现象普遍，有40%的乡镇缺乏卫生院基本的医疗设备，60%的县医院、90%的州医院亟待改造。受严酷自然环境的影响，三江源地区是我国心肺疾病和白内障高发地区，人口平均预期寿命远低于全国平均水平。在人才科技方面，三江源也几乎是青海省最落后的地区。区内科研机构少，科研人才的学历层次和科研能力普遍偏低，高层次管理人才更加稀缺，严重制约着当地生态经济的发展和产业结构的升级。

6.2.3.3 城镇公共服务能力普遍较弱

生态经济作为一种现代经济形态，必然要求人口的适度聚集和产业的适度规模化。城镇数量少、规模小、基础设施不完善已成为制约三江源生态经济发展的重要因素。目前，三江源地区共有建制镇25个，其中16个镇还是州、县政府所在地，城镇人口占地区总人口的比例仅为15%左右。不仅如此，受地方财力的限制，三江源地区城镇公共服务基础设施十分落后，历史欠账多，城镇发展水平低，城镇供排水、供电、城镇道路、防洪、环保（垃圾、污水处理）

和供热等基础设施极不完善，运营维护困难重重。另外，三江源地区城镇社会事业发展也严重滞后，许多地区的一些基本公共服务至今还是空白。县乡医疗卫生机构、文化体育场馆、养老院等普遍收不抵支，提供基本公共服务的能力很低。

6.2.3.4 基层政权组织建设亟待加强

三江源地区高寒缺氧、地处偏远地区，点多、线长、面广，服务半径大，交通条件差，基层政权的运行成本大大高于全国平均水平。建立三江源自然保护区后，维持政权运行的财政收入基本上是只减不增，基层政权组织基础设施建设及其运转举步维艰。另外，三江源还是我国重要的少数民族聚居区和全民信仰宗教地区，当地宗教寺院多，民族宗教关系复杂，维护民族团结和社会稳定的任务十分艰巨。而现有的基层乡级、村级政权组织受经费、编制、人员素质等多种因素的影响，要完成相关任务会面临巨大挑战。不仅如此，在三江源部分地区，由于基层政权组织软弱涣散，行政管理能力严重不足，行政不公开、不透明，有的官员甚至患有严重的“红眼病”（对外来投资者层层盘剥），致使当地草场纠纷、家族械斗事件时有发生，刑事案件高发，社会秩序混乱。不仅严重破坏了当地群众生产生活必需的安定的社会环境，而且极大地损害了当地生态经济发展的软环境，使外来投资者望而却步。

6.2.4 三江源区加强公共服务能力建设的政策建议

政府公共服务不仅可以为经济发展节约成本、改善环境、提供智力人才支持，而且能够为经济发展提供必需的运行规则和社会秩序保证。因此，三江源地区大力发展生态经济必须高度重视公共服务能力建设，必须为生态经济发展创造一个良好的外部环境。

6.2.4.1 抢抓机遇，积极争取国家、省级资金支持

三江源地区是我国最重要的生态功能区之一，其一半以上的土地面积为国

家级自然保护区。三江源地区是我国西部经济发展最落后的地区之一，仅仅依靠地方财政的积累难以满足公共服务能力建设的需要。三江源地区又是青海藏区的重要组成部分，是国家支持青海等省藏区经济社会发展的重点地区之一。独特的区位条件和重要的战略地位决定了三江源地区将始终是国家和青海省重点支持发展的地区之一，将迎来难得的发展机遇。抢抓这些历史机遇、积极争取国家和省级资金支持将直接决定着三江源地区未来公共服务能力建设能否实现跨越式的发展。就近期而言，需要三江源地区重点抢抓的历史性机遇有四个。一是党和国家在第五次西藏工作座谈上提出的《中共中央国务院关于加快四川云南甘肃青海省藏区经济社会发展意见》，二是国家继续实施西部大开发战略，三是玉树灾后重建规划，四是三江源生态保护综合试验区建设规划。三江源地区各州县政府应积极主动加强与省相关厅局、国家相关部委的联系，在向省、国家申报相关实施方案时要将当地基础设施建设、公共服务、基层政权建设等项目纳入其中，尽最大可能争取国家、省级资金支持。另外，三江源地区还应利用自身独特的生态地位和脆弱的生态环境，积极争取国家在三江源地区尽快建立生态补偿机制，为当地群众生活水平提高和公共服务能力建设提供长期稳定的资金支持。

6.2.4.2 加强基础设施建设，筑牢生态经济发展基础

三江源地区地处偏远地区，自然条件恶劣，优先发展基础设施是加快经济社会发展的前提条件。为此，三江源地区必须立足长远，着眼全局，把基础设施建设放在优先发展的地位。一是要突出重点，加大投入，加快交通、水利、能源、通信、小城镇等基础设施建设，尽快改善三江源地区经济发展的硬环境。二是要以保护生物多样性和恢复自然草原植被为重点，组织实施各类生态建设项目，不断推动草原基础设施建设，尽快改善三江源地区农牧民的生产、生活和公共基础设施条件，促进三江源区的经济发展，进而为生态经济发展积累力量。三是要加大对外开放力度，最大限度地争取国家对三江源地区的投资资金，不断改善招商引资条件，积极引进资金、技术、人才和现代管理经营理

念，按照市场运行规则，多渠道、多方位争取优惠政策，为三江源基础设施建设创造良好的投资环境。四是要在三江源地区生态环境的治理工作中积极争取国际资金。青藏高原不仅是中国的青藏高原，也是世界的青藏高原，其生态环境的污染和破坏已经成为威胁人类生存和发展的世界性重大社会问题之一。三江源作为该区破坏比较严重的地区，它的生态状况关系着全球性的生态安全，已经引起了世界许多环保组织的关注。因此，在三江源生态环境治理工作中，完全有理由、有条件争取到国际资金支持。现在必须要做的就是加强与相关国家及国际组织的沟通与联系。

6.2.4.3 大力发展公共教育和公共卫生事业，为生态经济发展提供充足的人力资源

人力资源是人口数量和素质的综合体，是生态经济发展的必需要素，也是目前制约三江源地区生态经济发展的重要“短板”。为此，一是要大力发展公共教育，大幅提高三江源地区人口的科学文化素质和思想素质。实践证明，教育是提高人口素质的重要途径，是具有较大正外部性的活动。三江源地区经济发展水平和农牧民收入水平偏低，个人、社会投入教育事业的能力有限，必须大力加强政府对教育的财政投入，重点发展公共教育。要根据三江源区生态地位的重要性和生态经济发展需要，拓展公共教育内容，增加生态保护及生态产业发展的相关课程，努力实现基础教育与生态教育、技术教育的结合，增强教育对地方经济发展的服务功能。要建立健全以学前教育、基础教育、职业技术教育和成人教育为主要组成部分的教育结构体系。其中，职业技术教育可根据藏区的畜牧业和民族特点，开设现代畜牧业、牧草实验、民族工艺传统、旅游文化等方面的实用技术或技能培训课程，为三江源生态经济发展奠定基础。要进一步减免三江源区学生学杂费，逐步提高寄宿制学生生活补助标准，扩大异地办学规模，支持三江源地区农牧民子女接受更多、更好的现代化教育。二是要大力发展公共卫生事业，提高人口身体素质。要进一步加大财政投入力度，建立和完善州、县、乡、村四级公共卫生服务体系。要深化医疗卫生体制改革，强化政府在公共卫生服务上的主体责任，增加对公共医疗卫生机构的财政

拨款，创新监督管理体制，提高公共卫生机构的运营效率和服务水平。进一步完善新型农村合作医疗和城镇居民合作医疗，逐步增加政府补助资金比例，提高保障水平。

6.2.4.4 实施科技兴区战略，为生态经济发展提供技术支撑

科学技术是第一生产力，是支撑三江源地区生态经济发展的关键要素。实施科技兴区战略，是三江源地区完善公共服务，加快生态经济发展的必然要求。为此，一是要加大政府科技投入，完善科技研发、推广体系。要将科研能力建设列入三江源的各类建设规划之中，尽最大可能争取国家的财力、人力支持。二是要根据市场经济发展要求，深化科研管理体制改革。要在对原有科研单位进行改制的同时，继续加大政府对相关科研项目的财政投入，通过项目经费保障科研单位的正常运转和科研能力的提升。三是要加强科研成果引进与转化工作。要结合三江源地区生态经济发展的实际需求，大力引进国内外先进的科研成果，并加强与国内外科研机构合作，做好引进成果的转化应用工作，实现三江源地区科技跨越式发展。四是要抓好基层专业技术人员和农牧民的培训工作，夯实生态经济发展的科技人才基础。要充分利用广播、电视等新闻媒体，加大科技培训和科普知识的宣传力度，提高科技入户率，更新科技知识。要抓好科技示范项目建设，建立示范机制，以点带面，推广科学实用技术。如扶持建设畜菜两用暖棚示范户、食用菌生产示范户、中药材生产示范点、良种繁育示范点、有机畜牧业示范点等，使广大牧民亲眼看到生态经济发展的好处，激发牧民群众自觉走科学生产的道路。

6.2.4.5 完善社会保障体系，逐步提高保障水平

三江源地区自然条件艰苦，生产生活环境恶劣，加强社会保障体系建设不仅可以提高当地居民应对各种灾害的能力、提高生活水平，而且可以为当地生态经济发展提供和谐安定的社会环境。因此，完善社会保障体系、逐步提高保障水平也是三江源地区生态经济的重要外部支撑。一是要尽快建立农村居民社

会养老保障体系。要积极争取国家财政资金、三江源生态补偿资金的支持，增加财政对农村居民社会养老保障资金的补助比例，同时考虑当地居民的承受能力和实际养老需要，建立覆盖广的农村居民社会养老保障体系。二是要根据政府财政收入增长水平和物价水平逐步提高社会保障水平。特别是最低生活保障和养老保障，其保障金的增长幅度必须始终高于物价上涨水平，以确保居民实际享受的社会保障水平是在不断提高。三是要完善体制机制，提高社会保障的公正性。社会保障涉及千千万万的个体居民，情况复杂，操作难度大，极易产生腐败现象，且社会影响大。因此，必须进一步完善相关的体制机制，要增加相关工作的公开透明度，各类信息要及时公示，自觉接受群众、媒体监督，使社会保障真正成为顺民心、暖民心、安民心的民心工程。

6.3 三江源区生态经济发展的人才支撑

人是生产力诸要素中最活跃的因素，是经济发展的重要推动力量。在三江源区发展生态经济，人才是重要的支撑点之一，且具有基础性的地位和作用。建立完善的人才支撑体系不仅对推动三江源区生态经济发展具有十分重要的作用，而且对实现三江源区生态保护与经济社会发展的“双赢”具有持续和根本的作用。

6.3.1 人才在三江源区生态经济发展中的重要作用

人才及人才支撑体系在三江源区生态经济发展中具有的十分重要的基础地位，具体体现在以下几个方面。

首先，人才是三江源区生态保护与建设工程顺利实施的关键。三江源区生态保护与建设工程不仅是一项规模宏大的生态治理工程，而且是一项牵涉社会各方面的系统工程，它涉及保护和建设的管理和组织实施，涉及农、林、牧、水等多学科和专业，需要多种专业化、高素质的管理人才和专业技术人才协同完成。在三江源工程实施的过程中，能否建设一支高素质的公务员、管理人才和专业技术人才队伍直接关系到工程建设的成败。加强人才队伍建设，加强对管理人才和专业技术人才的培训，进一步创新和完善人才使用政策，形成有利于人才成长，有利于人才充分发挥聪明才智的良好环境，既是三江源工程本身的重要内容，也是三江源工程顺利实施的重要保证。

其次，人才是三江源区生态经济发展的重要支撑点。人是生产力诸要素中最活跃、最具能动性的因素，人才是经济发展的重要推动力量，也是社会财富最直接、最重要的创造者。从人才与经济互动的关系规律来看，物质资源的开发程度取决于人才资源的开发的程度。只有优先开发人才资源，才能开发好物质资源，才能推动经济社会的持续进步与发展，这是资源开发的首要定律。在三江源区大力发展生态经济既是经济结构调整的一场攻坚战，也是超越现有经济发展模式的一场革新，不仅需要大量的物质资源支撑，更需要高效有力的人才与智力支撑。没有一支具有较高素质和创新意识的人才队伍作保证，没有坚实的人才支撑，三江源区经济发展方式的转变和生态经济的发展只能是遥不可及的蓝图和规划。

最后，人才是三江源区经济社会持续全面发展的重要保证。历史和现实都表明，人才资源不仅在经济发展中具有不可替代的作用，在社会全面进步中更具有关键性作用。世界经济发展的现实也表明，一个国家、一个地区的人才资源开发程度的高低既是这个国家和地区经济发展的标志，也决定着这个国家、地区社会发展的优劣。人才兴则经济兴，人才衰则经济衰。三江源区要实现经济社会的持续发展，要实现社会的全面进步，不仅需要国家的扶持、项目的支撑、制度的创新等，更需要建设一支有一定数量和较高质量的人才队伍，积极创新人才管理和使用的政策和体制，不断为经济社会发展提供坚实的人才与智力支撑。

6.3.2 三江源区生态经济发展的人才支撑现状

6.3.2.1 人才资源状况

新中国成立以来，经过六十多年的发展，三江源区已经建立了一支拥有一定数量和质量的人才队伍。截至2008年年底，三江源区16个县人才队伍总量达到了11.56万人，专业技术人才队伍约9359人（来自三江源区16县，不包括格尔木市唐古拉山镇）。以下仅以专业技术人才为例，对三江源区人才资源密度、素质结构、人才使用效益等作一简要分析。

人才资源密度可以用从业人才密度、人口人才密度、土地面积人才密度和每万名人口拥有的人才等几个指标来反映，其中从业人才密度是指一国（或地区）的人才总数与社会从业人员数之比，人口人才密度是指一国（或地区）的人才总数与总人口之比。三江源区黄南、海南、玉树、果洛四个藏族自治州的从业人才密度（专业技术人员人才总数与社会从业人员数之比）、土地人才密度和每万名人口拥有的专业技术人才情况见表6-2。

表6-2　2008年三江源区及各州人才密度统计表

项　目	全省	三江源区	黄南	海南	玉树	果洛
专业技术人员数/人	115 649	9 359	5 670	6 208	3 787	2 170
从业人口数/人	3 172 000	325 749	114 571	190 968	154 010	69 543
从业人才密度/%	3.65	2.87	4.95	3.25	2.46	3.12
总人口数/人	5 317 512	713 855	240 279	426 772	331 832	160 023
土地面积/km^2	721 200	363 100	17 921	45 895	188 794	76 312
土地人才密度/（人/km^2）	0.16	0.026	0.3	0.14	0.02	0.03
每万名人口拥有的专业技术人员数/人	217.49	131.12	235.96	145.46	114.14	135.63

资料来源：2009年《青海统计年鉴》

由表6-2可以看到，三江源区及各州的从业人才密度和土地人才密度数值具有一致性，三江源区的从业人才密度和土地人才密度均远低于全省平均水平。三江源区四个州中，从业人才密度和土地人才密度由高到低依次为黄南藏族自治州、海南藏族自治州、果洛藏族自治州、玉树藏族自治州，其中黄南藏族自治州的从业人才密度和土地人才密度不仅高于其他三个州，也高于全省平均水平，海南藏族自治州、果洛藏族自治州二州从业人才密度和土地人才密度低于全省水平，但略高于三江源区整体水平，玉树藏族自治州业人才密度和土地人才密度不仅低于全省平均水平，也低于三江源区的整体水平。三江源区每万名人口拥有的专业技术人员数远远低于全省水平，三江源区四个州中，黄南藏族自治州、海南藏族自治州、果洛藏族自治州三个州均高于三江源区，只有玉树藏族自治州低于三江源区。由此可见，三江源区人才密度远低于全省平均水平，三江源区内部人才密度分布也不均衡，黄南藏族自治州最高，海南藏族自治州、果洛藏族自治州居中，玉树藏族自治州最低。

关于三江源区人才队伍的素质结构（主要由职称结构、学历结构来表征），由于没有具体的统计数据，无法做出全面的描述，但通过分析青海专业技术人员的职称结构和学历结构，对三江源区的情况也会有一个大致的了解。截至2008年年底，青海全省有专业技术人员115 649人，其中高、中、初级职称人数分别为13 765人、49 018人、48 237人，占全省专业技术人才总数的11.9%、42.4%、41.7%，高、中、初人才结构比为1∶4∶4。三江源区由于受各种因素的制约，高、中级职称的专业技术人才数量和所占比例相应会比全省平均水平低一些。

关于三江源区人才使用效益，可通过专业技术人才GDP系数来做一简单分析（表6-3）。

表6-3　三江源区及各州人才使用效率测算表

项　　目	全省	三江源区	黄南	海南	玉树	果洛
专业技术人才数/人	115 649	9 359	5 670	6 208	3 787	2 170
GDP/亿元	961.52	62.25	33.95	51.6	24.51	12.66
人才GDP系数/（万元/人）	0.83	0.67	0.59	0.83	0.65	0.58

资料来源：2009年《青海统计年鉴》

仅靠人才GDP系数一项指标虽不能完全反映整个三江源区人才使用的状况，但仍然可以反映出这一地区人才使用方面的部分状况。从上表可以看到，三江源区的人才GDP系数低于全省水平，说明人才使用效益仍然比较低，有待进一步提高。从三江源区四个州的人才GDP系数看，海南藏族自治州人才使用效益高于整个三江源区，与全省水平持平，黄南藏族自治州、玉树藏族自治州、果洛藏族自治州三州的人才GDP系数不仅远低于全省水平，也低于三江源区水平，其中在四州中人才密度较高的黄南藏族自治州，人才GDP系数却比较低，人才密度较低的玉树藏族自治州，人才GDP系数与三江源区基本持平。由此可见，三江源区人才使用效益仍然低于全省总体水平，区内各州的人才使用效益也有差异，人才密度较高的地区人才使用效益不一定很好。

6.3.2.2 近几年人才资源开发方面的主要举措及成效

进入新世纪以来，随着西部大开发战略和三江源生态保护工程的相继实施，三江源区人才资源开发力度不断加大，人才对生态保护和经济社会发展的支撑作用不断增强。近几年，三江源区对加快人才资源开发、强化人才支撑的举措主要有如下几个方面。

（1）实施三江源人才培养工程

2006年8月，国家人事部与青海省人民政府启动青海三江源人才培养使用工程，研究制定了《青海三江源工程管理人才和专业技术人才培养使用工作实施方案》。几年来，该工程已经实施了公务员东西部对口培训、专业技术人员高级研修班、出国（境）培训、专家服务团来青海指导工作等培养项目，先后在省内外举办了水土保护和沙漠化土地治理、环境保护与环境监测、黑土滩治理、湿地和生物多样化保护以及草原鼠害防治新技术等多期高级研修班，举办了三江源生态保护区人工增雨培训班、项目档案省级管理人员培训班、省级部门档案培训班、州县管理干部专题培训班、科技专题培训班、统计干部专题培训班、财务管理培训班、农牧专业技术人员培训班等专题培训班，使参与三江源生态保护工程建设的人员以及三江源地区的6000多人（次）公员、管理人员和专业技术人员接受了培训。加强了与北京、长江三角洲地区、广东等东部地区的人才开发区域合作，充分利用发达省份的优势培训资源加大对三江源区人才培训的对口支援，促成了“省内上下联动、省外东西支援”的三江源人才培养新机制。初步建立了工程项目副高职称以上专业技术人才专家库，专家库入选面向国内外，实施动态管理。三江源人才培养工程的实施不仅为推动三江源生态保护工程的实施起到了积极的推动作用，也为三江源区的生态经济发展奠定了一定的人才基础，而且也带动了青海省人才培养工作的整体发展，探索形成了省培训州、州培训县、县培训乡镇、乡镇培训农牧民的人才培训新格局。

（2）加快干部人事制度改革，激发人才队伍活力

一是积极推进党政机关干部人事制度改革，大力推行公开选拔领导干部的制度，坚持“凡进必考”的原则，实行省、州（市）、县、乡四级统一公开考录公务员制度。如海南藏族自治州积极探索推行干部选拔任用“三三制”，在全州范围内开展大范围推荐考察建立县级领导干部后备库的工作，进一步改进和完善领导班子和领导干部考核评价方法，充分发挥党校的主渠道作用，举办全州乡镇党委书记、副书记培训班，使干部能上能下、充满生机与活力的选人用人机制正逐步形成。二是积极稳妥推进事业单位人事、分配制度改革。自2001年起青海启动了事业单位人事制度改革，三江源区各州县全面推行了事业单位聘用制度，推进了岗位管理制度。同时，以农牧区乡镇机构改革、整合归并事业站所为契机，积极推进乡镇事业单位的人事制度改革，推行了竞争上岗制度，通过公开招聘、竞争上岗，不断优化基层专业技术人员队伍的知识结构、年龄结构和技能层次。这些措施的实行优化了三江源区的人才队伍结构，大大激发了专业技术人才的活力。

（3）组织实施两基攻坚计划，加大教育投入，加快教育结构调整

在国家实施西部“两基”攻坚计划的推动下，三江源区各州县组织实施了“两基”攻坚计划，使三江源区“两基”教育人口覆盖率、学龄儿童入学率、青壮年非文盲率都有了大幅度的提高。到2010年底，三江源区有望实现“普九”目标。从2008年开始，在三江源区各州开展了中小学布局调整工作。如海南藏族自治州在2008年就开始了中小学布局调整试点工作，将全州372所中小学调整为66所，校均学生规模由205人增至1200人左右，并投资5.32亿元，新建、扩建学校34所，建设校舍24.9万m^2。玉树藏族自治州也按照州上办好高中、县上办好初中、乡镇办好小学的总体思路，开展了以高中为重点、满足初中入学、实现“普九”目标为核心的布局调整工作。积极开展民族教育综合改革，认真落实义务教育经费保障机制。各州、县成立了领导小组，出台了相关实施方案及管理办法，明确了州县两级政府的责任，加强县级预算的管理，使教育经费投入得到保障。实行义务教育“两免一补”政策，免除了牧区义务教育阶段学生的学杂费，受益学生达十多万人。开展了寄宿制学校建设工程，加大了对寄宿制学校的建设投入力度，落实寄宿制学生生活补助制度，并陆续提高了学生生活补助的标准。进一步深化教育人事制度改革，各学校全面推行聘任制，落实特设岗位教师，补充新生力量。

（4）加强职业教育，广泛开展职业技能培训

近几年，在省有关部门的支持下，三江源区各级党委政府不断加大职业教育投入，有效整合职业教育资源，使职业教育得到长足发展。截至 2008 年年底，三江源区的黄南藏族自治州、海南藏族自治州、玉树藏族自治州、果洛藏族自治州四州的中等职业学校数量达到了 7 所，其中果洛藏族自治州 3 所、海南藏族自治州 2 所、黄南藏族自治州、玉树藏族自治州各 1 所。四州 7 所职业学校的毕业人数、招生人数、在校学生数、教职工人数、专任教师总计达到 927 人、2842 人、8515 人、417 人、278 人。此外，三江源区各州、县依托“阳光工程”、“雨露计划”和“新型农牧民科技培训工程”、“一年一千基层专业技术人才培训”工程等，广泛开展技能培训，取得了很好的效果。如海南藏族自治州自 2005 年以来，共培训计算机操作、电工、电焊工、建筑、旅游、保安、餐饮、歌舞、藏绣、摩托车修理、汽车驾驶等专业人员 25 698 人，其中下岗失业人员 10 041 人，培训合格率95%，就业率40%以上；农村富余劳动力 15 657 人，培训合格率95%，就业率 50%以上，有 3000 人取得了技能鉴定证书。

6.3.3 人才支撑方面存在的主要问题及原因分析

6.3.3.1 存在的主要问题

三江源区人才队伍建设虽然有了长足的发展，但与三江源区经济社会发展的总体目标相比，人才对经济社会发展的支撑作用仍然有限，在支持生态经济发展方面仍然有许多不足。

（1）人才队伍总量偏少，素质偏低，不适应生态经济发展的需要

生态经济的发展需要有一大批高素质人才队伍和智力资源作为支撑。三江源区虽然拥有一支具有一定数量和素质的人才队伍，但以发展生态经济的需要而言，人才队伍总量仍嫌不足，素质亟待改善和提高。以专业技术人才为例，占全省总面积50%、拥有全省13.4%面积的三江源区，专业技术人才仅有9359人，仅占全省专业技术人才总数的8%。以专业技术人才测算的从业人才密度、土地人才密度和每万名人口拥有的专业技术人员数仅为全省平均水平的79%、16%和60%。专业技术人才不仅整体学历层次比较低，本科以上学历的人才所占比重较低，而且知识老化，更新缓慢，学习能力、实践能力、创新能力比较低，学非所用、专业不对口的情况也比较普遍，与三江源区生态经济发展要求尚有很大差距。

（2）人才结构与生态经济发展的方向不匹配

经济结构与人才结构相辅相成，相互作用。一定的经济结构需要有相应的人才结构来对应、来支撑。三江源区要发展生态经济，扶持生态畜牧业、生态旅游业、民族手工业、民族文化产业、现代汉藏药材等产业，就必须要有一大批相关方面的专业人才，必须要有相应的人才结构作支撑，否则一切都将无从实现。从三江源区人才队伍的存量结构看，社会服务型人才多，经济发展型人才少；熟悉计划经济的人才多，熟悉市场经济的人才少。作为人才队伍中坚的专业技术人员中，教学人员和卫生技术人员占到了总数的70%左右，而与三江源区生态经济发展密切相关的生态畜牧业、生态旅游业、民族手工业、民族文化产业、现代汉藏药材等专业领域的工程技术人员、农业技术人员所占比例较低。从三江源区人才队伍的增量结构看，由于省内大专院校专业设置的调整仍需要一个比较长的过程，与生态农牧业、生态旅游业、民族文化产业、现代汉藏药材等密切相关的一些特色产业学科建设还处于低层次水平，人才培养规模较小，而省外大专院校相关专业的毕业生很难被吸引到这里，因此，人才供给的增量结构仍不太合理，特别是发展生态经济急需的一些专业人才供给仍然非常紧缺。可以说，三江源区人才队伍的结构与地区经济结构的调整方向不匹配，难以对生态经济相关产业的培育形成有力的人才支撑。

（3）人才体制、政策的创新程度不够，人才作用发挥不充分

近几年，三江源区各州、县虽加快了党政机关干部人事制度改革步伐，大力推行了公开选拔领导干部制度，积极稳妥地推进了事业单位人事、分配制度改革，纵向比进步很大，但横向比不仅与国内发达地区差距巨大，与省内发达地区差距也不小，而且人才体制、政策的创新与配套程度不够，主要体现在：现行的人才方面的管理模式，许多仍沿用过去计划经济时代的管理模式，带有浓厚的计划经济和行政色彩，造成新旧人才政策之间缺乏连续性和配套性的情况，使人才政策整体上仍处在一种低水平的层面上；人才体制、机制的创新不够，有些政策的制定是形势所迫，有些政策的制定属于临时性或修补性质的，缺乏创新性；人才引进方面出台的一些优惠政策、原则性条款多，可操作的措施性条文少，造成政策在实践中执行难度大，往往使一些人才政策停留在纸面上，难以收到预期效果；事业单位在人事制度改革虽推行了聘用制，但“单位人”到“社会人”的转换仍需要支付很大的改革成本。这些问题的存在使三江源区人才资源开发面临着严重的体制瓶颈，不仅人才队伍的活力难以得到释放与激发，而且与其他地区的制度势差进一步拉大，在日趋激烈的人才争夺战中处于不利地位。

（4）人才环境还有待改善，人才流失的局面没有得到根本扭转

三江源区地处偏远地区，自然环境恶劣，经济和各项事业发展缓慢，工作生活条件艰苦，留住和吸引人才的硬环境本身就比较差。加之公平竞争、优胜劣汰、人尽其才的充满生机与活力的人才使用机制尚不健全，与贡献相对应的分配激励机制也不够完善，分配上的平均主义普遍存在，人才价值实现度不高，人才成长的软环境不佳。目前，三江源区体制内各类人才的待遇虽比青海东部地区高，但各类人才不仅十分注重自身的待遇条件和事业发展空间，也十分注重子女的教育。三江源区工作生活条件差，教育发展滞后，加之人才发展的事业空间相对狭小，不仅经济社会发展急需的高层次人才很难引进，而且现有的各类人才不断外流，乡镇人才千方百计向县城流动，州县人才千方百计向西宁或东部县城流动，成为了一种普遍现象。此外，三江源区各州县在公务员考录、特岗教师招聘时设立了本地户籍限制，这种作法的初衷是为了解决本地大中专毕业生的就业问题，但从长远来看，外籍高素质人才无法参与竞争，人才本地化倾向不断加重，不仅不利于人才整体素质的提高，而且不利于开放意识的培育和长远发展。

（5）人才队伍知识陈旧、老化现象严重

三江源区现有人才的绝大多数是通过青海省自身的教育体系培养出来的，由于长期以来受教学水平的限制，存在着严重的先天不足的情况，必须通过大量的继续教育弥补缺陷。但由于经济条件的制约，很多人进入工作岗位后，很少或几乎没有进行过以知识更新和专门业务为主要内容的继续教育和培训。三江源生态保护工程实施以来，三江源区虽然开展了大规模的人才培训和继续教育工作，但继续教育发展滞后的状况仍然没有得到根本改观。由于缺乏足够的重视和应有的政策、资金支持，各类人才的继续教育多年来呈现出一种徘徊不前的状况。社会上也普遍存在着不重视继续教育的风气，用人单位由于害怕人才外流，不愿意在人才的继续教育上投入过多资金。现有的继续教育在形式、内容等方面比较陈旧，各类人才接受继续教育的积极性也不高。由于缺乏必要、及时的继续教育，人才队伍的知识更新缓慢，知识结构普遍陈旧、老化，难以适应生态经济发展的需要。

6.3.3.2 成因分析

首先，自然环境的特殊性很大程度上制约了人才资源开发和人才队伍的建设。三江源区地处青藏高原腹地，地势高峻，地形复杂，海拔在3335～6564米。气候属青藏高原气候系统，为典型的高原大陆性气候，年平均气温-5.6～3.8℃，年温差小、日温差大、日照时间长、辐射强。由于海拔高，绝大部分地区空气稀薄，气压低，含氧量少。在高原长期工作的各类人才不仅生活和工作环境十分艰苦，而且容易身患各种各样的高原病，长期忍受病痛的折磨，这成为吸引各类人才到三江源区工作的最大障碍，成为制约人才资源开发的重要因素。此外，三江源区恶劣的自然条件也使这一地区人才培养、成长的周期也相应延长，人才开发的难度相对于自然条件更好的地区来说更大。

其次，经济社会发展滞后，对人才队伍建设的支撑作用小。三江源区不仅是全国生态环境系统最脆弱的地区，也是全国经济社会发展水平最落后的地区。源区主体经济以天然畜牧业为主，牧业生产方式以自然放牧为主，经济结构单一。2008 年全区 GDP 共计 62.25 亿元，人均 8720 元，农牧业产值占 60%左右。此外，三江源区是一个人口密度小而贫困人口比重较大的地区。贫困人口占牧业人口的 75%左右，贫困群体呈现整体性、民族性的特点，牧民群众的生活质量很低。由于经济社会发展相对滞后，地方财力不足，各地基本上处于保工资、保运转的状态，用于人才开发方面的资金十分有限。这种状况的长期持续便形成了劣势循环的怪圈：经济基础的薄弱难以形成营造人才成长的优厚土壤，因缺乏人才支撑的经济发展愈发苍白滞后。

再次，教育发展滞后，人才开发基础薄弱。教育是人才培养的基本渠道，也是人才资源开发的根本基础。三江源区不仅经济社会发展较为滞后，教育发展也比较滞后。据全国第五次人口普查资料，三江源区的黄南藏族自治州、海南藏族自治州、玉树藏族自治州、果洛藏族自治州四州人口平均受教育年限分别只有 4.07 年、4.84 年、2.13 年和 3.07 年，不仅远低于全国 7.6 年、西部 6.7 年、东部沿海 8.4 年的平均水平，也远低于全省 6.1 的平均水平。黄南藏族自治州、海南藏族自治州、玉树藏族自治州、果洛藏族自治州四州大专及以上文化程度人口占 6 岁以上人口的比例分别为 2.6%、2.3%、0.9%和 1.6%，不仅远低于全国的 3.8%、东部沿海 7%的平均水平，也远低于全省 3.6%的平均水平。近几年，随着“两基”攻坚、中小学布局调整、寄宿制学校建设等工程的实施，三江源区教育条件有了很大改善，但长期以来形成的教育发展滞后的局面短期内难以得到改观，与省内东部地区相比，三江源区的教育发展水平仍然处在一个比较低的水平。教育经费短缺，教育设施严重不足，教师缺编比较严重，教师素质偏低等问题依然存在，不仅严重影响着教育发展，也对三江源区人才资源的开发产生了诸多不利影响。

最后，对人才资源开发重要性的认识尚不到位。落后的经济总是与落后的观念相互依存，而落后的经济与观念不仅难以加快人才资源的开发，而且也难以调动现有人才的积极性。由于受传统的计划经济体制的影响和经济社会发展对资源开发的高度依赖性，三江源区已经形成了一种重自然资源开发而轻人才资源开发的惯性思维。各级党委和政府在考虑地区经济社会发展时，往往较多地强调项目、资金等有形条件，轻视甚至忽视人才智力等无形资源，对人才作用认识不足，不同程度地存在着轻视人才、埋没人才甚至压制人才的现象。不少地方和部门只强调客观的环境因素，较少反省“人”的因素，只看当前窘境，不看人的潜力。人才工作仍存在着多头管理、缺乏协调、力量分散的问题，人才统计等一些重要的基础性工作没有得到应有的重视，人才统计工作中还存在着统计标准不一、覆盖面窄、家底不清等问题，人才工作“说起来重要，做起来次要”。因此，充分认识人才资源开发在三江源区生态经济发展中的极端重要性、突破人才资源开发中的认识瓶颈已是刻不容缓。

6.3.4 强化人才支撑的基本思路及对策建议

6.3.4.1 基本思路

加快三江源区人才资源开发力度与步伐，必须树立人才资源是第一资源的观念，坚持培养与引进相结合、市场化开发与行政开发相结合、自力更生与争取国家支持相结合的原则，以观念转变为先导，以加快教育发展为基础，以产业聚才、项目育才，加快人才体制机制创新，紧紧抓住培养、引进、使用三个环节，大力加强党政管理人才、专业技术人才、技能人才和乡土实用人才为主体的人才队伍建设，为生态经济发展提供有力的人才支撑和智力支持。具体而言就是要做到以下几方面。

1）发展教育强基础。人才培养，教育先行。三江源区要加快人才资源开发，必须优先发展教育，从根本上解决人才开发基础薄弱和劳动者素质低下的问题。在教育优先发展的前提下，坚持基础教育与职业技术教育并重，逐步建立现代基础教育和现代职业培训体系，不断提高全民综合素质，为人才开发奠定坚实基础。

2）深化改革增活力。深化改革不仅是经济发展的重要前提，更是加快人才资源开发的源头活水。三江源区要加快人才机制体制的创新，加快调整与生态经济发展不相适应的人才政策，以更新的理念、更宽的视野、更强的措施，加大干部人事制度改革，加大分配制度改革，激发人才活力。当前，要加快领导干部选拔制度改革，造就一支素质过硬、敢闯敢干的党政管理人才队伍。因为党政管理人才是各自领域的管理者，也是新规则、新理念的倡导者和实践者。建立一支高效的管理人才队伍不仅可以提高行政效率和制度运行效果，而且可以推动其他领域的制度创新，加速各个领域人才的不断涌现。

3）继续教育提素质。要改善三江源区人才素质偏低、结构失衡、知识结构更新缓慢的状况，必须将继续教育作为重要措施，在政策支持、资金投入等方面加大工作力度，探索建立人才继续教育的长效机制。近几年来，在三江源区实施众多人才培训项目的过程中，我们探索出了一条结合重点工程培训人才的新路子，需要在今后的实践中不断总结完善。同时，要继续创新继续教育方式，完善带薪学习制度，在坚持全面轮训、专题研修、东西部对口支援培训、岗位锻炼、高级专家来青海讲学、现场技术指导、国外培训等有效形式的同时，尝试干部自主选修、远程培训等形式，建立具有一定水准的三江源区人才继续教育基地。

4）产业项目聚人才。生态经济的发展需要产业、项目支撑，产业、项目的推进需要人才的跟进。在三江源区打造生态产业和人才需求的同时，要围绕生态经济发展的产业方向，探索建立产业聚才、项目引才的人才培养新模式。同时，根据生态经济发展的需要，筛选并向国家申请一批项目，把项目作为聚集人才、吸引人才和智力的平台、载体。

5）柔性流动引人才。三江源区生态经济的发展不仅要靠本地的人才智力支持，更需要外部的人才智力支持。以三江源区的经济自然条件，大量引进人才并不现实，但可以按照“不求所有，但求所在，但求所用”的原则创新人才引进机制，将人才引进的重点放在智力引进上，以项目支持为主，实施“候鸟工程”，实现人才的“柔性流动”，为本地经济社会发展提供智力支持。

6）多级联动破难题。由于历史和环境条件的原因，三江源区的人才开发将是一个长期的社会系统工程。因此，必须坚持自力更生与国家扶持相结合的原则，建立起以行政推动为先导，市场运作为补充，“上下联动”“东西联动”、“区域联动”的人才开发模式。“上下联动”就是三江源区在自身努力的基础上，中央政府在政策上给予倾斜，在人力、物力上给予大力扶持，不断增强人才开发的“造血”机能；“东西联动”就是中央政府通过搭建东西部地区合作交流平台，在发挥市场机制的基础上，进一步扩大和加深下游各省份对三江源区的支援广度和深度；“区域联动”就是省内建立起信息共享、人才共用、优势互补的区域人才开发机制，让省内各类人才参与到三江源区建设中，为三江源区生态经济发展提供强有力的人才支撑。

6.3.4.2 对策建议

（1）进一步加大对三江源区人才培养的支持力度

在省级人才培训工程中，增加三江源区的名额，选派有培养前途的优秀人才到外地接受培训。加大对党政人才队伍建设的支持力度，增加中央党校、国家行政学院、浦东干部学院对三江源区公务员的培训名额。继续坚持“公务员东西部对口培训”的有效办法，增加三江源区的培训名额，扩大培训范围。进一步加强对口挂职工作力度，在原有的基础上使对口挂职的人数增加一倍，时间适当延长，在对口挂职地区的选择上，尽量选择与三江源区经济社会发展具有相似性、参照性的地区。依托公务员东西部对口培训、“三江源”人才培养和使用工程、公务员出国（境）培训等平台，重点抓好三江源区乡镇党委书记、乡镇长培训，全面提高他们的执政能力和社会管理水平。

（2）建立和完善以重点培训工程为依托的职业技能培训体系

依托“阳光工程”、“雨露计划”等技能培训项目，结合特色产业、民族民间文化产业和小手工业发展，调整并重新设置技能培训项目，加大手工编织、工艺品加工、民族歌舞表演、种植等技能培训，提高农牧民的就业能力和综合素质。在三江源区范围内，依据实际需要，进一步整合现有培训中心、职业学校、党校等定点培训机构的培训资源，避免职业培训遍地开花、一哄而上的情况，职业培训资源撒胡椒面。在三江源区着力扶持几个重点职业学校，提高三江源区职业技能综合培训能力，力争形成功能齐全、培训质量高、专业结构合理、灵活开放、特色鲜明、适应市场需要、促进城乡经济发展的现代职业培训体系。

（3）实施“两基”成果巩固工程

三江源区的“两基”攻坚目标即将完成，但教育发展的基础仍然十分薄弱、教育发展水平仍然很低。建议实施“两基”攻坚成果巩固工程，继续加大对三江源区等西部民族地区教育发展的支持，在巩固“两基”攻坚成果的同时，加快民族地区教育事业的发展。继续深入实施民族教育综合改革，继续整合教育资源，进一步优化学校布局，不断提高教育教学质量。进一步加大对寄宿制学校建设的投入力度，提高学生的生活补助标准。加大实施东部地区学校对口支援三江源区学校的力度，扩大东、中部地区高校对三江源区少数民族的招生规模。在海南藏族自治州试点的基础上，将农村牧区中小学布局调整工作推向整个三江源地区，缩小三江源与其他地区教育差距，改善办学条件，统筹城乡教育，促进教育公平，推进教育均衡发展。争取将三江源区中小学校逐步纳入“全国农牧区中小学远程教育工程”范围，引进和开发国内优质教育资源，建立三江源区中小学优质教育资源库，探索信息化条件下教育教学新模式。

（4）探索建立以人才培训为内容的生态补偿新形式

目前，在生态补偿主体、补偿标准难以确定，生态补偿短期难以实现的情况下，为了推进三江源生态保护，由国家有关部门出面，在保护三江源生态这一总目标之下，以培养三江源区生态经济发展所需人才为具体目标，先期尝试上下游省份合作开展以三江源区生态经济发展所需人才培养为目的的补偿形式，充分利用下游省份的优质培训资源，为上游省份培养生态经济发展所需的各类人才，以推动三江源区生态保护的更好开展。使生态补偿既关注经济补偿，也重视人力资源开发等方面的政策扶持。

(5) 建议将西宁打造为三江源区人才培训主要基地

目前，三江源区州培训县、县培训乡的人才培训模式虽然成本较低、易于操作，但从长远来说，成效不太显著。随着交通条件和信息条件的改善以及三江源区气候特点和政府机构大都实行冬季轮休的实际，有必要将培训的主要地点放在西宁，将西宁打造为三江源区人才培训的主要基地，利用冬季轮休的机会，培训各类人才。西宁的培训力量和条件较州县更优，将西宁作为主要培训基地，短期看培训成本虽然较大，但从长远来看，有利于干部素质的更快提高与改善，有利于将有限的培训经费集中起来使用，提高培训资金的使用效率。

(6) 从国家、省级制定出台一批支持三江源区人才开发的优惠政策

一是尽快制定鼓励省内人才尤其是东部地区的人才向三江源区流动的相关政策。运用柔性流动方式，积极吸引外地人才为三江源区的发展贡献才智。对支援青海藏区或三江源区工作的各类人才按照援藏、援疆干部的若干政策执行。

二是在中央民族大学等高校开设“三江源干部培训班”，重点培养三江源区少数民族干部和妇女干部。

三是建议国家帮助建立三江源人才资源开发专项资金，可采取国家划拨和地方自筹相结合的方式，资金主要用于骨干人才培养、人才引进和表彰奖励人才等方面。

6.4 三江源区生态经济发展的制度支撑

6.4.1 制度在三江源区生态经济发展中的重要地位

制度即由人制定的规则。制度经济学认为，制度构成着关键的社会资本，在协调个人行动上发挥着关键作用，是经济增长的关键。制度依靠某种惩罚而得以贯彻，抑制着人际交往中可能出现的任意行为和机会主义行为。带有惩罚的规则创立起一定的秩序，将人类的行为导入合理的轨道。

对于三江源区生态经济发展来说，制度应有的协调、约束、惩戒的作用尤其显得重要。主要表现在两个方面：①脆弱的生态环境系统对经济活动极其敏感，而生态环境系统的良性平衡是经济持续运行的前提和基础。因为生态的极度脆弱性与低海拔地区同等程度的经济扰动，在三江源区可能会对自然生态环境产生数倍甚至上百倍的破坏，而且破坏所产生的生态后果往往是不可逆的。在三江源经济发展史上已经有不少这方面的教训。比如土地的无度开垦引发的土壤“三化”；牲畜数量的无序膨胀导致草地不堪重负；矿产资源的过度开采引起的严重的水土流失等等。在很大程度上，这些都是当时制度不当或缺失的结果。②市场经济的种种弊端及过分依赖市场可能对自然、经济、社会带来的负面影响。环境社会学家 C. 哈帕将市场化的弊端（或局限）归纳为四个方面，即市场缺乏完整的价值判断；低估或根本不考虑生态环境成本；资源未来价值的推算及消费行为与可持续发展不协调；产生巨大的社会不平等性。他分析的参照系是自然生态环境及其价值的体现。在全国上下普遍推行社会主义市场经济的大环境下，在迷信市场这一调配资源手段的价值理念的推动下，政府作为政策的制定者、推广者很容易把这一理念及低海拔地区所谓成功的经验“拿来”作为指导经济发展的法宝。因此，市场化的弊端有可能在三江源地区经济发展中被放大。这样就需要具有科学依据的规则来对市场化进程中可能出现的行为加以约束。

制度建设是一整套系统工程。就三江源地区而言，它的内容包括草场经营制度、生态管护制度、生态移民制度、行政管理制度、民间社团管理制度、科技创新制度、法律制度等。本节着重分析与生态经济发展联系最为紧密的草场经营制度，兼而论及与之相关的生态管护、生态移民制度及法律制度。

6.4.2 三江源区生态经济发展制度建设的历史回顾

在新中国成立前，三江源区经济发展制度是与游牧生产、部落规范、家族观念紧密联系在一起的。新中国成立后，三江源区各地先后通过牧业合作化、采用比较稳妥的“不斗不分、不划阶级”和“牧工、牧主两利”的政策对畜牧业进行社会主义改造。当时认为，对牧业实行合作化是以和平方法从根本上改变牧业生产关系、消灭剥削制度、消灭封建特权和部落割据的决定性步骤。对畜牧业的社会主义改造实质上是生产经营形式由分改变为统的过程。在此过程中，无论是改造还是生产都是在政策计划指令下进行的。

改革开放后，畜牧业经营体制由“三级所有，队为基础”改为“双层经营，户为基础”。与之相配套，经济体制由“两定一奖”逐步发展到“包产包户”、“包干包户”。这是在1983年《中共中央关于印发〈当前农村经济政策的若干问题〉的通知》下达后，在全省推行的牲畜包干的责任制。经过一年的实践，实行了多种形式的家庭承包责任制。一种是“草场公有，承包经营，牲畜作价，户有户养”，另一种是“公有公养，按类组群，专群承包，包干分配”。其后，又逐步实施了草场的分户经营制度。

直到20世纪末，这一时期经济发展中最为明显的变化是对制度建设的重视。1983年，《青海省草原管理试行条例》的实施具有时代意义。《条例》对省内草原规定了两种所有制和草原的管护、利用和建设的职责，确定了草原纠纷的调解原则与裁决权限，以及草原管理机关及其职责。1985年，《中华人民共和国草原法》颁布实施。青海省也制定了《实施〈中华人民共和国草原法〉细则》。在草原承包过程中，针对实际制定实施了《青海省草原承包办法》。三江源区各州按照民族区域自治政策的规定，制定了单行条例，如果洛藏族自治州在1994年制定并于次年实施了《果洛藏族自治州草原管理条例》。

2000年国家实施了西部大开发战略，揭开了三江源区经济社会发展和生态环境保护的新篇章。面临日益恶化的生态环境，10多年来，主要围绕生态保护和恢复进行政策调整和制度建设。一是成立三江源国家级自然保护区，加大了退耕还林还（草）、“三北”防护林建设、天然林保护等的力度和广度。二是编制并实施了《青海三江源自然保护区生态保护和建设总体规划》、《青海湖流域生态环境保护与综合治理规划》等区域生态环境保护规划。与此同时，出台了

《青海三江源自然保护区生态保护和建设工程管理暂行办法》、《青海三江源自然保护区生态保护和建设工程专项资金监督管理暂行办法》、《青海三江源自然保护区生态保护和建设工程招标投标管理暂行办法》、《三江源生态保护和建设工程项目建设监督检查验收工作方案》等一系列配套规章。三是在三江源区取消了 GDP 考核指标，确定主要针对生态功能恢复、社会事业的发展、人民生活水平的提高等指标进行考核。四是确立了“生态立省”的发展战略。青海应当确立怎样的经济发展战略，自改革开放以来，对这一问题的探索一直在进行中。1988 年青海第七次党代会提出了用以指导经济发展的以“资源开发”为核心的“十六字方针”。此后，虽经几番调整，但资源（矿产资源为首）开发这一主要方向没有改变。2002 年青海第 10 次党代会根据西部大开发政策原则，对经济发展战略作出了比较大的调整，提出了“扎扎实实打基础，突出重点抓生态”为重要内容的发展思路。2007 年青海第 11 次党代会提出：“发展是第一要务，生态是重要责任，民生是当务之急。”次年，在青海省十届人民代表大会一次会议上，提出了要“突出生态建设和环境保护，实施生态立省战略。”各地区纷纷提出生态立州、生态立县的发展理念。“生态”一词被提到前所未有的高度。五是在草地畜牧业生产经营形式上进行了有益的探索。2008 年起，在青海省牧区 7 个县实施了生态畜牧业试点工作，初步建立了以合作社为平台，以转变生产经营方式为主导的发展模式。按照不同生态条件、自然资源状况和劳动力素质，探索出以门源县苏吉滩乡苏吉湾村、天峻县新源镇梅隆村、河南县优干宁镇吉仁村为代表的以牲畜、草场作价入股，实行股份制经营为特点的模式；以共和县倒淌河镇哈乙亥村为代表的以分流牧业人口、草场合理流转、大户规模经营为特点的模式；以贵南县塔秀乡子哈村、治多县治渠乡同卡村为代表的以联户经营、分工协作、优化畜种畜群结构为特点的模式。试点村有 43.4% 的牧户加入了合作社，有效地提高了牧民组织化程度，解决了分散养殖难以解决的诸多问题，经济增长效益也十分明显。如被认为效果最好的苏吉湾模式试点后，该村 2009 年人均纯收入达 5800 元，比 2008 年增长 1000 元以上。2010 年开始在青海省全省全面推行以上三种经营模式。

在此过程中，针对经济发展和生态保护与建设中出现的种种问题，制定了一系列关于保护和发展的具体制度。尤其突出的是，针对草场经营中出现的牧户经营牲畜数量的增减和部分牧业劳动力向非牧行业转移的变化制定草地流转办法。各州在《青海省草原使用权流转办法》的基础上，相继制定了各自的实施意见或实施办法。如海南藏族自治州于2000年和2004年分别制定了《海南藏族自治州草场流转（试行）办法》和《关于建立和完善土地草场流转制度的实施意见》。前者较早地对草场流转经营的组织、管理，草场流转后的经营管理做出了具体规定，具有一定的针对性和可操作性。黄南藏族自治州于2005年制定实施了《黄南藏族自治州草原使用权流转办法》。果洛藏族自治州于2009年对《果洛藏族自治州草原管理条例》作了修订完善。2008年，针对2002年修订的《中华人民共和国草原法》，青海省制定并施行了《青海省实施〈中华人民共和国草原法〉办法》，对草原权属、草原规划与建设、草原利用、草原保护、监督管理、法律责任等做出了切合实际的规定。同时，省州县各级政府注重通过制度来规范具体的生态保护和建设的管理行为。如面对最近几年掀起的冬虫夏草热所造成的草地生态环境新破坏，青海省和三江源区各州、各县出台了相关管理办法和细则，如《青海省冬虫夏草采集管理暂行办法》、《黄南藏族自治州实施〈青海省冬虫夏草采集管理暂行办法〉细则》、《果洛藏族自治州虫草资源管理办法》、《果洛藏族自治州违反虫草资源保护管理办法责任追究办法（暂行）》等。这一时期的制度规范还涉及更为具体的休牧育草、鼠害防治、火灾应急、牧民定居点建设等领域。如黄南藏族自治州制定的《黄南藏族自治州休牧育草区以草定畜暂行管理办法》（2005年6月）、《黄南藏族自治州草原鼠害防治成果巩固目标责任制管理办法》（2007年1月）、《黄南藏族自治州草原火灾应急预案》（2007年7月）、《青海省藏区游牧民定居工程建设管理办法》（2009年6月）等。

此外，在草场管护方式上的一些做法具有一定的开创性。实施退耕还林（草）、休牧育草、生态移民等措施后，大量草场成为生态林地（林草兼有），这些草场的管护问题变得更为棘手。三江源区不少地方采用的办法是雇佣当地牧民，按照“谁的林地谁管护”的原则，工程区每亩林地给参与管护的牧民一定的补助费。这种办法调动起了民间力量参与生态管理的积极性，效果显著。

6.4.3 三江源区生态经济发展制度建设成效及存在的问题

纵观三江源区制度建设历程，可以看到，每每迈出的一步都对三江源区经济社会发展、生态环境系统平衡产生了明显的或正或负的影响。新中国成立后的头30年里所采取的指令性政策，其目的主要是改革旧的生产关系。通过社会主义改造建立了民族区域自治政权，稳定了社会治安，增强了民族团结，促进了经济社会的发展。“一五”计划末期，青海畜牧业产值由1949年的7028万元增加到了1.3亿元；牲畜达到1500万头，比1949年增长了103%。但是，1958年后开始的“大跃进”打乱了经济社会发展的政策部署，所引起的超越客观实际的发展速度造成了牲畜大死亡、草原大破坏的恶果。到1976年，有6个年头牲畜存栏数下降。制度建设滞后的弊端彰显无疑。

十一届三中全会后进行了经济、经营体制的改革，极大地调动了牧民生产经营的积极性，给畜牧业注入了活力。牧民普遍自觉地精心饲放管理，早出晚归，跟群放牧，守夜接羔，储备冬草，防灾保畜。牧民的商品观念增强，牲畜出栏率、商品提高，牧民的收入水平相应地得到了提高。1987年牲畜出栏率比1980年增长了4.8%，商品率比1980年增长了4.9%。1986年牧区总收入达到32 524万元，比1980年增长了1.2倍。在牧业生产之余，牧民积极从事多种经营。1993年，三江源地区已有小型企业，包括电力、煤炭、机械、建材、制盐、木材、印刷等生产部门和食品、冷冻、木器、缝纫等加工部门。经济结构向以国有经济为主体、大力发展非公有制经济转变，有力地促进了区域经济的发展。但是，由于在承包经营中存在牲畜和草场承包不同步的问题，以及对草场划分缺乏科学的考察和论证，曾出现抢牧草场、过牧及草场纠纷不断，从而使草场得不到有效利用等问题。落实双承包后，此问题得到了一定缓解，但由于不同牧户家庭经营能力的差异，出现少畜户和无畜户的情况，激发了牲畜大户盈亏租用草场的过度使用，加剧了草畜矛盾，加快了草场退化、沙化步伐。这些后果在很大程度上是制度建设不足和执行制度不力所造成的。

自西部大开发至今的10多年里，制度建设的最大成效是三江源区生态的初步恢复和好转。《青海三江源自然保护区生态保护和建设总体规划》成为各级政府落实生态保护和建设任务的重要依据。工程自实施以来，截至2009年2月，累计完成投资22.2亿元，占下达投资的91%。在国家的支持下，其中的退耕还林（草）项目已经全面完成，封山育林、森林和草原防火、鼠害防治、建设养畜、能源建设、生态检测项目基本完成。生态建设成效显著，特别是退牧还草、禁牧搬迁和连续性的人工增雨等措施有效缓解了草原压力，对三江源区生态改善起到了积极的促进作用。在三江源区经济社会开展具体领域的制度建设，对经济行为和生产活动予以有效规范，一定程度上避免了不当行为可能引发的问题，保证了经济生产的正常运行和社会的稳定。

尽管最近的10多年里，在制度建设上有了巨大的迈进，但是问题依然十分突出。

(1) 制度缺乏科学性和一贯性

基于缺乏科学性和一贯性的制度的决策难以经受得住时间和历史的考验。如在如何经营畜牧业问题上，只是在分与合之间作着历史的轮回。新中国成立后采取的是由分到合，改革开放后采取的则是由合到分。天下大势，分久必合，合久必分，分分合合本来可能是历史的定律。但是这种徘徊所造成的后果是沉痛的，尤其是自然生态环境的破坏和留下的生态债务需要后世作出加倍的努力、付出巨大代价来修复和偿还。

在天然草地畜牧业生产中实行“草畜双承包”制，即将草场和牲畜都承包到户，户有私“养”，允许继承，长期不变，这无疑是受到了农村家庭联产承包责任制的启发。农村家庭联产承包责任制对于克服种植业生产“吃大锅饭”的弊端、调动农民生产积极性起到了积极的作用。它无疑是农业生产方式与生产制度的一次飞跃，比较适合农业生产要求，是行之有效的。但草地及牧业与耕地及农业在生境、生产过程、技术基础、生活方式等方面有着本质的区别。

1）两种生境：河谷与山原。青海大部分耕地多处于两山夹峙的谷地，风速较小，气候温和；谷地深处或两山有涵养水源的森林，使谷地河流水源较充沛，且气候相对湿润；谷地内河流便于下游灌溉；耕地土层较厚，土壤有机质含量较高，利于稳产、较高产。这种生境虽然比不上我国的中东部地区，但还是比较适合以家庭（户）为单位进行集约化生产。而草地生境与此完全不同，地势辽阔、平坦，地域内风速大，气候高寒；牧草为优势植被种，灌溉水利用困难，气候干燥；土层薄，土壤沙砾含量重，极易引起沙化。在这种土地上进行以牧户为单位的集约化生产，必须具备齐全的生产要素，否则若“尝试”不慎，必定会酿成苦果。

2）不同的生产过程。农业生产过程是“人—耕地—农产品”，即人向耕地投入一定的生产资料和劳动，在耕地这个中心环节中经过内部循环再输出农产品。相对而言，因耕地在大部分时间里没有作物覆盖，特别是在冬季，其不必产出农产品，且可经过人的作用全部或部分改变其生态属性，控制其生境，因此它对环境的依赖性小。天然草地却不同。牧业生产过程可简化为“人—草—畜—畜及畜产品”。这个过程的中心环节是草和畜。草“一岁一枯荣”，而畜（特别是母畜、幼畜）长期附着于此、依赖于此。畜及畜产品的生产决定于草与畜的消长关系，其中草是第一性生产力，草的生产数量和质量决定着畜质量的提高，即草丰则畜壮、畜增，草欠则畜弱、畜减，无草则无畜。而草特别是牧草因草地生境特点，对生态环境的依赖性极强，即生态优则草旺，生态欠则草衰，生态恶则草败。与耕地相反，草地因面积大，天旱而灌溉不利，就目前条件下，牧民自身很难经外在力量改变其属性，控制其生境。

3）迥异的技术基础。要进行集约化生产，毫无疑问就要有现代生产技术基础与之相匹配。不然技术滞后，却要强加于一种不相称的生产方式，会将生产引入混乱、无序状态及粗放生产。东部地区（尤其是湟水谷地）有悠久的农业生产历史。从其文化遗址证实，早在5000余万年前的马家窑文化时期，农业生产技术已传入该地区。到西汉时期，牧业生产范围逐步梯级退缩，农业生产在东部地区的规模逐渐扩大，近代农业雏形渐成。而广大牧区千百年来一直

“逐水草而居，随风土而迁，避疫而逃”。而且，整个社会笼罩在宗教神权统治中，世俗教育或现代教育欠发达。不但牧民对农业生产技术完全陌生，就是牧业生产也偏重于宗教观引导和自然规律性感悟及其传承（口承），因此缺失理性。“双承包”和“四配套”内容之一却恰恰是农业生产方式的部分应用，以期通过承包来调动牧民致力于增草（后期表现为人工种草），也就是使草的自然生产变为集约化、人工化生产（改变牧草属性，控制其生境），从而带动畜壮、畜增，最终达到致富的目的。多年的“人工种草”名实不符，根于此。

4）与各自生产方式相适应的生活方式。生活方式与生产方式相适应。人类历史上出现的三次社会大分工，都伴随着新的生活方式的诞生。与高原牧业逐水草、四季（或二季、三季）轮牧，使用一些简单、易携带的生产工具等相适应，高原牧民一直奉行衣、食、住、行、用主要靠牲畜及畜产品的生活方式。其生活方式的最大特点在于居住的游动性。三江源区没有形成典型的藏式雕楼，甚至游牧经济后期半定居（自然形成）的房屋也非常简陋。这种居住方式不但取决于生境，更重要的是与游牧或半游牧的“靠天养畜”的经济相适应。同样地，从农业生产技术传入开始，与农业生产方式相适应的生活方式也随之而至，定居及典型化的平顶土木结构房屋及院落也在新旧生产方式相互冲突及新生产方式与环境适应过程中产生。在牧区实行“双承包”和“四配套”，首先引发的是生活方式的变革：逐水草而居→定居。相对“舒适”的生活方式很快实现了跨越，涉及牧区：建宽敞、明亮、封闭的砖木结构平房或楼房，购置高档家电、家具。这种生活方式的变革，不但没有引起生产方式的革新和发展，反而对旧有生产方式形成冲击，使生产方式演变处在进退维谷的两难境地。适于从事游牧的青壮年被城市人的生活方式所吸引，留恋在屋室内、电视前。尽管草畜承包给了自己，但仍然无法消解留恋，游牧的半径缩小了，轮牧的季节时间间隔也延长了，冬春草场的负荷越来越重。反过来，正因为这种两难使然，经过30多年的努力，牧民定居的水平并没有得到根本性的提高。一是定居率低，定居进展缓慢；二是定居标准不高；三是定居区社会文化教育设施建设跟不上，导致牧民定而不居。定居并没有产生促进生产生活方式转变的实质效果。

正是缘于以上区别，两种新的生产方式的嫁接并未带动牧区整个生产力的发展，却因生态更加恶化反而使生产力的发展受到抑制。从长远来看，“四配套”可能是牧业生产生活方式发展的一种比较可行的方向，特别是人工种草对解决“第一性生产力”难适应问题，促进原始畜牧业向现代畜牧业转化，可能具有划时代的意义。但起初的决策未能统筹考虑、运作，仅把“四配套”当做救急，即灾害防御的一种手段。它不但其对生产力发展尚未起到应有的作用，也未有效地防止关乎畜牧业存亡的草地的退化和衰败。草料基地开发率不高，牧民定居户大部分未完成饲草料基地建设。加之牧民对草料种植技术的掌握不熟练，致使牧民的部分草料地只能被动地转包出去种植农作物。曾经颇费周折的“草库伦”建设对畜牧业的推动作用并不明显。

在牧区实行“草畜双承包”经营体制和“四配套”，冬春草场的滥牧、过牧呈加剧趋势，使冬春草场尤其是居民点、饮水点、牧道及畜棚附近草场的退化越来越严重，并由此引起整个高寒草地生态系统的进一步失衡。随着承包、定居趋于稳定和明确化及人口增长，家庭结构由复合家庭向简单家庭特别是核心家庭演变。家庭户分化，承包草场要与之同步，久而久之，草场如同耕地一般被撕成了碎片。但草地生境及畜牧业生产的特殊性使之不可能像耕地那样经营，一切设想就有可能由此落空。

现在的牲畜与草场的双承包，虽然其经营形式名义上是“统分结合的双层经营体制”，但实质上，牲畜与草场的“私有化”和基层政权在牧区传统社会结构影响下的功能弱化，使得在原来的畜牧业经济管理体制在改革浪潮下遭到瓦解的情况下，双层经营中“统”的功能越来越弱，政府对畜牧业经营的指导和约束作用逐渐淡化，畜牧业生产经营中许多好的传统经营方式都削弱了。如畜疫防治、畜种改良、饲放管理等行之有效的措施都比“大包干”以前退步了。其结果是天然草地和畜牧业的优势发挥不出来，三江源区经济始终难以获得质的发展。

（2）制度的产生缺乏科学性和灵活性

在实践中，制度的指导力和约束力大大减弱。比如《青海三江源自然保护区生态保护和建设总体规划》是在很短的时间内制定出来的，其中的很多内容缺少必要的论证，特别是其中多数涉及社会科学和人文科学的内容，没有相关学科研究人员的参与，其定论和规划经不起推敲。而且，类似城镇建设、后续产业发展这样对三江源区生态保护和建设来说如此重大的问题，所规划的内容略显单薄，使得在操作中很难起到指导作用。因为欠缺对未来发展趋势的准确估计，很多内容已经不适应发展需要，如物价上涨引起的建设工程造价的变动。并且面对这样的变化，在决策层面，似乎也没有足够的变更和调整的勇气和努力。

6.4.4 三江源区生态经济发展的制度支撑建议

6.4.4.1 明确生态畜牧业发展思路是制度建设和生态经济发展的重要前提

制度反映着特定的价值观，它是价值追求的手段。以往在畜牧业发展问题上的态度和认识是价值观的一种反映。曾几何时，我们把草原畜牧业尤其是游牧视为一种极端落后的生产方式。在这种认识的支配下，曾经把家庭联产承包责任制这个农业社会的创新物生搬硬套到牧区；极力提倡和鼓吹生产资料的“私有化”和基础设施的“四配套”特别是不遗余力地推行围栏封育、舍饲圈养，一刀切地施行牧民定居。这种出发点是善意的努力，还有一个内在的逻辑是社会达尔文主义的，即牧业、农业与工业及与之对应的牧区、农村和城市社会，其文明程度是递增的，因此先进的就要革命式地替代落后的。因此，制度具有正反两方面的作用。然而，游牧生产方式是孕育藏族传统文化的土壤。这种经济基础决定了印度佛教与藏地本教融会的藏传佛教的基本精神，决定了藏族的风俗习惯和行为方式。甚至可以说它是牧业社会存在的基础。皮之不存，毛将焉附。如果草原畜牧业继续衰退下去，就有可能危及藏族传统文化的生存和社会的长治久安。其实草原畜牧业本身有其不可替代的存在价值，正如草业学家任继周院士所说：“逐水草而居”的游牧，有其丰富的科学和人文内涵；它与农耕文化共同创造了中华文化的辉煌历史，今后也将是人类文化不可或缺的活泼元素；人类文明将永远离不开草原文化的支撑。对此，青海经济学界的认识也有新的改变，提出要拯救和振兴三江源有机畜牧业。因此，在发展问题上，需要重新反思、定位并确立草原畜牧业应有的地位。要把草原畜牧业发展提升到战略的高度，在政策上加以明确，在生产上予以扶持，在市场开发上要扭转草原畜牧业产品质高价低（在市场上，“草肉”与舍饲圈养的牛羊肉不同质却同价）的局面。对政绩考核层面，不能矫枉过正，在考核生态功能恢复这个主要指标的基础上，要把生态畜牧业发展作为辅助指标，对三江源区政府绩效进行考核，从而形成保护和发展二合一的统合考核体系。

6.4.4.2　制度建设中要更加重视了解、采纳民意

地方政府在执行上级政府的决策并决定地方经济社会发展策略时，较少把上级决策与地方实际有机结合起来，从而导致制度的实际效用大打折扣。如果换个角度看，这一现象便是地方政府制度创新不够的体现。三江源区生态环境保护和建设举措中，大部分是上行下效的内容，真正了解、采纳了广大牧民群众的意愿、十分切合地方实际、经得起考验的举措屈指可数。政策的产生、演变路径依然是“中央制定—省级推行—地（州）、县、乡执行—产生的部分问题反馈到省—省派工作组到基层纠正（部分）”。并采用一竿子插到底的办法，解决经济社会发展中出现的问题。正是因为一项政策较少顾及到地方民众的看法，在执行中往往容易受到一些因素的干扰而出现问题。

制度创新以社会个体创造力开发为基础，以群体创造力开动为中介。它不但需要决策者——省、地（州）、县、乡各级党委、政府的官员，各级专业技术人员特别是充当决策者“智囊团”、“思想库”的社会科学研究人员等的创新性思维和发现、总结群众鲜活的创造实践的能力，更需要疏通社会个体、群众创造性活动升华为制度创新内容的渠道。

多年来我国政治管理体制或方式的改革已经为制度创新创造了良好的条件。如中央放权让利于地方。改革开放后，为改变中央统得过严、统得过死的局面，充分发挥地方建设两个文明的积极性，中央在推进经济体制改革过程

中，把放权让利作为一条基本的改革思路。旧体制中的全能主义，即政治与经济高度结合，政治广泛渗透于经济和社会生活的各个领域，经济和社会的其他部分成为政治的附属物，全部社会生活政治化、行政化的情形已有根本改变。政治外的社会子系统有了独立运行的条件，各社会活动单位亦获得了一定的自主权。中央在制定方针、政策时，注重调查研究、集思广益、试点示范，留给地方政府提出更有针对性、可操作性措施的空间越来越大。这种改变对地方和部门摆脱条条框框的束缚、树立主体意识和创造精神大有助益。如基层民主自治的推进，以村民民主选举村民委员会为标志的村民民主自治实践被认为是一项以国家层面政治民主化具有示范效应和实践价值的行动。同时它也是挖掘群众创造潜能、提高决策科学性的有力举措。

单从生态环境保护和建设领域的制度创新而言，基层环保组织的推动力不可忽视。三江源区很多基层环保组织为保护生态、促进环保所做的很多措施或办法都是有新颖性和独创性的，是有借鉴和推广价值的。只要加以正确引导、耐心扶持、及时总结，基层环保组织就不难成为生态环境保护和建设及生态经济发展中制度不断创新的源泉之一。

6.4.4.3 制度建设应更加强调调研论证，不可草率定论

普适性是制度的本质特征，是指“制度是一般而抽象的（而非针对具体事件的）、确定的（明了而可靠的）和开放的，它能适用于无数的情境。”因此，针对三江源区某项制度的产生既不能仅针对个别地区或某个事件，更不能做出没有调查的武断规定。在正确的发展思路和发展原则的指导下，制度建设要经过酝酿、提出设计、调研论证、制定制度、试点、修正完善、推广、反馈、再修订的过程。这样的制度才能对三江源生态经济发展产生有效、长效的支撑作用。为此，建议中央相关研究课题管理机构在每年的规划课题中，另列有关三江源区生态经济发展的制度建设的重大课题，在全国范围进行招标，从而通过上述程序制定出具有长远指导意义的一系列制度来，以指导三江源区生态经济的可持续发展。特别要对有利于三江源区生态畜牧业发展的经济、经营体制进

行缜密的研究、论证，在“双承包”、集约经营、集体经营、联合经营等形式中做出科学诊断和合理选择，以澄清思想认识、理顺发展思路。

6.4.4.4 以合理的定价原理为核心的政策调整纳入政府的决策过程

建设项目评价是国民经济评价的核心内容。只有进行合理的项目评价，政府的宏观经济调控才能收到实效。经济学研究以为：“确定建设项目经济合理性的基本途径是将建设项目的费用与效益进行比较，进而计算其对国民经济的净贡献。正确地识别费用与效益是保证国民经济评价正确性的重要条件。”合理的定价原理就是指正确地识别费用（成本）与效益（贡献），费用与效益的计算范围相对应，既要计算建设项目的直接投入和产出，更要计算间接（外部）费用与效益（统称外部效益），即环境代价和环境、社会效益。

在三江源区发展生态经济的出发点是面临的生态环境危机和灾害以及迫切的民生问题。发展是为了达到协调人与自然关系的和谐，促进自然生态环境改善和生态系统形成良性动态平衡，社会人文环境发展相统一的目标。然而，企业实施发展项目的目标是追求利润最大化，否则其无法在市场竞争中生存。如果不以合理的定价原理为核心的价格调整加以引导来使两种目标相统一，最终势必造成两种局面：有实力的生态经济从业企业转向其他产业；企业以偷工减料、偷梁换柱、转包等不正当竞争手段求生存、求发展。无论哪种局面，显然都会直接阻碍生态经济的顺利进行。

因此，必须将合理的定价原理纳入政府的决策过程。政府应充分发挥宏观调控职能，利用财政、税收、价格、贸易及政策等措施使企业和民众对生态畜牧业的投入与产出相统一。对生态畜牧业企业科技研究、产品生产、技术服务等方面，一定要在市场准入、进出口贸易等以优惠政策加以扶持。在原材料、特别是那些紧缺的、国家调拨或需进口物资，政府要发挥主导作用，要按国家计划价格划拨。对生态畜牧业发展项目，在规划中应将给使用者的补贴资金作为规划资金的重要部分，一并纳入到建设企业项目资金统筹中。政府应对企业落实补贴资金情况加强监管。同时，规划、配套资金必须确保及时、全额到位。对国家下拨资金及配套资金要专款专用，严格账目管理。要求做到资金不到位不上马，并从严审查资金管理漏洞。

6.4.4.5 制度建设要掌握灵活性，在实践、发展中不断调整、补充、完善

制度的开放性实质特征说明制度并不是一成不变的，而是要随着客观条件的变化对制度进行不断的调整、补充、完善。因此，有必要对现有青海省针对三江源区的和三江源区各州、县所制定、出台的法规、规划、方案、意见、办法等进行全面、系统的梳理。通过梳理，使不符合生态环境保护、生态经济发展和民生改善的方面尽快做出调整；对其中所做出的不切实际或不合理的定论予以纠正。鉴于《青海三江源自然保护区生态保护和建设总体规划》在保护与发展中的重要地位，建议由自然科学、社会科学、人文科学研究人员组成课题组，对其中的重大和关键问题做交叉研究、论证。要特别关注物价上涨因素，对投资规划作出重新调整；有必要对其中的城镇建设、生态移民、后续产业发展作出专门、专业的规划。

6.4.4.6 生态补偿制度要尽快制定

2010年7月5~6日召开的中共中央、国务院西部大开发工作会议再次强调："在西部加快实施有利于环境保护的生态补偿政策，逐步提高国家级公益林生态效益补偿标准，增加对上游地区重点生态功能区的性转移支付等。"要使三江源区生态经济得到持续发展，生态补偿制度是最为急迫的支撑条件。否则，由于三江源区政策面临着严重的民生、社会稳定压力，对生态经济发展的人力、物力投资效力就有可能被公共领域消耗掉。这项制度同样应该是"明了而可靠的"，而且是持久的。

6.4.4.7 订立关于三江源区生态保护的法律

借鉴《森林法》、《草原法》、《退耕还林草工程管理条例》等法律法规，

由国家制定出台了《三江源自然保护区管理条例》，或由地方制定出台了《三江源自然保护区管理单行条例》，依法推进三江源保护与建设，使三江源保护区特别是封育区、禁牧区、禁采区实现减人、减畜和促进草场的自我修复，并依法打击破坏保护区草场、森林植被和工程设施等违法行为，巩固三江源区生态保护和建设成果。

（撰稿人：孙发平、苏海红、张志强研究员）

第 7 章 三江源区生态保护与可持续发展建议

【摘要】

三江源生态保护和建设工程实施迄今，草地退化和土地荒漠化得以遏制并有所逆转，工程实施区的农牧民生活和生产条件有所改善，成效显著。然而，草地牧业生产方式落后，生态建设与生产发展的矛盾没有解决，生态移民实现“稳得住”和“能致富”尚未破题，生态补偿标准低，缺乏科学依据和长效机制，这些问题依然限制了三江源区的生态保护工作和可持续发展问题。建议国家和青海省地方政府积极推进畜牧业生产方式的转换和升级，实现畜牧业生产与生态保护共赢；高度重视做好生态移民及后续产业发展工作；建立和完善有利于共同繁荣的长效生态补偿机制。

三江源区地处青藏高原，因长江、黄河和澜沧江三大河流发源于此而得名，其生态地位极其重要，生态环境脆弱、经济发展落后，是藏族人口主要世居地之一，为世人关注的重点区域。长期以来，党和政府高度重视三江源区的生态保护与可持续发展问题。继2003年设立三江源国家级自然保护区之后，2005年国务院批准并开始实施《青海三江源自然保护区生态保护和建设总体规划》，三江源区生态建设和区域发展取得显著成效。同时也应当看到，在规划实施过程中，生态保护与生态恢复、生态移民和生态补偿机制、产业发展和改善民生等方面仍存在一系列问题。

《“十二五”规划纲要》和《全国主体功能区规划》进一步明确了三江源区在全国生态安全格局中的地位，2011年国务院决定建立“青海三江源国家生态保护综合试验区”。抓住新的发展机遇，按照新的建设要求，评估规划实施状况与存在问题，完善三江源区生态保护和可持续发展的战略目标、重点任务和政策体系是十分必要的。

7.1　取得的成效

三江源区包括青海省玉树、果洛、海南、黄南4个藏族自治州的16个县和格尔木市的唐古拉山镇，总面积为36.31万km^2，现有人口56万。源自三江源区的径流量分别约占长江、黄河和澜沧江年径流量的2%、49%和15%，是我国和东南亚地区重要的水源涵养区。三江源区是世界高寒生物资源和各类高寒生态系统的主要分布区，对生物多样性保护以及亚洲东部大部分地区乃至全球气候具有重要影响。

2005年，由中央财政投资75亿元人民币启动三江源生态保护和建设工程以来，在生态建设和民生改善两个方面都取得了良好成效。

7.1.1　草地退化和土地荒漠化得以遏制并有所逆转

三江源区自20世纪60年代以后，总体上处于以草地植被覆盖度下降、湿地萎缩和土地荒漠化为主要形式的持续生态退化状态。各类型高寒草地生态系统均呈现出不同程度的面积缩减和退化。2005 年以来，草地植被覆盖度整体提高了 3.1%，12.2% 的退化草地出现好转，草地平均产草量增加了 24.6%，荒漠化土地面积减少了 0.74%，草地生态状况开始明显改善，林灌地郁闭度有所增加，土壤侵蚀敏感性和强度降低，水土保持能力增强，生物多样性得到了较好的保护。研究监测表明，生态恢复和改善主要是三江源生态保护建设工程的成效，区域降水增加也起到了一定的作用。

7.1.2 工程实施区的农牧民生活和生产条件有所改善

三江源区是我国的贫困地区，经济规模小、发展水平低、增长速度缓慢，2005 年农牧民人均收入不到全国平均水平的 2/3。三江源生态保护和建设工程实施以来，生态移民和小城镇建设等项目的实施使生态移民社区的基础设施进一步完善，与迁出区相比，搬迁牧民的生产生活条件发生了明显变化，牧民就医难、子女上学难、行路难、吃水难、用电难、看电视难的问题得到了较好解决。2006~2010 年农牧民每年户均增收 2 万元，纯收入年均增长 8%。

7.2 存在的问题

7.2.1 草地牧业生产方式落后，生态建设与生产发展的矛盾没有解决

草地畜牧业粗放式经营模式难以为继，生产方式原始，生产效率低下，抵御自然灾害的能力差，牲畜饲养周期过长，“夏饱、秋肥、冬瘦、春死亡”的恶性循环没有根本改变，这种生产方式导致的过度放牧仍然是区域草地退化的根本原因。对三江源区特殊高寒草地生态系统的演化规律、生态过程和生态功能缺乏深入系统的科学认识，退化生态系统恢复技术和模式不足。畜牧业生产

和发展方式落后，缺乏与生态保护相适应的畜牧业生产新技术与管理模式。

7.2.2 生态移民实现“稳得住”和“能致富”尚未破题

生态移民工程涉及三江源18个核心区牧民的移民搬迁，已移民人口达55 773人。在生态移民过程中，对具有独特民族文化、生产生活方式和生活环境依赖的三江源移民工作缺乏深刻认识和系统预案；对生态移民后续产业前瞻规划缺失、培育不够、效果不明显；对于缺乏其他劳动生产技能的移民，相应的职业技能培训工作没有跟上；对移民小城镇基础设施薄弱状况重视不够、投入不足、建设质量低下。移民生产生活的可持续发展能力受到挑战，在解决了温饱问题之后如何持续增收致富、全面建设小康社会面临困境。

7.2.3 生态补偿标准低，缺乏科学依据和长效机制

目前，三江源区生态补偿方式主要有以下两种类型：一是退牧还草工程补偿，主要包括每年每户3000~8000元不等的饲料粮款以及800~2000元/户不等的取暖与燃料补助；二是国家其他生态建设工程补偿，包括退耕还林（草）工程、天然林保护工程、生态公益林补偿、封山育林工程等，标准一般在1.75~5元/亩。存在的主要问题为，补偿标准偏低且固定不变，补偿缺乏科学依据，难以应对物价上涨、人口与户数增加的现实；补偿资金来源渠道单一，主要依靠中央财政转移支付，其他受益方未参与补偿；补偿方式缺乏长效性。

7.3 建　　议

三江源区是我国最重要的生态屏障之一，可持续发展受到党和国家的高度重视，发展前景良好，有望建设成为具有全国示范、全球影响的生态保护综合试验区。为此，特提出以下建议。

7.3.1 积极推进畜牧业生产方式转换和升级，实现畜牧业生产与生态保护共赢

开创高寒草地现代生态畜牧业生产的新模式，将单一依赖天然草地的传统畜牧业转变为“暖季放牧+冷季舍饲”两段式新型生态畜牧业生产模式。建议国家支持建立规模化人工饲草料基地和育肥基地；将种粮直补政策延伸到生态草业发展领域；大力扶持三江源区绿色产品认证，建立生产高附加值的有机畜产品的可追溯生产、加工及物流体系；推进以牧业合作社及土地流转为突破口的新型牧业合作组织管理模式。

研发生态恢复与生产发展的关键技术，构建高效的生态畜牧业、特殊生态环境的可持续发展模式。建议国家建立三江源区生态保护与可持续发展研究重大专项。

7.3.2 高度重视做好生态移民及后续产业发展工作

积极发展就业移民、教育移民等可持续移民方式。实施就业移民，加强政策引导，创造劳务移民与城市居民或产业工人享受同等待遇的社会环境，建立促进三江源区人口向发达经济区、城镇转移的长效机制，在区外建立三江源区就业技能培训基地，提高青年人区外就业能力；实施教育移民，依托对口帮扶机制，采取“集中增点、分散接纳”相结合的方式，扩大异地教育规模，增强教育移民能力。

加大对生态畜牧业、民族传统产业、文化产业、旅游产业、畜牧产品深加工业等的政策倾斜和扶持力度，加大对龙头企业的财政金融支持，加大对特色优势产业的关键技术研发的投入。

7.3.3 建立和完善有利于共同繁荣的长效生态补偿机制

建立和完善生态补偿的长效机制，出台《三江源区生态补偿办法》，制度化地明确生态补偿的原则、标准、对象、方式、补偿资金等，长期持续补偿三江源区的生态保护工作。

坚持国家购买生态服务的方式。加大中央财政转移支持力度，在中央财政预算支出科目中增加“三江源生态补偿”专项科目，保证生态补偿资金政策的稳定性和连续性。

探索拓宽生态补偿资金的来源渠道，建立多元化的三江源生态补偿基金，鼓励社会力量支持三江源区生态保护和建设工作。

加强三江源区生态环境变化的长期系统监测、生态系统碳汇及水源涵养等生态功能的变化研究，探索基于生态系统碳汇、水源涵养及供给、生物多样性价值可量化的生态补偿办法。

（撰稿人：秦大河院士，赵新全、张志强、周华坤研究员）

参考文献

奥尔森·曼尔瑟．2003．集体行动的逻辑．上海：上海三联书店，上海人民出版社．

白建军，谢芳．2007．对黄南藏族自治州三江源自然保护区生态移民情况的调查．青海金融，(7)：29-31.

边疆晖，樊乃昌，景增春，等．1994．高寒草甸地区小哺乳动物群落与植物群落演替关系的研究．兽类学报，14（3）：209-216.

曹致中．2005．草产品学．北京：中国农业出版社．

查尔斯·哈帕．1998．环境与社会——环境问题中的人文视野．肖晨阳，马戎，等译校．天津：天津人民出版社．

陈桂琛．2007．三江源自然保护区生态保护与建设．西宁：青海人民出版社．

陈焕珍．2005．GIS 支持下的山东大汶河流域脆弱性评价与对策．科技情报开发与经济，15（5）：208-210.

陈洁．2008．青海省三江源退牧还草和生态移民考察——基于玛多县的调查分析．青海民族研究，19(1)：110-115.

陈钦．2006．公益林生态补偿研究．北京：中国林业出版社．

陈全功，梁天刚．1998．青海省达日县退化草地研究．草业科学，7（4）：44-48.

陈应发，陈放鸣．1995．国外森林资源环境效益的经济价值及其评估．林业经济，4：65-72.

程根伟，余新晓，赵玉涛．2004．山地森林生态系统水循环与数学模拟．北京：科学出版社．

程国栋，王绍令．1982．试论中国高海拔多年冻土带的划分．冰川冻土，4（2）：1-17.

崔永红．1998．青海经济史·古代卷．西宁：青海人民出版社．

当代中国丛书编委会．1991．当代中国的青海（上）．北京：当代中国出版社．

丁一汇，任国玉．2008．中国气候变化科学概论．北京：气象出版社．

丁一汇，任国玉，石广玉，等．2006．气候变化国家评估报告（Ⅰ）：中国气候变化的历史和未来趋势．气候变化研究进展，2（1）：3-8.

东梅，刘算算 . 2011. 农牧交错带生态移民综合效益评价研究 . 北京：中国社会科学出版社 .

东日布 . 2000. 生态移民扶贫的实践与启示 . 中国贫困地区，10：37-40.

董全民，马玉寿，李青云，等 . 2005a. 牦牛放牧率对小嵩草高寒草甸暖季草场植物群落组成和植物多样性的影响 . 西北植物学报，25（1）：94-102.

董全民，赵新全，马玉寿，等 . 2005b. 牦牛放牧率与小嵩草高寒草甸暖季草地地上、地下生物量相关分析 . 草业科学，22（5）：66-71.

董全民，赵新全，马玉寿，等 . 2006a. 高寒小嵩草草甸牦牛优化放牧强度的研究 . 西北植物学报，26（10）：2110-2118.

董全民，赵新全，马玉寿，等 . 2006b. 不同牦牛放牧率下江河源区垂穗披碱草/星星草混播草地第一性生产力及其动态变化 . 中国草地学报，28（3）：5-11.

董全民，赵新全，马玉寿，等 . 2009. 高寒地区暖季草场放牧牦牛的生产性能及其土壤养分变化 . 草地学报，17（5）：629-635.

董全民，赵新全，马玉寿，等 . 2012. 放牧对小嵩草草甸生物量及不同植物类群生长率和补偿效应的影响. 生态学报，32（9）：2640-2650.

杜发春 . 2008. 黄河源的草地退化与生态移民：青海省玛多县案例分析 . 北京：“草原牧区环境变化与社会经济问题”研讨会 .

方一平，秦大河，丁永建 . 2009. 浅析三江源区生态系统脆弱性研究的科学问题 . 山地学报，27（2）：140-148.

冯祚建 . 1991. 中国动物志 . 北京：科学出版社 .

付傅 . 2006. 3S 技术支持下的扎龙湿地生态脆弱性评价研究 . 长春：东北师范大学 .

侯东民 . 2002. 草原人口生态压力持续增长态势与解决方法——经济诱导式生态移民工程的可行性分析 . 中国人口科学，（4）：63-69.

胡自治，张自和，南志标 . 2000. 青藏高原的草业发展与生态环境 . 北京：中国藏学出版社 .

黄立洪 . 2005. 生态补偿机制的理论分析 . 中国农业科技导报，（3）：25-29.

贾幼陵 . 2005. 关于草畜平衡的几个理论和实践问题 . 草地学报，13（4）：265-268.

景晖，苏海红 . 2006. 三江源生态移民后续生产生活问题研究 . 西部论丛，9：32-34.

柯武刚，史漫飞 . 2000. 制度经济学：社会秩序与公共政策 . 韩朝华译 . 北京：商务印书

馆 .

孔凡斌 . 2003. 试论森林生态补偿制度的政策理论、对象和实现途径 . 西北林业学院学报，(2)：101-104.

李爱年 . 2001. 关于征收生态效益补偿费存在的立法问题及完善建议 . 中国软科学，(1)：40-47.

李含琳，魏奋子 . 2006. 西部区域生态移民的科学性和运作模式：对甘肃省民勤县以水定人的调查和分析 . 天水行政学院学报，(5)：7-11.

李述训，吴通华 . 2005. 青藏高原地气温度之间的关系 . 冰川冻土，27（5）：1-6.

李述训，程国栋，郭东信 . 1996. 气候持续变暖条件下青藏高原多年冻土变化趋势数值模拟 . 中国科学（D 辑），26（4）：342-347.

李文华，周兴民 . 1998. 青藏高原生态系统及优化利用模式 . 广州：广东科学技术出版社 .

李希来，黄褒宁 . 1995. 青海“黑土滩”草地成因及治理途径 . 中国草地，4：64-67，51.

李希来 . 2002. 青藏高原“黑土滩”形成的自然因素与生物学机制 . 草业科学，19（1）：20-22.

李新，程国栋 . 1999. 高海拔多年冻土对全球变化的响应模型 . 中国科学（D 辑），29（4）：185-192.

李勇，等 . 2009. 青藏高原三江源地区可持续发展公共政策研究 . 西宁：青海人民出版社 .

李育才 . 1996. 面向 21 世纪的林业发展战略 . 北京：中国林业出版社 .

刘季科，张云占，辛光武 . 1980. 高原鼠兔数量与危害的关系 . 动物学报，26（4）：378-385.

刘伟，王启基，王溪，等 . 1999. 高寒草甸“黑土型”退化草地的成因和生态过程 . 草地学报，7（4）：300-307.

刘燕华，李秀彬 . 2001. 脆弱生态环境和可持续发展 . 北京：商务印书馆 .

刘英 . 2006. 生态移民——西部农村地区扶贫的可持续发展之路 . 区域经济，6：37-38.

芦清水，赵志平 . 2009. 应对草地退化的生态移民政策及牧户响应分析——基于黄河源区玛多县的牧户调查. 地理研究，28（1）：143-152.

吕忠梅 . 2003. 超越与保守 . 北京：法律出版社 .

罗新正，朱坦，徐鹤，等 . 2002. 河北迁西县山区生态环境脆弱性分区初探 . 山地学报，20（3）：348-353.

马宝龙，僧格.2007. 成效·困境·对策：三江源生态移民实践研究．甘肃民族研究，(2)：21-23.

马洪波.2008. 三江源地区生态退化的新制度经济学解释．西藏研究，30（1）：14-24.

马玉寿，郎百宁，王启基.1999. “黑土型”退化草地研究工作的回顾与展望．中国草地，(2)：61-63.

马玉寿，施建军，董全民，等.2006. 人工调控措施对“黑土型”退化草地垂穗披碱草人工植被的影响．青海畜牧兽医杂志，36（2）：1-3.

南卓铜，高泽深，李述训，等．2003. 近30年来青藏高原西大滩多年冻土变化．地理学报，58（6）：817-824.

彭立鸣，阎新文.1980. 青海省玉树州曲麻莱秃斑地及其改造．中国草原，2（4）：7-17.

皮海峰，吴正宇.2008. 近年来生态移民研究述评．三峡大学学报（人文社会科学版），1：14-17.

蒲健辰.1994. 中国冰川目录Ⅷ——长江水系．兰州：甘肃文化出版社.

乔军.2006. 对三江源生态移民权利保障的思考．攀登，25（3）：124-126.

秦大河．2004. 进入21世纪的气候变化科学——气候变化的事实、影响与对策．科技导报，(7)：4-7.

秦艳红，康慕谊.2007. 国内外生态补偿现状及其完善措施．自然资源学报，22（4）：557-567.

青海经济研究院.2008. 落实科学发展观，促进全面协调可持续发展调研报告——对同德等三县三江源项目实施、生态移民、后续产业的调研报告．青海经济研究，(6)：26-36.

青梅扎西.2009. 三江源地区生态经济发展研究——以玉树州为例．北京：中央民族大学出版社.

任继周.2009. 草原文化是中华文化的活性元素.http：//www.huaxia.com/zhwh/wmty/2010/12/2200154.html［2011-03-27］.

任耀武，袁国宝，季凤瑚.1993. 试论三峡库区生态移民．农业现代化研究，11（1）：27-29.

沈渭寿，张慧，邹长新，等.2004. 青藏铁路建设对沿线高寒生态系统的影响及恢复预测方法研究．科学通报，49（9）：909-914.

盛国滨.2006. 论“三江源”地区生态移民与可持续发展．青海民族学院学报（社会科学版），32（1）：109-112.

施银柱. 1983. 草场植被影响高原鼠兔密度的探讨. 兽类学报，3（2）：181-188.

税伟，徐国伟，兰肖雄，等. 2012. 生态移民国外研究进展. 世界地理研究，12（1）：150-157.

苏大学. 1994. 中国草地资源的区域分布与生产力结构. 草地学报，2（1）：71-76.

孙立平. 1989. 新权威主义论争中需要澄清的几个问题. 改革，29（3）：71-77.

陶和平，高攀，钟祥浩. 2006. 区域生态环境脆弱性评价——以西藏“一江两河”地区为例. 山地学报，24（6）：761-768.

陶希东，赵鸿婕. 2002. 河西走廊生态脆弱性评价及其恢复与重建. 干旱区研究，19（4）：7-12.

万星，周建中，丁晶，等. 2006. 岷江上游生态脆弱性综合评价的集对分析. 中国农村水利水电，12：33-35，39.

王根绪，程国栋. 2001. 江河源区的草地资源特征与草地生态变化. 中国沙漠，21（2）：101-107.

王根绪，程国栋，沈永平，等. 2001. 三江源区的生态环境与综合保护研究. 兰州：兰州大学出版社.

王根绪，丁永建，王建，等. 2004. 近15年来长江黄河源区的土地覆被变化. 地理学报，59（2）：163-173.

王根绪，李元首，吴青柏，等. 2006. 青藏高原冻土区冻土与植被的关系及其对高寒生态系统的影响. 中国科学（D辑），36（8）：743-754.

王根绪，胡宏昌，王一博，等. 2007. 青藏高原多年冻土区典型高寒草地生物量对气候变化的响应. 冰川冻土，29（5）：671-679.

王国尚，金会军，林清，等. 1998. 青藏公路沿线多年冻土变化及环境意义. 冰川冻土，20（4）：444-450.

王化齐. 2006. 石羊河下游民勤绿洲生态环境需水量及生态环境脆弱性评价. 杨陵：西北农林科技大学.

王明泉，张济世，程中山. 2007. 黑河流域水资源脆弱性评价及可持续发展研究. 水利科技与经济，13（2）：114-116.

王启基，周兴民，周立，等. 1995. 调控策略对高寒退化草地中的氮、磷、钾含量、积累及转移效应的分析．北京：科学出版社．

王绍令，赵林，李述训．2002. 青藏高原沙漠化与冻土相互作用的研究．中国沙漠，22（1）：33-39.

王绍令，赵秀锋，郭东信，等．1996. 青藏高原冻土对气候变化的响应．冰川冻土，18（增刊）：157-165.

王小丹，钟祥浩．2003. 生态环境脆弱性概念的若干问题探讨．山地学报，21（增刊）：21-25.

王小梅，高丽文．2008. 三江源地区生态移民与城镇化协调发展研究．青海师范大学学报（哲学社会科学版），（1）：6-9.

王学军．1996. 生态环境补偿费征收的若干问题及实施效果预测研究．自然资源学报，11（1）：15-20.

温作民．2002. 森林生态税的政策设计与政策效应．世界林业研究，15（4）：15-23.

吴青柏，童长江．1995. 冻土变化与青藏公路的稳定性问题．冰川冻土，17（4）：350-355.

吴青柏，施斌，刘永智．2002. 青藏公路沿线多年冻土与公路相互作用研究．中国科学（D辑），32（6）：514-520.

吴青柏，董献付，刘永智．2004. GIS 支持下的青藏公路沿线高含冰量冻土空间分布模型．冰川冻土，26（增刊）：137-141.

吴水荣．2000. 森林生态效益补偿问题研究．南京：南京林业大学．

吴通华．2005. 青藏高原多年冻土对全球气候变化的响应研究．兰州：中国科学院寒区旱区环境与工程研究所．

校建民．2004. 密云集水区公益林补偿研究．北京：北京林业大学．

邢丽．2005. 谈我国生态税费框架的构建．税务研究，（6）：47-55.

徐红罡．2001. “生态移民”政策对缓解草原生态压力的有效性分析．国土与自然资源研究，（4）：24-27.

徐君．2008. 三江源生态移民研究取向探索．西藏研究，（3）：114-120.

许晓峰．1998. 技术经济学．北京：中国发展出版社．

严作良，周立，刘伟，等．2004. 三江源区天然草地退化生态防治鼠害的研究．四川草原，108：8-10.

杨富裕，陈佐忠，张蕴薇.2007. 草原旅游理论与管理实物. 北京：中国旅游出版社.

杨建平，张廷军.2010. 我国冰冻圈及其变化的脆弱性与评估方法. 冰川冻土，32（6）：1084-1096.

杨建平，丁永建，陈仁升.2007. 长江黄河源区生态环境脆弱性评价初探. 中国沙漠，27（6）：1012-1017.

杨建平，丁永建，陈仁升，等.2004. 长江黄河源区多年冻土变化及其生态环境效应. 山地学报，22（3）：278-285.

姚建.2004. 岷江上游生态脆弱性分析与评价. 成都：四川大学.

叶慕亚.2006. 鄱阳湖典型湿地生态环境脆弱性评价. 南昌：江西师范大学.

尹秀娟，罗亚萍.2006. 制约三江源地区生态移民迁入地可持续发展的因素. 西北人口，5：46-49.

玉柱，杨富裕，周禾.2003. 饲草加工与贮藏技术. 北京：中国农业科学出版社.

翟松天，崔永红.2004. 青海经济史·当代卷. 西宁：青海人民出版社.

张国胜，李林.1998. 青南高原气候变化对江河源地区高寒草地资源的影响. 资源生态环境网络研究动态，9（1）：18-20.

张国胜，李希来.1998. 青南高寒草甸秃斑地形成的气象条件分析. 中国草地，20（6）：12-16，24.

张国胜，李林，汪青春，等.1999. 青南高原气候变化及其对高寒草甸牧草生长影响的研究. 草业学报，8（3）：1-10.

张鸿铭.2005. 建立生态补偿机制的实践和思考. 环境保护，（2）：41-45.

张娟.2007. 对三江源区藏族生态移民适应困境的思考——以果洛州扎陵湖乡生态移民为例. 西北民族大学学报（哲学社会科学版），（3）：38-41.

张军. 1996. 现代产权经济学. 上海：上海人民出版社.

张涛.2003. 森林生态效益补偿机制研究. 北京：中国林业科学研究院.

张涛，袁辕，张志良.1997. 移民效益理论评估与方法. 中国人口科学，（6）：23-28.

张铮.1995. 生态环境补偿费的若干基本问题//国家环境保护局自然保护司. 中国生态环境补偿费的理论与实践. 北京：中国环境科学出版社.

赵新全，等.2011. 三江源区退化生态系统恢复及可持续管理. 北京：科学出版社.

赵新全，周华坤.2005. 三江源区生态环境退化、恢复治理及其可持续发展. 中国科学院院刊，20（6）：471-476.

郑度，林振耀，张雪芹 . 2002. 青藏高原与全球环境变化研究进展 . 地学前缘，9（1）：95-102.

中国21世纪议程管理中心可持续发展战略研究组 . 2007. 生态补偿：国际经验与中国实践. 北京：社会科学文献出版社 .

中国生态补偿机制与政策研究课题组 . 2007. 中国生态补偿机制与政策研究 . 北京：科学出版社 .

中国生物多样性国情研究报告编写组 . 1997. 中国生物多样性国情研究报告 . 北京：中国环境科学出版社 .

周华坤，周兴民，赵新全 . 2000. 模拟增温效应对矮嵩草草甸影响的初步研究 . 植物生态学报，24（5）：547-553.

周华坤，周立，刘伟，等 . 2003. 封育措施对退化与未退化矮嵩草草甸的影响 . 中国草地，25（5）：15-22.

周华坤，周立，赵新全，等 . 2002. 放牧干扰对高寒草场的影响 . 中国草地，24（5）：53-61.

周华坤，周立，赵新全，等 . 2003. 江河源区“黑土滩”型退化草场的形成过程与综合治理 . 生态学杂志，22（5）：51-55.

周金锋 . 2003. 森林生态效益补偿制度研究 . 北京：中国人民大学 .

周立，王启基，赵京，等 . 1995. 高寒草甸牧场最优放牧强度的研究 . 高寒草甸生态系统. 第4集 . 北京：科学出版社 .

周兴民 . 1996. 青海省草地资源的合理利用与草地畜牧业的持续发展//中国青藏高原研究会，青海省科学技术委员会 . 青海资源环境与发展研讨会论文集 . 北京：气象出版社 .

周兴民，张松林 . 1986. 矮嵩草草甸在封育条件下群落结构和生物量变化的初步观察 . 高原生物学集刊，（5）：1-6.

周兴民，赵新全，王启基 . 2001. 中国嵩草草甸 . 北京：科学出版社 .

周兴民，王启基，张宴青，等 . 1987. 不同放牧强度下高嵋从熬点植被演替规律的数量分析 . 植物生态学与地植物学学报，11（4）：226-236.

周幼吾，郭东信，邱国庆，等 . 2000. 中国冻土 . 北京：科学出版社 .

Weaver D. 2009. 生态旅游 . 杨桂华，等译 . 天津：南开大学出版社

Baumol W J, Bradford D. 1970. Optimal departures from marginal cost pricing. American Economic Review, 60 (3): 265-283.

Bewket W, Sterk G. 2004. Dynamics in land cover and its effect on stream flow in the Chemoga watershed, Blue Nile basin, Ethiopia. Hydrological Processes, 19 (2): 445-458.

Birkmann J. 2007. Risk and vulnerability indicators at different scales: applicability, usefulness and policy implications. Environmental Hazards, 7: 20-31.

Brown J H, McDonald W. 1995. Livestock grazing and conservation on southwestern grasslands. Conservation Biology, 9: 1644-1647.

Chambers J C. 1997. Restoring alpine ecosystems in the western United States: environmental constraints, disturbance characteristics, and restoration success//Urbanska K M, Webb N R, Edwards P J. Restoration Ecology and Sustainable Development. Cambridge: Cambridge University Press.

Charnley S. 1997. Environmentally-displaced peoples and the cascade effect: lessons from Tanzania . Human Ecology, 25 (4): 593-618.

Cincotta R P, Zhang Y Q, Zhou X M. 1992. Transhumant alpine pastoralism in northeastern Qinghai Province: an evaluation of livestock population response during China's agrarian economic reform. Nomadic Peoples, 30: 3-25.

Conlin D B, Ebersole J J. 2001. Restoration of an alpine disturbance: disturbance success of species in turf transplants, Colorado, USA. Arctic, Antarctic, and Alpine Research, 33: 340-347.

Coppedge B R, Shaw J H. 1998. Bison grazing practices on seasonally burned tallgrass praire. Journal of Range Management, 51: 258-264.

Daily G C. 1997. Nature's Service: Societal Dependence on Natural Ecosystems. Washington D. C. : Island Press.

Downing T E. 1992. Climate Change and Vulnerable Places: Global Food Security and Country Studies in Zimbabwe, Kenya, Senegal and Chile. Oxford: University of Oxford, Environmental Change Unit.

Ekvall R B. 1968. Fields on the Hoof: Nexus of Tibetan Nomadic Pastoralism. Illinois: Waveland Press.

El-Hinnawi E. 1985. Environmental Refugees. Nairobi: United Nations Environment Programme.

Foggin M, Smith A T. 1996. Rangeland utilization and biodiversity on the alpine grasslands of Qinghai Province, People's Republic of China//Schei P J, Wang S, Xie Y. Conserving China's Biodiversity (Ⅱ). Beijing: China Environmental Science Press.

Gaynor V. 1990. Prairie restoration on a corporate site. Restoration and Reclaimation Review, 1: 35-40.

Georgiadis N J, McNaughton S J. Elemental and fibre contents of savanna grasses: variation with grazing, soil type, season, and species. Journal of Applied Ecology, 27: 623-634.

Goffman E. 2006. Envionmental refugees: how many, how bad? CSA Discovery Guides, 7: 1-15.

Holechek J L, Pieper R D, Herbel C H 1995. Range management, principles and practices. New Jersey: Prentice Hall

IPCC. 2001. Climate Change: Impacts, Adaptation & Vulnerability. Cambridge: Cambridge University Press.

Kawanabe S, Nan Y, Oshida T, et al. 1998. Degradation of grassland in Keerqin Sandland, Inner Mongolia, China. Grassland Science, 44: 109-114.

Kimura S. 2010. Environmentally displaced persons. Jackson School Journal of International Studies, 1 (1): 10-21.

Klein J A, Harte J, Zhao X Q. 2007. Experimental warming, not grazing, decreases rangeland quality on the Tibetan Plateau. Ecological Applications, 17 (2): 541-557.

Lai C H, Smith A T. 1996. Keystone status of plateau pikas (*Ochotona curzoniae*): effect of control on biodiversity of native birds//Schei P J, Wang S, Xie Y. Conserving China's Biodiversity (Ⅱ). Beijing: China Environmental Science Press.

Landell-Mills N, Porras I. 2000. Silver Bullet or Fools' Gold: A Global Review of Markets for Forest Environmental Services and Their Impact on the Poor. London: IIED.

Laycock W A. 1994. Implications of grazing vs. no grazing on today's grasslands// Vavra M, Laycock W A, Pieper R D. Ecological Implications of Livestock Herbivory in the West. Denver, CO: Society for Range Management.

Limbach W E, Davis J B, Bao T A, et al. 2000. The introduction of sustainable development practices of the Qinghai livestock development project//Zheng D. Formation and Evolution, Environment Changes and Sustainable Development on the Tibetan Plateau. Beijing: Academy Press.

Liu J, Chen J M, Chen W. 1999. Net primary productivity distribution in the BOREAS region from a process model using satellite and surface data. Journal of Geophysical Research, 104 (D22): 27735-27754.

Luers A L, Lobell D B, Sklar L S, et al. 2003. A method for quantifying vulnerability, applied to the Yaqui Valley, Mexico. Global Environmental Change, 13 (4): 255-267.

Mckendrick J D, Mitchell W M. 1978. Fertilizing and seeding oil damaged arctic tundra to effect vegetation recovery Prudhoe Bay, Alaska. Arctic, 31: 296-304.

Millennium Ecosystem Assessment (MA). 2005. Ecosystems and Human Well-being: Synthesis. Washington D. C.: World Resources Institute.

Miller D J. 1998. Conserving biodiversity in Himalayan and Tibetan Plateau grasslands. Nepal: The International Meeting on Himalaya Ecoreginal Co-operation.

Miller D J. 1999. Nomads of the Tibetan Plateau grasslands in Western China. Part three: pastoral development and future challenges. Grasslands, 21: 17-20.

Miller D J. 2000. Impacts of livestock grazing in Himalayan and Tibetan Plateau rangelands. Washington D. C.: Northern Plains Associates.

Monteith J L. 1972. Solar radiation and productivity in tropical ecosystems. Journal of Applied Ecology, 9 (3): 747-766.

Muller S, Dutoit T, Alard D, et al. 1998. Restoration and rehabilitation of species-rich grassland ecosystems in France: a review. Restoration Ecology, 6: 94-101.

Nicholls R J. 2004. Coastal flooding and wetland loss in the 21st century: changes under the SRES climate and socioeconomic scenarios. Global Environmental Change, 14 (1): 69-86.

Noss R F, Cooperrider A Y. 1994. Saving nature's legacy, protecting and restoring biodiversity. Washington D. C.: Island Press.

Pigou A C. 1947. A Study in Public Finance (3rd ed). London: Macmillan.

Potter C S. 2004. Predicting climate change effects on vegetation, soil thermal dynamics, and carbon cycling in ecosystem of interior Alaska. Ecological Modelling, 175: 1-24.

Potter C S, Randerson J T, Field C B, et al. 1993. Terrestrial ecosystem production: a process model based on global satellite and surface data. Global Biogeochemical Cycles, 7: 811-841.

Rikhari H C, Negi G C S, Ram J, et al. 1993. Human induced secondary succession process and characteristics in an alpine meadow of central Himalaya, India. Arctic and Alpine Research, 25: 8-14.

Schaller G B. 1998. Wildlife of the Tibetan Steppe. Chicago: University of Chicago Press.

Smit B, Wandel J. 2006. Adaptation, adaptive capability and vulnerability. Global Environmental Change, 16 (3): 282-292.

Smith A T, Foggin J M. 1996. The *Plateau pika* is a keystone species for biodiversity on the Tibetan Plateau//Schei P J, Wang S, Xie Y. Conserving China's Biodiversity (Ⅱ). Beijing: China Environmental Science Press.

Tong C J, Wu Q H. 1996. The effect of climate warming on the Qinghai- Tibet Highway. Cold Regions Science and Technology, 24: 101-106.

Tsutsumi M, Shiyomi M, Wang Y, et al. 2003. Species diversity of grassland vegetation under three different grazing intensities in the Heilongjiang Steppe of China. Grassland Science, 48: 510-516.

Turner II B L, Kasperson R E, Matson P A, et al. 2003. A framework for vulnerability analysis in sustainability science. Proceedings of the National Academy of Sciences, 100: 8074-8079.

Walker D A, Jia G J, Epstein H E, et al. 2003. Vegetation-soilthaw-depth relationships along a low-arctic bioclimate gradient, Alaska: synthesis of information from the ATLAS studies. Permafrost Periglacial Process, 14: 103-123.

Wang Q J, Wang W Y, Li Y M, et al. 2000. The strategy of grassland resource, eco-environment sustainable development on the Qinghai- Tibet Plateau//Zheng D. Formation and Evolution,Environment Changes and Sustainable Development on the Tibetan Plateau. Beijing: Academy Press.

Wells M. 1992. Biodiversity conservation affluence and poverty: mismached costs and benefit and efforts to remedy them. AMBIO, 21: 237-243.

Working Group Ⅱ Contribution to the Intergovemmental Panel on Climate Change Fourth Assessment Report. Climate Change 2007: Impacts, Adaptation and Vulnerability. http://www.ipcc.ch/SPMl3apt07.pdf [2007-04-23].

Wu Q B, Li X, Li W J. 2000. The prediction of permafrost change along the Qinghai-Tibet Highway, China. Permafrost Periglacial Process, 11 (4): 371-376.

Zhao X Q, Zhou X M. 1999. Ecological basis of Alpine meadow ecosystem management in Tibet: Haibei Alpine Meadow Ecosystem Research Station. Ambio, 28: 642-647.

Zhao X Q, Zhou X M. 2000. Advance in research of alpine meadow ecosystem//Zheng D. Formation and Evolution, Environment Changes and Sustainable Development on the Tibetan Plateau. Beijing: Academy Press.

Zhou H K, Tang Y H, Zhao X Q, et al. 2006. Long-term grazing alters species composition and biomass of a shrub meadow on the Qinghai-Tibet Plateau. Pakistan Journal of Botany, 38 (4): 1055-1069.